“十四五”职业教育装备制造大类专业系列教材

PLC JISHU JI YINGYONG

PLC技术及应用

主　编◎袁建锋　廖文婷
副主编◎李常斌　罗炳聪　黄福强

中国铁道出版社有限公司
CHINA RAILWAY PUBLISHING HOUSE CO., LTD.

内容简介

本书是“十四五”职业教育装备制造大类专业系列教材之一，以当前职业教育教学改革为依据，立足“岗课证赛”融通的课程建设要求，参考《国家职业技能标准——电工》《可编程控制系统集成及应用职业技能等级标准》“1+X”证书和国家技能竞赛要求编写。

本书以三菱FX3U系列PLC为主要机型设计项目，共分6个模块，18个项目。6个模块包括PLC技术简介、三相交流异步电动机控制、时序控制、顺序控制应用、FX系列PLC功能指令应用、PLC应用实例。

本书适合作为中等职业学校机电技术应用、电气运行与控制、电梯维修与保养及相关专业教材，也可作为相关技术工人岗位培训教材及自学用书。

图书在版编目（CIP）数据

PLC技术及应用 / 袁建锋，廖文婷主编. -- 北京 : 中国铁道出版社有限公司，2025. 7. --（“十四五”职业教育装备制造大类专业系列教材）. -- ISBN 978-7-113-32097-3

Ⅰ. TM571. 61

中国国家版本馆CIP数据核字第2025ZP7037号

书　　名：PLC技术及应用
作　　者：袁建锋　廖文婷

策　　划：何红艳　　编辑部电话：（010）63560043
责任编辑：何红艳　包　宁　郭馨宇
封面设计：郑春鹏
责任校对：安海燕
责任印制：赵星辰

出版发行：中国铁道出版社有限公司（100054，北京市西城区右安门西街8号）
网　　址：https://www.tdpress.com/51eds
印　　刷：河北京平诚乾印刷有限公司
版　　次：2025年7月第1版　2025年7月第1次印刷
开　　本：787 mm × 1 092 mm 1/16　印张：13.75　字数：325千
书　　号：ISBN 978-7-113-32097-3
定　　价：48.00元

前言

本书全面贯彻党的二十大精神，从中职学生的接受能力、课程的易学性和PLC技术发展出发，以三菱FX3U系列PLC为例进行硬件和软件方面的介绍，并贯彻思政课程的要求，将课程思政融入教材中，体现立德树人要求。

本书的特点如下：

1．基于岗、课、证、赛融通，重构教材内容

本书在编写前，立足粤北地区优势，结合本地区的产业结构，首先到企业进行调研，再组织有企业工人和技术骨干参加的座谈会，充分了解企业对于本课程相关知识和技能的要求，从生产、生活中的PLC应用实例出发，参考《国家职业技能标准——电工》《可编程控制系统集成及应用职业技能等级标准》“1+X”证书，并将“电气安装与维修”国家技能竞赛项目与课程进行内容重构，实现“岗课证赛”融通，使本书不仅适用于专业教学，还可以作为考证技能培训使用。

2．模块化编排，内容更易于理解

本书在“岗课证赛”融通的基础上，确定PLC技术简介、三相交流异步电动机控制、时序控制、顺序控制应用、FX系列PLC功能指令应用、PLC应用实例共6个模块，每个模块设置2～4个典型工作项目，每个项目按照“项目目标→项目描述→知识链接→项目实施→项目评价→项目拓展”的方式进行编写，让内容更易于理解。

3．完善的数字化教学资源，满足线上、线下混合式教学需求

本书配备大量的视频、图片等数字化资源，可通过扫描书中二维码观看，旨在破解学习中的难题，方便学生模仿并进行工程移植，更好地适应线上、线下混合式教学需求。

本书由袁建锋、廖文婷任主编，李常斌、罗炳聪、黄福强任副主编，李亦奇、黎健荣、江雪薇、刘桂标、陈永杰、陈锦文参与编写。具体编写分工为：模块一由袁建锋编写；模块二、模块四由廖文婷编写；模块三由罗炳聪编写；模块五由黄福强编写；模块六由李常斌编写。全书由江雪薇、刘桂标协助主编统稿，最后由袁建锋、廖文婷定稿。李亦奇、黎健荣、陈永杰、陈锦文等按照书中指定的工作任务进行了安装调试和编程，提供了程序清单

和设备有关的技术数据及资料，并为书中的附图制作做了大量工作。

本书在编写过程中得到了亚龙科技集团的帮助，在此表示感谢。书中所有企业名称和品牌商标，仅做学习参考使用，不用于商业用途。

由于编者水平有限，书中难免存在疏漏与不当之处，恳请广大读者批评指正。

编　者

2025年1月

目 录

模块五　FX 系列 PLC 功能指令应用

模块六　PLC 应用实例

参考文献

模块一

PLC技术简介

学习笔记

引言

随着工业控制技术的进步，PLC（可编程控制器）已广泛应用于工业生产过程的自动控制领域。在我国，PLC已经广泛应用于钢铁、石油、化工、电力、建材、机械制造、汽车、轻工、交通运输、环保以及文化娱乐等各种行业，其重要性越来越凸显。作为PLC从业人员，必须掌握PLC的相关知识，包括PLC的结构及型号选择，PLC控制系统的软件安装与使用。在“1+X”证书中也对此提出了相应的要求，通过本模块的学习使学生能够根据生产要求选择PLC型号及安装和使用PLC控制系统软件。

本模块以三菱FX3U为载体，学生在完成项目的过程中可了解FX3U系列PLC的基本结构及PLC控制系统软件的安装与使用；可了解PLC工作原理，硬件、内部元件基本知识及PLC编程语言。通过学习知识链接，学生能对PLC基本结构、工作原理、内部元件的基本知识及PLC编程语言、软件安装与使用有全面的了解，在项目实施部分，通过实际生产案例帮助学生将所学知识运用到实际工作中，将理论与实际相结合。

思维导图

- 模块一　PLC技术简介
  - PLC结构及型号选择
    - 定义与性能指标，如I/O点数、存储容量等
    - 按结构、功能、I/O点数分类
    - 多领域应用及工作原理
    - FX3U系列型号含义与面板结构
  - PLC控制系统软件的安装与使用
    - GX Works2软件安装的详细步骤
    - 软件界面各部分功能介绍
    - 新建工程、编辑程序等基本操作
  - 匠人匠心
    - 周建民的高精度加工事迹
    - 对极致精度追求的精神体现

项目1　PLC结构及型号选择

PLC作为一种重要的工业控制设备，应用前景广阔。随着技术的不断创新和发展，PLC将在更多领域发挥重要作用，为工业自动化带来更多的发展机遇。我国PLC的发展历史悠久，但现状是市场主要被国外品牌占据，国内品牌市场份额较小。尽管如此，国内已有具有一定实力的公司开始在PLC领域崭露头角，未来有望在市场竞争中取得更大的突破。

学习笔记

PLC的应用领域非常广泛，从最初的单体设备简单控制到现在的运动控制、过程控制、集散控制等各种任务的跨越。PLC正在成为工业控制领域的主流控制设备，发挥着越来越大的作用。随着技术的不断发展，PLC将逐渐实现智能化和自适应化，能够更好地适应不同的生产环境和工作要求。此外，PLC的开放性和互操作性将成为未来发展的趋势，不同厂商的PLC之间可以实现互联互通，方便用户进行系统升级和维护。PLC还将逐渐实现网络化和远程监控，用户可以通过互联网对PLC进行远程控制和管理，提高生产效率和安全性。模块化和标准化将成为PLC未来的发展方向，用户可以根据自己的需求选择合适的模块，并通过标准化的接口进行连接，方便系统的扩展和升级。安全性和可靠性将成为PLC未来发展的重点，需要加强安全性能的设计和测试，提高系统的稳定性和可靠性。

项目目标

一、知识目标

1. 了解FX3U系列PLC的基本结构及工作原理；
2. 掌握FX3U系列PLC内部软件的基本知识。

二、技能目标

1. 能够归纳FX3U系列PLC的基本结构；
2. 能够说出PLC的工作原理；
3. 能够根据工业生产要求进行PLC型号选择。

三、素养目标

1. 通过学习PLC的结构特点以及应用，了解现代自动控制技术的发展情况，从而增强学生的社会责任感，并自觉提高自身技术与技能，积极投身于建设“制造强国”的伟大实践中去；

2. 通过学习，培养学生严谨细致、精益求精的工作态度。

项目描述

某公司进行生产线的升级改造，需选购一批PLC，根据生产需要，结合PLC的基本知识和结构特点，选择合适型号的PLC。根据《可编程序控制系统设计师国家职业标准》，严格执行电气工艺文件，保证质量，按技术规范完成本项目任务。

一、项目分析

在进行生产线升级改造选购PLC时，应进行详细的分析，包括生产需求、预期的控制逻辑、I/O点数、通信需求等，这有助于确定所需PLC的性能和功能。在选购PLC时，还需要考虑其性能，包括处理速度、内存容量、扫描周期等。在满足技术需求的同时，也要考虑预算和成本效益，选择性价比高的PLC。在选购PLC时，应选择有良好技术支持和服务的供应商，以便在实施和维护过程中获得必要的帮助。

学习笔记

二、项目引导

1. PLC的结构主要包括哪些部分？

2. PLC的特点有哪些？

知识链接

一、PLC的定义

PLC全称为可编程逻辑控制器（programmable logic controller）。国际电工委员会对PLC进行了如下定义：PLC是一种专为在工业环境下应用而设计的数字运算操作电子系统，采用可编程序的存储器，用于在其内部存储执行逻辑运算、顺序控制、定时、计数及算术等操作的指令，并通过数字式或模拟式的输入、输出控制各种类型的机械设备或生产过程。PLC及其有关外围设备都应按易于与工业控制系统连成一个整体、易于扩充其功能的原则进行设计。

从实质上讲，PLC是一种工业环境应用的、满足实时控制要求的专用计算机，靠存储程序、执行指令进行信息处理，实现输入到输出的转换，用以控制各类型机械设备或生产过程。

二、PLC的技术性能指标

PLC的技术性能指标主要包括以下方面：

1. I/O点数

I/O点数是指PLC外部的输入、输出端子数。这个指标决定了PLC能控制的输入与输出量的多少，即控制系统规模的大小。I/O点数越多，外部可接的输入设备和输出设备就越多，控制规模越大。

2. 存储容量

存储容量是指用户程序存储器的容量。用户程序存储器的容量大，可以编制出更复杂的程序。一般来说，小型PLC的用户存储器容量为几千字节，而大型机的用户存储器容量为几万字节。

3. 扫描速度

扫描速度指PLC执行用户程序的速度，是衡量PLC性能的重要指标。一般以扫描1 KB用户程序所需的时间衡量扫描速度，通常以ms/KB为单位。

学习笔记

4．指令功能与数量

指令功能的强弱、数量的多少也是衡量PLC性能的重要指标。编程指令的功能越强、数量越多，PLC的处理能力和控制能力越强，用户编程也越简单和方便，越容易完成复杂的控制任务。

5．可扩展能力

PLC的可扩展能力包括I/O点数的扩展、存储容量的扩展、联网功能的扩展、各种功能模块的扩展等。良好的可扩展能力可以使PLC适应更复杂的生产控制需求。

6．其他性能指标

除了上述指标外，还有一些其他的PLC技术性能指标如下：

（1）指令运算速度。指PLC的CPU执行指令的速度及对急需处理的输入信号的响应速度。

（2）通信能力。代表PLC的组网能力，是衡量PLC性能的重要方面。

（3）CPU的集成功能。影响PLC的性能和应用范围。

PLC的技术性能指标是多方面的，在选择PLC时，需要根据具体的应用需求综合考虑这些性能指标。

三、PLC的特点

PLC的特点如下：

1．使用方便，编程简单

PLC的使用非常方便，且编程简单。用户可以通过改变程序改变控制方案，而无须拆动硬件。此外，PLC还支持在线修改程序，使其在生产过程中可以灵活应对不同的控制需求。

2．功能强，性能价格比高

PLC的功能强大，并且具有很高的性能价格比，不仅可以完成逻辑运算、定时、计数等基本任务，还具备A/D和D/A转换、数值运算、数据处理、PID（比例-积分-微分）控制、通信联网等高级功能。

3．硬件配套齐全，适应性强

PLC产品系列化、模块化，配备有品种齐全的各种硬件装置供用户选用，用户能灵活方便地进行系统配置，组成不同功能、不同规模的系统。这使得PLC能够适应各种工业控制场合的需求。

4．可靠性高，抗干扰能力强

PLC的硬件和软件都采取了一系列抗干扰措施，具有很强的抗干扰能力。其平均无故障时间达到数万小时以上，可以直接用于有强烈干扰的工业生产现场。此外，PLC的输入和输出在物理上是分开的，它们之间的联系通过操作存储在其内存中的程序实现，这种信息过程的软逻辑连接进一步提高了其可靠性。

5．系统的设计、安装、调试工作量少

PLC用软件功能取代了继电器控制系统中大量的中间继电器、时间继电器、计数器等器件，使控制柜的设计、安装、接线工作量大大减少。这不仅缩短了系统的设计和安装周期，还降低了维护难度。

学习笔记

6．易学易用，深受工程技术人员欢迎

PLC作为通用工业控制计算机，其接口扩展容易，编程语言易被工程技术人员接受。梯形图语言的图形符号与表达方式和继电器电路图非常接近，使得不熟悉电子电路、不懂计算机原理和汇编语言的人员也能使用计算机从事工业控制。

7．经济合算

PLC的高可靠性带来了巨大的社会效益与经济效益，其基本特点表明，高新技术的使用不仅体现了科技是第一生产力，也是高新技术生命力之所在。

四、PLC的分类

通常各类 PLC 产品可按结构形式、具备的功能及I/O点数三个方面进行分类。

1．按照结构形式分类

根据PLC的结构形式，可以分为整体式PLC和模块式PLC。

（1）整体式PLC。整体式PLC是将电源、CPU、I/O接口等部件都集中装在一个机箱内。这种结构的特点是结构紧凑、体积小、价格低，小型PLC一般采用这种整体式结构。整体式PLC一般还可配备特殊功能单元。

（2）模块式PLC。模块式PLC将PLC的各组成部分分别做成若干个单独的模块，如CPU模块、I/O模块、电源模块等。模块式PLC的特点是配置灵活，可根据需要选配不同规模的系统，而且装配方便，便于扩展和维修。大、中型PLC一般采用模块式结构。

2．按照功能分类

根据PLC的功能不同，可以分为低档PLC、中档PLC和高档PLC。

（1）低档PLC。低档PLC具有逻辑运算、定时、计数、移位以及自诊断、监控等基本功能，还可有少量模拟量输入输出、算术运算、数据传送和比较及通信等功能。主要用于逻辑控制、顺序控制或少量模拟量控制的单机控制系统。

（2）中档PLC。中档PLC除具有低档PLC的功能外，还具有较强的模拟量输入输出、算术运算、数据传送和比较、数制转换、远程I/O、子程序及通信联网等功能；有些还可增设中断控制、PID控制等功能，适用于复杂的控制系统。

（3）高档PLC。高档PLC除具有中档PLC的功能外，还增加了带符号算术运算、矩阵运算、位逻辑运算、平方根运算及其他特殊功能函数的运算、制表及表格传送等功能。高档PLC具有更强的通信联网功能，可用于大型过程控制或构成分布式网络控制系统，从而实现工厂自动化。

3．按照I/O点数分类

根据PLC的I/O点数多少，可以分为小型PLC、中型PLC和大型PLC。

（1）小型PLC。小型PLC的I/O点数小于256，具有单CPU及8位或16位处理器，用户存储器容量为4 KB以下。

（2）中型PLC。中型PLC的I/O点数在256～2 048，具有双CPU，用户存储器容量为2～8 KB。

（3）大型PLC。大型PLC的I/O点数大于2 048，具有多CPU及16位或32位处理器，用户存储器容量为8～16 KB。

学习笔记

五、PLC的应用

随着PLC技术的不断发展，其应用领域已经从最初的单机、逻辑控制，发展到能够联网的、功能强大的控制。PLC的具体应用如下：

1. 开关量的逻辑控制

这是PLC最基本、最广泛的应用领域，取代传统的继电器电路，实现逻辑控制、顺序控制，既可用于单台设备的控制，也可用于多机群控及自动化流水线。如注塑机、印刷机、组合机床、磨床、包装生产线、电镀流水线等。

2. 模拟量控制

在工业生产过程中，有许多连续变化的量称为模拟量，如温度、压力、流量、液位和速度等。为了使可编程控制器处理模拟量，必须实现模拟量（analog）和数字量（digital）之间的A/D转换及D/A转换。PLC厂家将生产配套的A/D和D/A转换模块，使可编程控制器用于模拟量控制。

3. 运动控制

PLC可以用于圆周运动或直线运动的控制。从控制机构配置来说，早期直接用于开关量I/O模块连接位置的传感器和执行机构，现在一般使用专用的运动控制模块，如可驱动步进电动机或伺服电动机的单轴或多轴位置控制模块。世界上各主要PLC厂家的产品几乎都具有运动控制功能，广泛用于各种机械、机床、机器人、电梯等场合。

4. 过程控制

过程控制指对温度、压力、流量等模拟量的闭环控制。作为工业控制计算机，PLC能编制各种各样的控制算法程序，完成闭环控制。PID调节是一般闭环控制系统中使用较多的调节方法，具有专用的PID子程序。过程控制在冶金、化工、热处理、锅炉控制等场合有非常广泛的应用。

5. 数据处理

现代PLC具有数学运算（如矩阵运算、函数运算、逻辑运算等）、数据传送、数据转换、排序、查表、位操作等功能，可以完成数据的采集、分析及处理。这些数据可以与存储在存储器中的参考值比较，完成一定的控制操作，也可以利用通信功能传送到其他智能装置，或将它们打印制表。数据处理一般用于大型控制系统，如无人控制的柔性制造系统；也可用于过程控制系统，如造纸、冶金、食品工业中的大型控制系统。

6. 通信及联网

PLC通信含PLC间的通信及PLC与其他智能设备间的通信。随着计算机控制的发展，工厂自动化网络飞速发展，各PLC厂商都十分重视PLC的通信功能，纷纷推出各自的网络系统。新近生产的PLC都具有通信接口，通信非常方便。

六、PLC的结构与工作原理

1. PLC的基本结构

PLC的类型繁多，功能和指令系统也不尽相同，但结构与工作原理则大同小异，通常由主机、输入/输出接口、电源、编程器及扩展器接口和外围设备接口等主要部分组成，如图1-1-1所示。

学习笔记

1）主机

主机部分包括中央处理器（CPU）、系统程序存储器和用户程序及数据存储器。CPU是PLC的核心，用于运行用户程序、监控输入/输出接口状态、作出逻辑判断并进行数据处理，即读取输入变量、完成用户指令规定的各种操作，将结果送到输出端，并响应外围设备（如编程器、计算机、打印机等）的请求并进行各种内部判断。

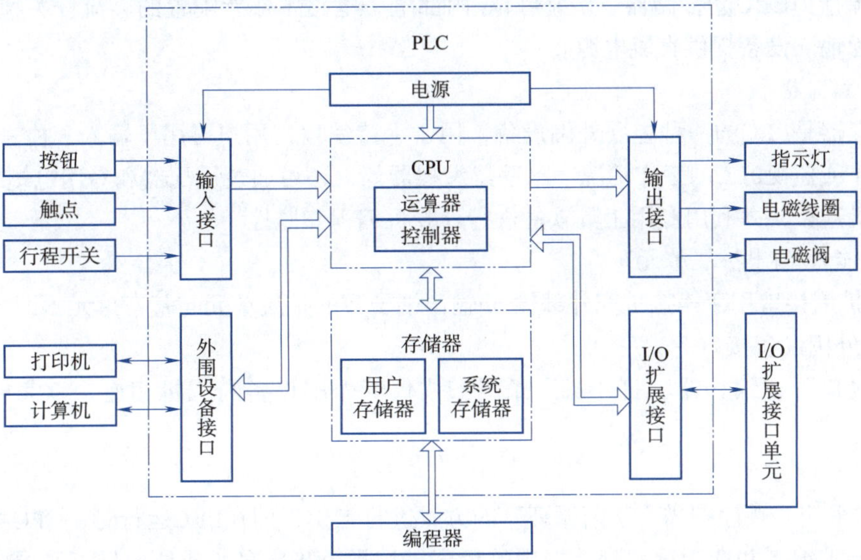

图 1-1-1　PLC 基本结构

PLC的内部存储器分为两类：一类是系统程序存储器，主要存放系统管理和监控程序及对用户程序作编译处理的程序，系统程序已由厂家固定，用户不能更改；另一类是用户程序及数据存储器，主要存放用户编制的应用程序及各种暂存数据和中间结果。

2）输入/输出（I/O）接口

（1）输入/输出接口的作用。输入/输出接口又称I/O单元或I/O模块，是PLC与工业生产现场之间的连接通道。PLC输入接口用于接收和采集来自输入设备的各种信号，如限位开关、操作按钮、选择开关、行程开关以及其他传感器输出的开关量或模拟量。通过输入接口电路将这些信号转换成中央处理单元能够接收和处理的信号，用这些数据作为PLC对被控制对象进行控制的依据。PLC输出接口则将中央处理单元送出的弱电控制信号转换成现场需要的强电信号输出，以驱动电磁阀、接触器、电动机等被控设备的执行元件。

（2）I/O接口的类型。I/O接口主要有开关量输入/输出接口和模拟量输入/输出接口两种类型。

开关量输入/输出接口是PLC中最常见的接口类型，主要处理开关信号。这些信号可以分为两类：一类是由按钮开关、行程开关、数字拨码开关、接近开关、光电开关、压力继电器等提供的开关量输入信号；另一类是从电位器、热电、测速电动机、各种变送器送来的连续变化的模拟量输入信号。输入模块还需要将这些不同的电平信号转换成CPU能够接收和处理的数字信号。

学习笔记

模拟量输入/输出接口主要用于处理连续变化的模拟信号，如温度、压力、流量、位移等工业检测信号。模拟量I/O模块的输入、输出信号可以是电压或电流，可以是单极性的，如0～5 V、0～10 V、1～5 V、4～20 mA，也可以是双极性的，如±5 V、±10 V和±20 mA。

3）电源

电源指为CPU、存储器、I/O接口等内部电子电路工作所配置的直流开关稳压电源，通常也为输入设备提供直流电源。

4）编程器

编程器是PLC的一种主要外围设备，用于手持编程，用户可用于输入、检查、修改、调试程序或监视PLC的工作情况。除手持编程器外，还可通过适配器和专用电缆线将PLC与计算机连接，并利用专用工具软件进行计算机编程和监控。

5）输入/输出扩展单元

I/O扩展接口用于连接扩充外部输入/输出端子数的扩展单元与基本单元（即主机）。

6）外围设备接口

此接口可将编程器、打印机、条码扫描仪等外围设备与主机相连，以完成相应的操作。

2．PLC的工作原理

PLC采用“顺序扫描，不断循环”的方式进行工作，即在PLC运行时，CPU根据用户按控制要求编制并存于用户存储器中的程序，按指令步序号（或地址号）作周期性循环扫描，如无跳转指令，则从第一条指令开始逐条顺序执行，直至程序结束；然后重新返回第一条指令，开始下一轮新的扫描。在每次扫描过程中，还要完成对输入信号的采样和对输出状态的刷新等工作。

PLC一个周期的扫描必经输入采样、用户程序执行和输出刷新三个阶段，如图1-1-2所示。

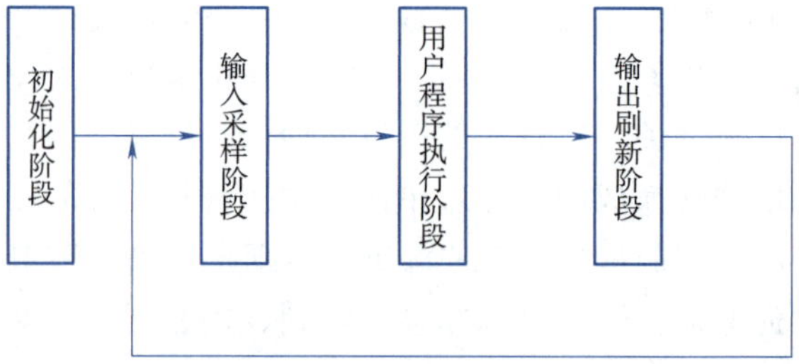

图 1-1-2　PLC 循环扫描工作方式

（1）输入采样阶段。首先以扫描方式按顺序将所有暂存在输入锁存器中的输入端子的通断状态或输入数据读入，并将其写入各对应的输入状态寄存器中，即刷新输入。随即关闭输入端口，进入程序执行阶段。

（2）用户程序执行阶段。按用户程序指令存放的先后顺序扫描执行每条指令，执行的结果再写入输出状态寄存器中，输出状态寄存器中的所有内容随程序的执行而改变。

（3）输出刷新阶段。当所有指令执行完毕，输出状态寄存器的通断状态在输出刷新阶段送至输出锁存器中，并通过一定的方式（如继电器、晶体管或晶闸管）输出，驱动相应输出设备工作。

七、PLC产品型号含义

图1-1-3所示为市场上常见几款PLC型号，不同厂家生产的PLC无论在外形还是内部结构上均存在差异，同一厂家生产的不同系列PLC，内部结构也存在差异。本书以三菱FX3U系列PLC作为教学用机。

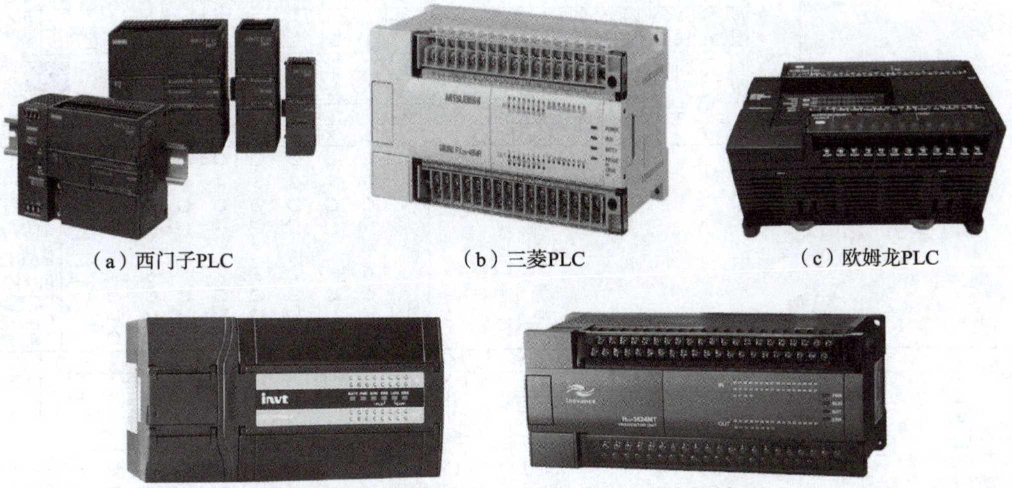

（a）西门子PLC　（b）三菱PLC　（c）欧姆龙PLC

（d）英威腾PLC　（e）汇川PLC

图 1-1-3　常见 PLC 型号

1．FX系列可编程控制器型号含义

图1-1-4所示为三菱FX系列PLC命名的基本格式。

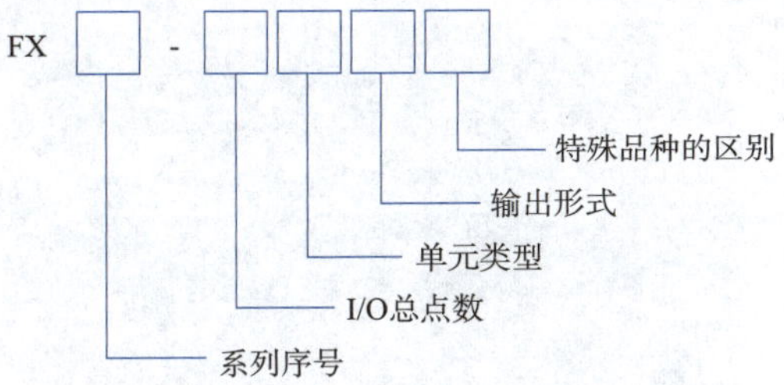

图 1-1-4　PLC 型号含义

（1）系列序号：0、2、ON、2N，即FX0、FX2、FXON、FX2N。

（2）I/O总点数：14～256。

（3）单元类型：

M——基本单元；

E——输入输出混合扩展单元及扩展模块；

EX——输入专用扩展模块；

EY——输出专用扩展模块。

（4）输出形式：

R——继电器输出；

T——晶体管输出；

学习笔记

S——晶闸管输出。

2．FX3U系列PLC的面板结构

三菱FX3U系列为小型PLC，采用整体式结构，面板结构如图1-1-5所示，主要由外部端子部分、指示部分及接口部分组成。

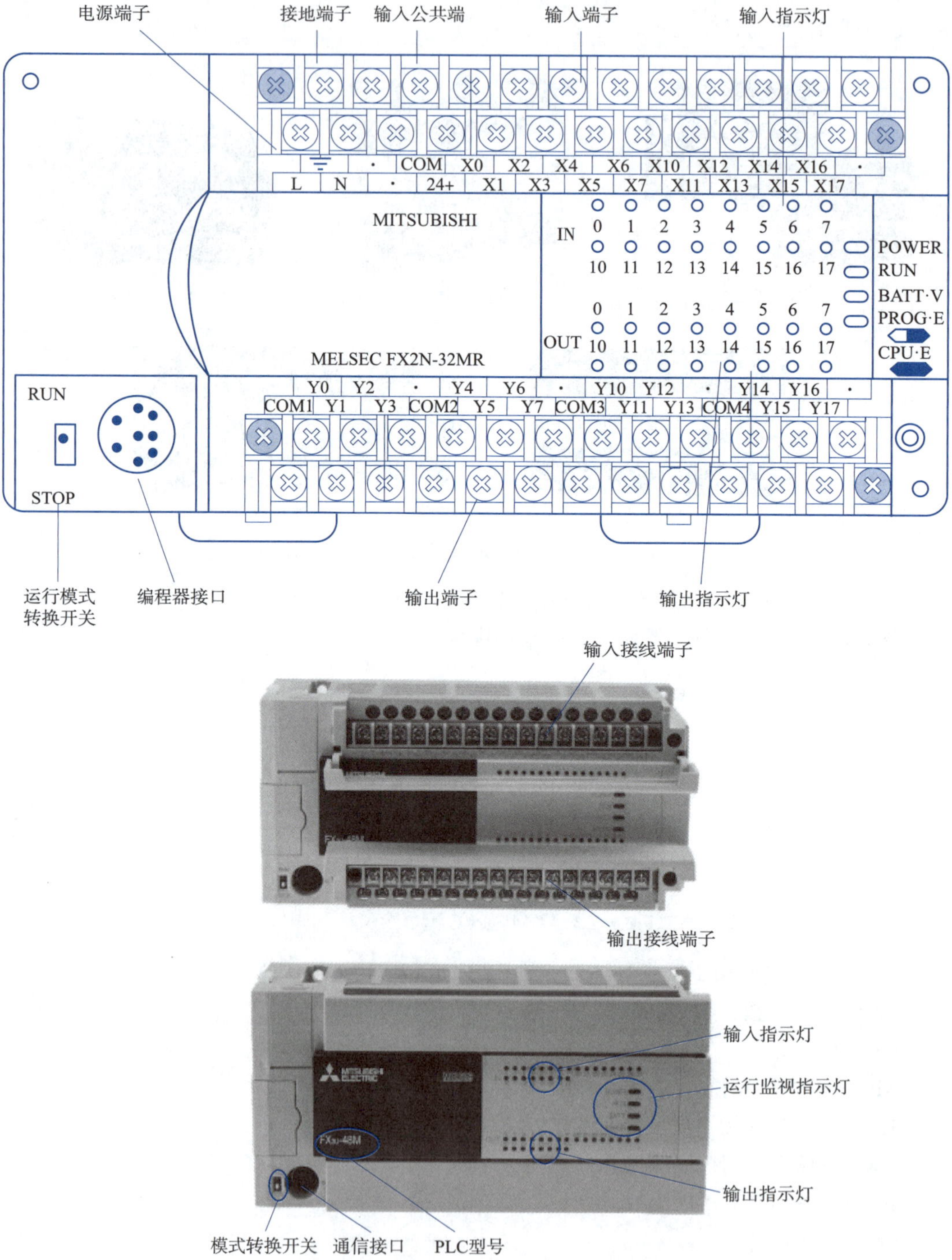

图 1-1-5　三菱 FX3U 系列 PLC 面板结构

学习笔记

（1）电源输入端子（L、N、地线）用于接工频100～250 V交流电源，直流电源端子（+24、COM）供外部传感器使用。

（2）输入接线端子 X 用于连接外部输入设备，输出端子 Y 用于连接被控外部负载。

（3）输入 / 输出指示灯用于指示输入点 / 输出点的状态。

（4）接口部分主要包括编程器接口、存储器接口、扩展接口、特殊功能模块接口。

（5）运行监控指示灯类型如下：

POWER——电源指示灯；

RUN——运行指示灯；

BATT·V——电池电压降低指示灯；

PROG·E——程序出错指示灯；

CPU·E——CPU出错指示灯。

八、PLC的编程语言

PLC是一种工业控制计算机，不光有硬件，软件也必不可少，提到软件就必然和编程语言相联系。不同厂家、不同系列甚至不同型号PLC的编程语言只能适应自己的产品。目前PLC常用的编程语言有四种：梯形图编程语言、指令表编程语言、顺序功能图编程语言和高级编程语言。

梯形图编程语言形象直观，类似电气控制系统中的继电器控制电路图，逻辑关系明显；指令语句表编程语言虽然不如梯形图编程语言直观，但有输入方便的优点；功能图编程语言和高级编程语言需要比较多的硬件设备。

1. 梯形图编程语言

梯形图沿袭了继电器控制电路的形式，即梯形图编程语言是在电气控制系统中常用的继电器、接触器逻辑控制的基础上简化了符号演变而来的，形象、直观、实用，且易被电气技术人员接受，是目前使用最多的一种PLC编程语言，编程示例如图1-1-6所示。

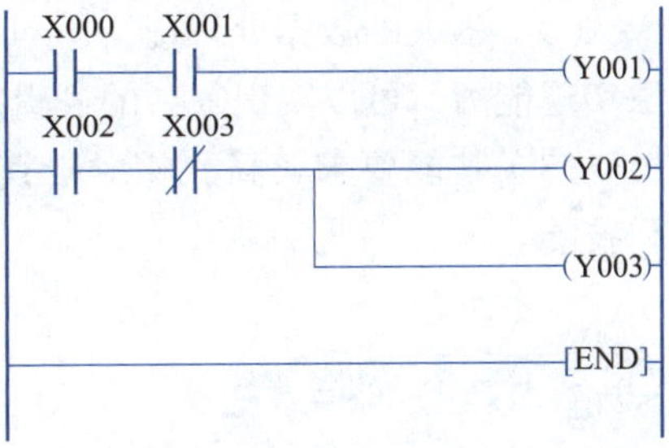

图 1-1-6 梯形图编程示例

2. 指令表编程语言

指令表编程语言是一种与计算机汇编语言相类似的助记符编程方式，用一系列操作指令组成的语句表将控制流程描述出来，并通过编程器送入PLC。需要指出的是，不同厂家的PLC指令语句表使用的助记符并不相同，因此，一个相同功能的梯形图，书写的指令表并不相同，见表1-1-1。

表1-1-1 指令表

步 序	操 作 码	操 作 数
0	LD	X000
1	ANI	X001
2	OUT	Y001
3	LD	X002
4	ANI	X003

学习笔记

续表

步 序	操 作 码	操 作 数
5	OUT	Y002
6	OUT	Y003
7	END	

3．顺序功能图编程语言

顺序功能图（sequential function chart，SFC）是基于机械控制流程，具有图形表达方式的一种编程语言。这种语言将复杂的控制过程分成多个工作步，每步有对应的工艺动作，把这些步按照一定的顺序进行排列，即可构成整体的控制程序，如图1-1-7所示。顺序功能图编程语言条理清晰，在程序控制中得到了广泛应用。

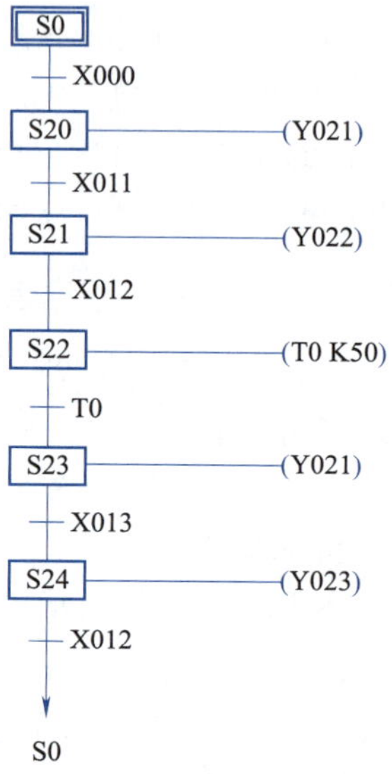

图 1-1-7　顺序功能图编程语言

4．高级编程语言

PLC的高级编程语言主要为结构化文本语言（structured text，ST），是一种类似于高级编程语言的文本编程语言。结构化文本语言具有以下特点：

（1）跨平台性。结构化文本语言编写的程序可以在不同厂商的PLC上运行，具有较好的跨平台性。

（2）强大的数据处理能力。具有强大的数据处理和算法实现能力，可以实现复杂的逻辑控制和高级功能。

（3）技能要求较高。相对于其他PLC编程语言来说，学习难度较大，需要较高的编程技能。

项目实施

1．描述PLC的特点。

2．描述PLC的分类。

3．谈谈PLC在各个领域中的应用。

学习笔记

4．描述PLC的工作原理。

5．对照实物，说出三菱FX3U-48M的面板结构和型号含义。

6．描述PLC编程语言的种类。

项目评价

完成项目实施后，根据学生自评、小组互评和教师评价填写项目实施评价表，见表1-1-2。

表1-1-2　项目实施评价表

评价目标	评价内容及标准	配分	学生自评	小组互评	教师评价
知识目标	认识FX3U系列PLC的基本结构	10分			
	认识FX3U系列PLC的工作原理	10分			
	认识FX3U系列PLC内部软元件	10分			
技能目标	了解PLC的分类，每少一种扣2分，最多扣10分	10分			
	描述PLC在各个领域中的应用，每错一处扣2分，最多扣10分	10分			
	准确阐述PLC的工作原理，每错一处扣2分，最多扣10分	10分			
	能说出三菱FX3U-48M的面板结构以及型号含义，每错一种扣5分，最多扣10分	10分			
	能够描述PLC编程语言的种类，每少一种扣5分，最多扣10分	10分			
职业素养	积极完成工作任务、不怕困难，始终保持工作热情，与同伴相互合作、沟通，分工明确、协调配合，共同完成工作任务。每处扣2分，最多扣20分	20分			
小计					
合计 =（自评30% + 互评30% + 教师评40%）					

学习笔记

项目拓展

一、能力测试：常用的PLC

PLC品牌众多，涵盖了国际和国内多个知名厂商。尝试通过网络等渠道搜索了解国际和国内主要的PLC品牌，并简述各个品牌的特点及应用。

二、学海领航：PLC的发展历程和趋势

PLC的发展历程包括以下阶段：

1．初级阶段（1969年至20世纪70年代中期）

起源与试用：1968年，美国通用汽车公司提出取代继电器限制装置的要求。1969年，美国数字设备公司研制出了第一台可编程控制器，在美国通用汽车公司的生产线上试用成功，这是世界上公认的第一台PLC。

主要功能与特性：这一阶段的PLC主要功能是逻辑运算和计时、计数功能。CPU由中小规模数字集成电路构成。主要产品包括MODICON公司的084、AB公司的PDQ-IL、DEC公司的PDP-14、日立公司的SCY-022等。第一阶段采用了梯形图语言作为编程方式。

2．扩展阶段（20世纪70年代中期至70年代末期）

控制功能扩展：这一阶段PLC产品的控制功能得到很大扩展，扩展的功能包括数据的传送、数据的比较和运算、模拟量的运算等功能。产品包括MODICON的184、284、384，西门子公司的SIMATICS3系列，富士电机公司的SC系列产品。

3．通信阶段（20世纪70年代末期至80年代中期）

通信网络的发展：这一阶段产品与计算机通信的发展有关，形成了分布式通信网络。虽然各制造商通信系统各有规范，但PLC已经从汽车行业迅速扩展到其他行业，如食品、饮料、金属加工、制造和造纸等多个行业。产品包括西门子公司的SIMATICS6系列、GOULD公司的M84、884等。

4．开放阶段（20世纪80年代中期至80年代末期）

标准化与开放系统：由于国际标准化组织提出了开放系统互连的参考模型OSI，使PLC在开放功能上有了较大发展。通信系统开始标准化，使用户受益。PLC开始采用标准化软件系统，增加高级语言编程，并完成了编程语言的标准化工作。产品包括西门子公司的S7系列、AB公司的PLC-5、SLC500等。

5．飞速发展阶段（20世纪90年代初期至90年代末期）

过程控制领域的扩展：这一阶段实现对模拟量处理功能和网络通信功能的提高，使PLC控制系统在过程控制领域也开始大面积应用。PLC的功能得到了进一步的提高，不论从体积、人机界面功能、端子接线技术，还是从内在的性能（如速度、存储容量等）、实现的功能（如运动控制、通信网络、多机处理等）方面都远非过去的PLC可比。

6．持续发展阶段（21世纪）

新技术的融合与创新：进入21世纪，PLC技术继续发展，与计算机技术、控制技术、数字技术、通信网络技术等高新技术的发展紧密相关。PLC不仅在制造业自动化中广泛应用，还进入了过程控制系统等领域。国内PLC技术发展迅速，有赶超欧美和日本之势。

学习笔记

PLC行业近年来一方面将向速度更快、性价比更高的小型和超小型PLC发展，以适应单机及小型自动控制的需要；另一方面，向高速度、大容量、技术完善的大型PLC方向发展。同时，PLC网络控制是当前控制系统和PLC技术发展的潮流，PLC与PLC之间的联网通信、PLC与上位计算机的联网通信已得到广泛应用。目前，PLC制造商都在发展自己专用的通信模块和通信软件以加强PLC的联网能力，各PLC制造商之间也在协商制定通用的通信标准，以构成更大的网络系统。单一维度的通用产品未来将难以满足市场需求，一体化专机将成为未来的发展趋势。未来，“控制+驱动”一体化将成为行业内各工业自动化控制设备厂商的发展方向，通过PLC和驱动器产品的一体化，可极大地降低系统成本与体积、提升系统总体性能。

PLC在未来将会呈现以下发展趋势：

1. 智能化水平的提升

随着人工智能和机器学习技术的发展，PLC将具备更强大的数据处理和分析能力，能够自动优化控制过程，提高生产效率。此外，PLC也将更加注重安全性与可靠性，以应对日益突出的网络安全问题。厂商将采用更加先进的安全技术和加密算法，确保PLC的安全稳定运行。

2. 通信能力的增强

随着工业物联网的发展，PLC需要与其他设备和系统进行更加紧密的通信。未来的PLC将支持更多的通信协议，具备更强的数据传输和处理能力，以满足不断增长的通信需求。

3. 编程和调试的便捷性

为了降低开发难度、提高开发效率，未来的PLC编程软件将更加友好、易用。图形化编程工具、在线调试等功能将成为标配，让工程师可以更加高效地编写和调试PLC程序。

4. 集成化功能的趋势

随着工业自动化程度的提高，PLC需要集成更多的功能以满足不断增长的需求。未来的PLC将汇聚运动控制、机器视觉、传感器融合等多种功能于一体，成为工业自动化领域中的全能型选手。

5. 产品形态的转变

PLC开始向软件PLC转变，在保留PLC功能的前提下，采用面向现场总线网络的体系结构，采用开放的通信接口，如以太网、高速串口等；采用各种相关的国际工业标准和一系列事实标准，全部用软件实现传统PLC的功能。

项目2　PLC 编程软件的安装与使用

PLC编程软件的安装是一个关键步骤，它决定了后续编程工作的顺利与否。PLC编程软件的使用涉及编写用户程序、进行逻辑测试等多个方面。用户程序是设计人员根据控制系统的工艺控制要求，通过PLC编程语言的编制规范设计的。编程软件的不同版本可能会导致其功能的不同，因此用户应根据自己的需求选择合适的编程软件版本。

学习笔记

项目目标

一、知识目标

1. 了解GX Works2 编程软件的主要功能；
2. 了解GX Works2 编程软件的基本操作。

二、技能目标

1. 会使用GX Works2 编程软件编辑梯形图程序；
2. 掌握程序的转换、传输、检查及监测等操作。

三、素养目标

1. 通过学习PLC编程软件的使用，提高自身技术与技能，积极投身于建设“制造强国”的伟大实践中去；

2. 通过学习，养成规范操作、严谨细致、敬业务实的职业素养。

项目描述

某公司进行生产线的升级改造，购买一批三菱PLC，为尽快投入使用，请为该公司安装相应的编程软件GX Works2，并指导该公司员工学会该软件的基本操作。GX Works2是三菱PLC 的编程软件，支持梯形图、指令表、顺序功能图、结构化文本以及功能块（function block，FB），是专用于PLC设计、调试、维护的编程工具。

一、项目分析

为了帮助该公司尽快投入使用新购买的三菱PLC，应先学会编程软件的安装方法和基本操作，软件的安装包括：解压安装包、运行安装程序、安装向导、输入产品ID、完成安装。基本操作包括：新建工程、编写程序、程序转换、模拟运行、写入PLC、在线监控。

二、项目引导

1. 如何正确安装GX Works2编程软件？

____

____

____

____

2. GX Works2软件的基本操作包括哪些内容？

____

____

____

____

学习笔记

知识链接

一、GX Works2 软件安装

1. 解压安装包

选中安装包并右击，在弹出的快捷菜单中选择“解压到GX Works2 Ver 1591R”命令，如图1-2-1所示。

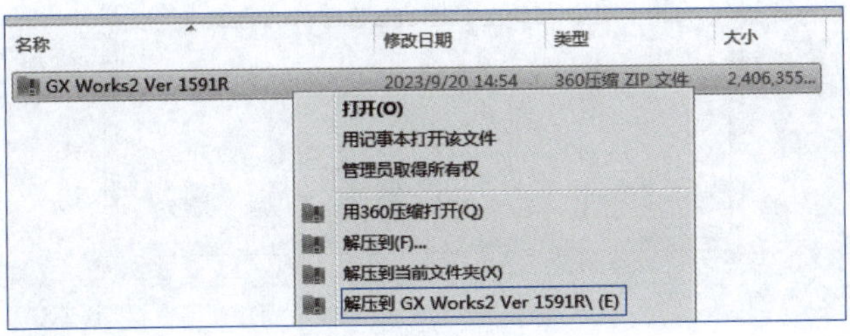

图 1-2-1　解压安装包

2. 软件安装

（1）双击打开“GX Works2 Ver 1591R”文件夹，如图1-2-2所示。

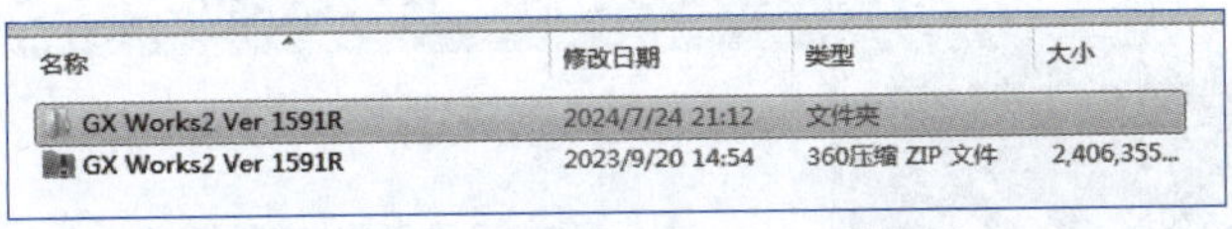

图 1-2-2　打开“GX Works2 Ver 1591R”文件夹

（2）双击打开“Disk1”文件夹，如图1-2-3所示。

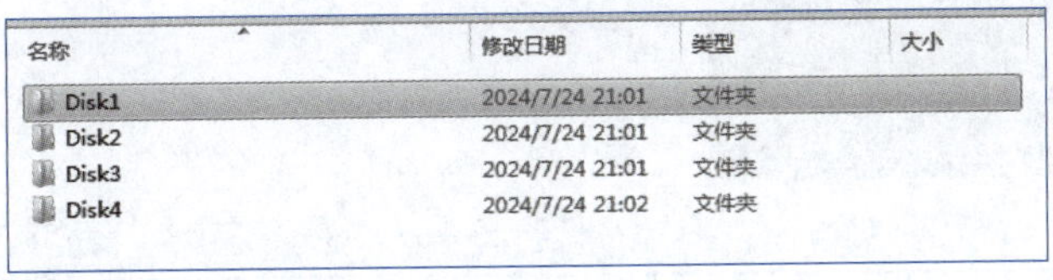

图 1-2-3　打开“Disk1”文件夹

（3）双击运行setup安装文件，如图1-2-4所示。

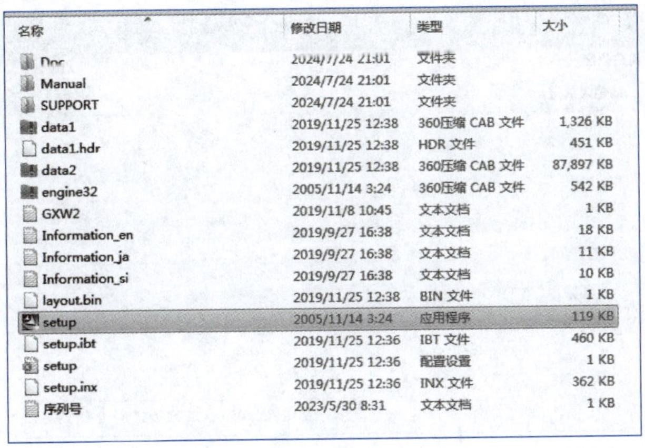

图 1-2-4　运行安装文件

学习笔记

（4）单击“确定”按钮，建议将正在运行的软件关闭后再进行安装操作，如图1-2-5所示。

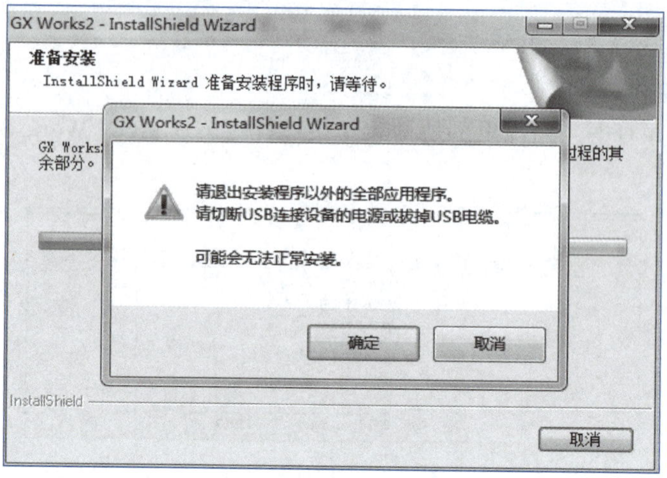

图 1-2-5　关闭其他软件

（5）单击“下一步”按钮，如图1-2-6所示。

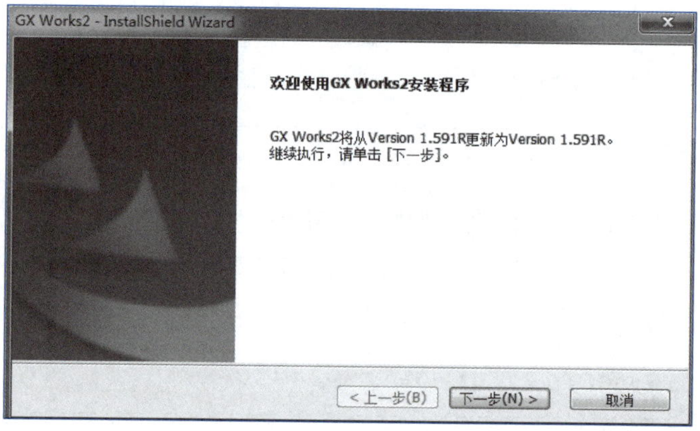

图 1-2-6　单击“下一步”按钮

（6）输入姓名和公司名，然后输入序列号：570-98681××××，如图1-2-7所示。

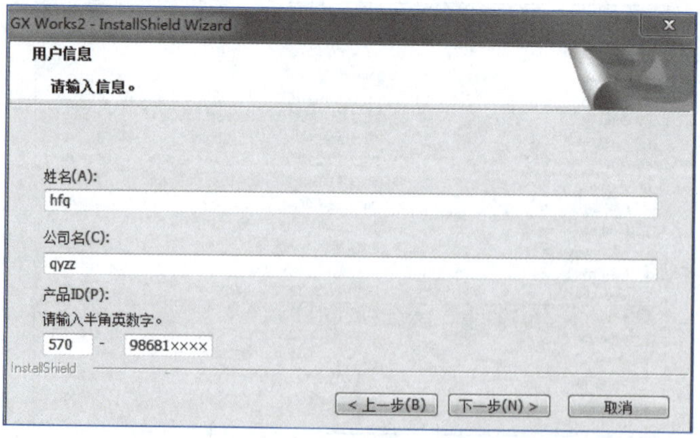

图 1-2-7　填写姓名、公司名和序列号

（7）选择一个安装路径，单击“下一步”按钮，这里使用默认路径，如图1-2-8所示。

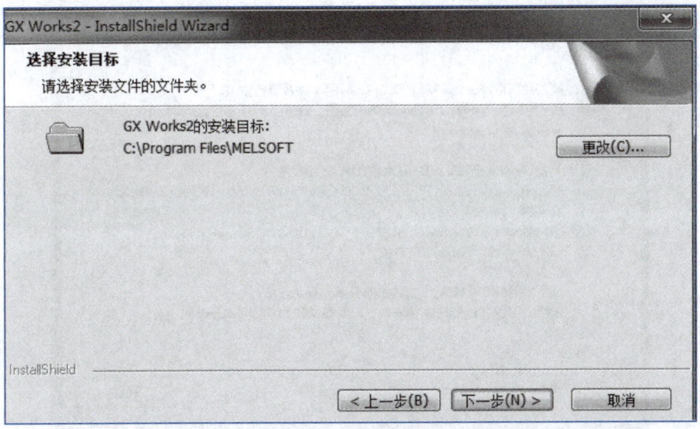

图 1-2-8　选择安装路径

（8）单击“下一步”按钮，如图1-2-9所示。

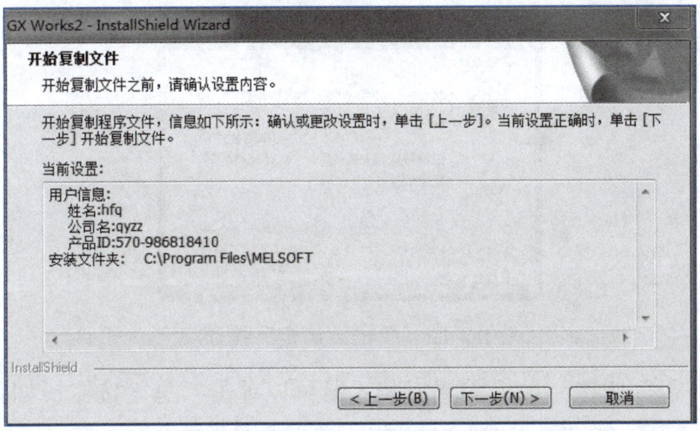

图 1-2-9　单击“下一步”按钮

（9）安装中，等待安装完成，如图1-2-10所示。

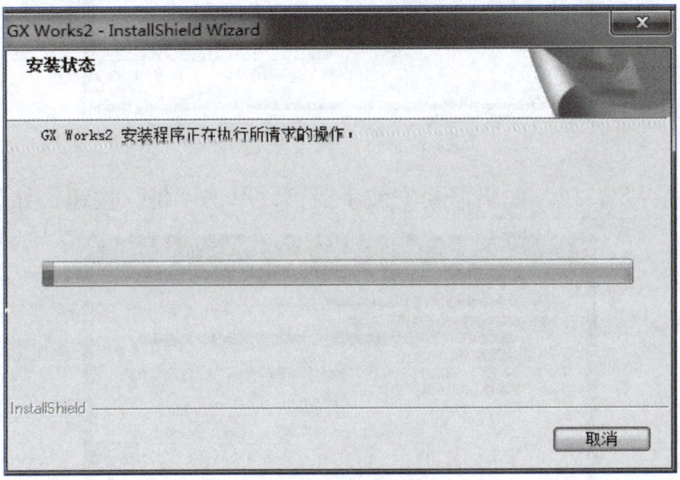

图 1-2-10　安装中

学习笔记

（10）单击“确定”按钮，如图1-2-11所示。

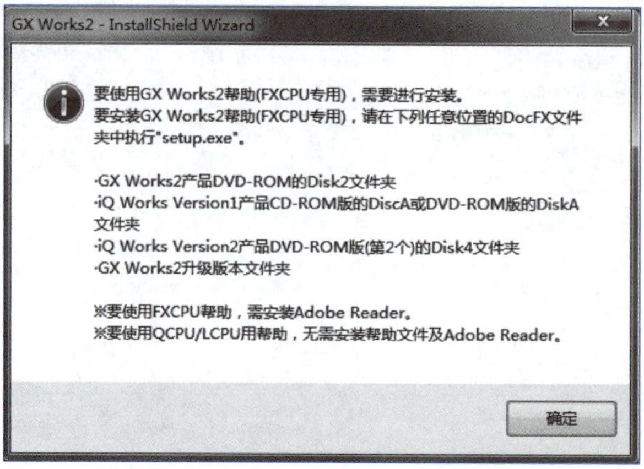

图 1-2-11　单击“确定”按钮①

（11）单击“确定”按钮，如图1-2-12所示。

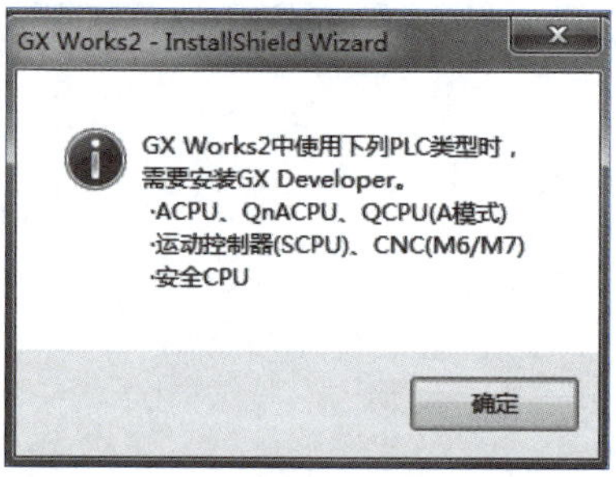

图 1-2-12　单击“确定”按钮②

（12）单击“否”按钮，如果需要安装手册可以单击“是”按钮，如图1-2-13所示。

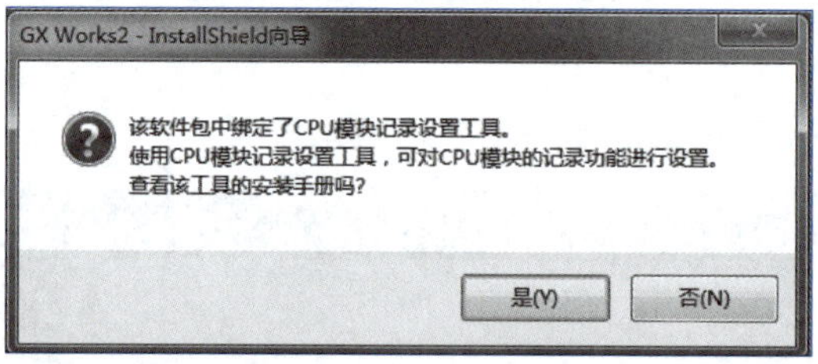

图 1-2-13　安装手册①

（13）单击“否”按钮，如果需要安装手册可以单击“是”按钮，如图1-2-14所示。

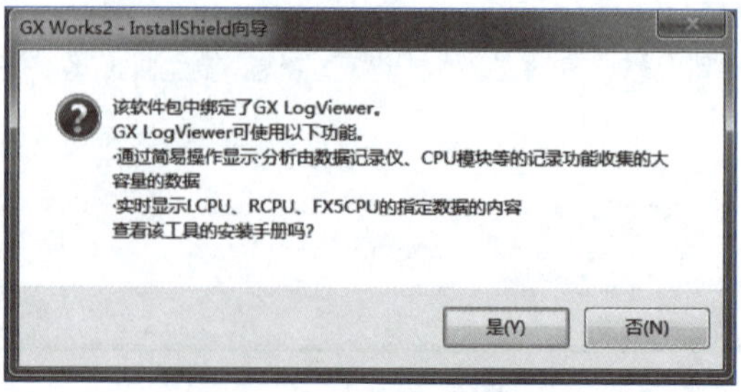

图 1-2-14　安装手册②

学习笔记

（14）单击“完成”按钮，完成软件安装，如图1-2-15所示。

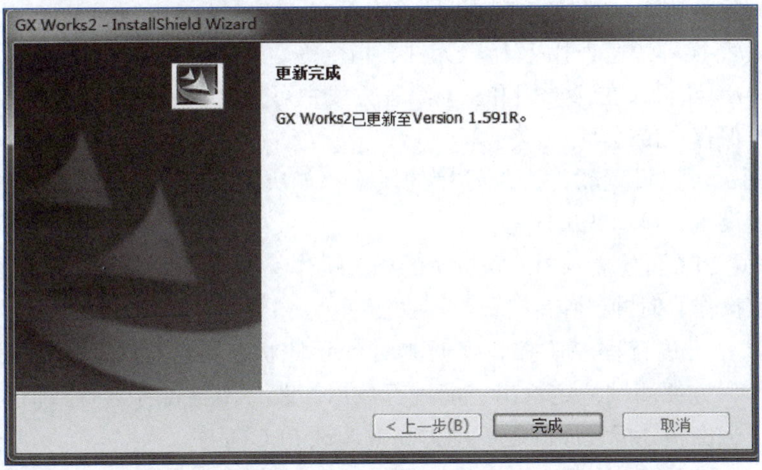

图 1-2-15　软件安装完成

二、GX Works2 软件的基本界面

GX Works2编程软件的基本界面如图1-2-16所示。

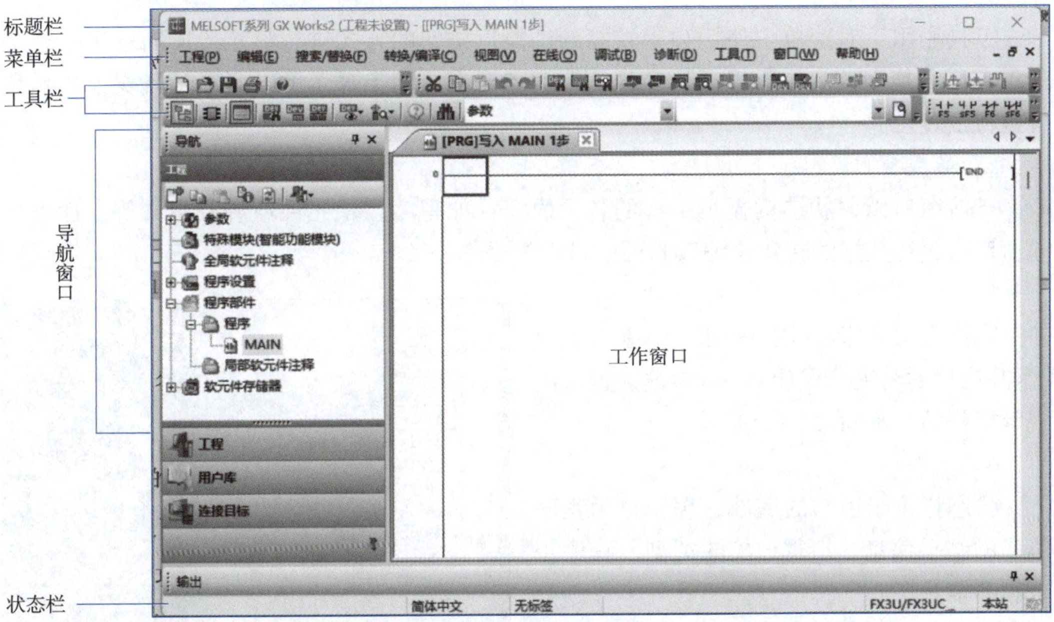

图 1-2-16　GX Works2 编程软件的基本界面

1．标题栏

标题栏显示打开的工程名称和其他信息。

2．菜单栏

菜单栏将GX Works2的全部功能按不同的用途组合起来，并以菜单的形式进行显示。通过主菜单各选项及命令，可执行相应的操作。共有11个主菜单选项，功能如下：

（1）工程：工程操作，如新建、打开、关闭、保存、PLC类型更改等。

学习笔记

（2）编辑：程序编辑的工具，如复制、粘贴、行（列）插入、行（列）删除、划线写入、划线删除等功能，同时支持梯形图编辑模式。

（3）搜索/替换：快速查找/替换软元件、指令等。

（4）转换/编译：只在梯形图和SFC编程方式中可见，程序编好后只有经过转换的梯形图才能够被保存、传送等。

（5）视图：可以设置软件开发环境的风格，如决定工具栏和状态栏的打开与关闭，注释、声明的设置、显示或关闭等。

（6）在线：PLC可建立与PLC联机时的相关操作，如用户程序的上传和下载、监视程序运行、远程操作、时钟操作等。

（7）调试：可进行程序监控，实时查看各元件状态与程序的运行情况；支持强制ON/OFF 操作，方便测试特定输出；能进行数据修改，调整寄存器等数值；还有断点设置功能，便于定位和分析程序问题，助力高效调试 PLC 程序。

（8）诊断：用于PLC诊断、以太网诊断及CC-link诊断。

（9）工具：用于程序检查、参数检查、数据合并、清除注释或参数等操作。

（10）窗口：对窗口的排列显示方式进行设定。

（11）帮助：主要用于查阅GX Works2操作手册和各种出错代码的解决方法。

3. 工具栏

工具栏用于对菜单中使用频率较高的功能以按钮的方式进行显示，同时在工具栏中的位置可以拖动改变，可以通过“视图”菜单对在画面上显示的工具栏的种类及显示位置进行设置。

4. 导航窗口

导航窗口以树状结构显示工程的各项内容，如程序、软元件注释及参数等。通过导航窗口可进行数据的新建及编辑画面的显示等操作。

5. 工作窗口

工作窗口是指在GX Works2中进行编程（编写程序时将变为编辑区）、参数设置、监视等操作的主画面。

6. 状态栏

状态栏位于窗口的底部，用于显示程序编译的结果信息、所选PLC的类型、程序步数和编辑状态。

三、GX Works2软件的基本操作

1. 启动软件

在计算机的开始菜单中找到GX Works2程序并双击打开，如图1-2-17所示。

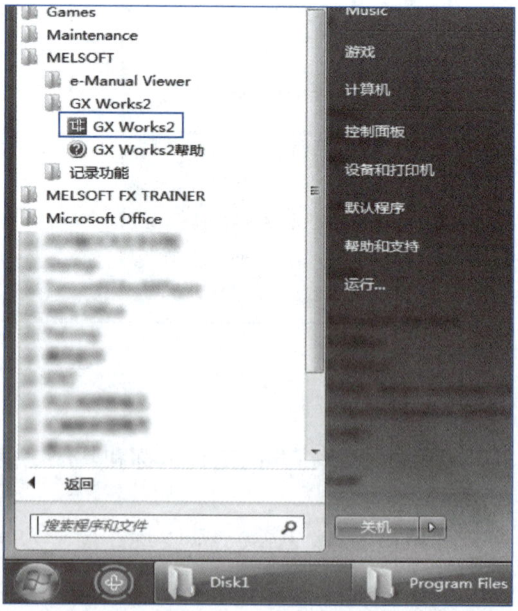

图 1-2-17　启动软件

2. 启动软件后的界面

启动软件后出现的编程界面如图1-2-18所示。

学习笔记

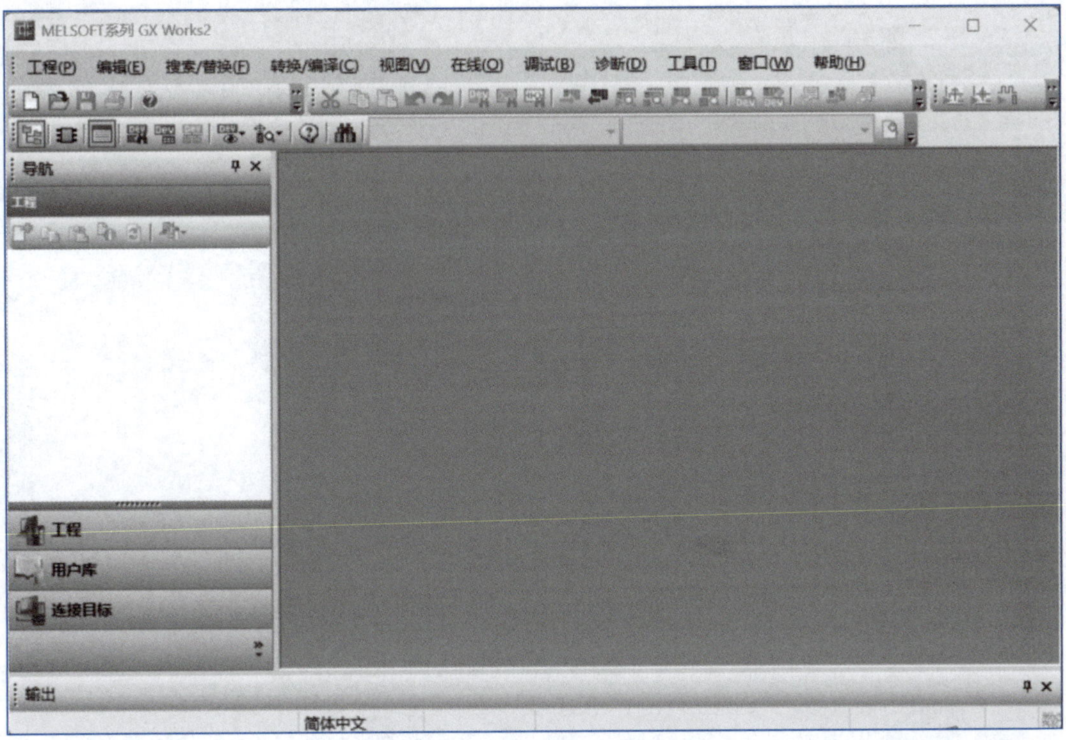

图 1-2-18　GX Works2 编程界面

3．新建工程

在菜单栏中选择“工程”→“创建新工程”命令，或在工具栏中单击□按钮，弹出“新建”对话框，如图1-2-19所示。在该对话框中选择对应的PLC系列、机型，单击“确定”按钮，出现图1-2-20所示的程序编辑界面，即可开始编辑程序。

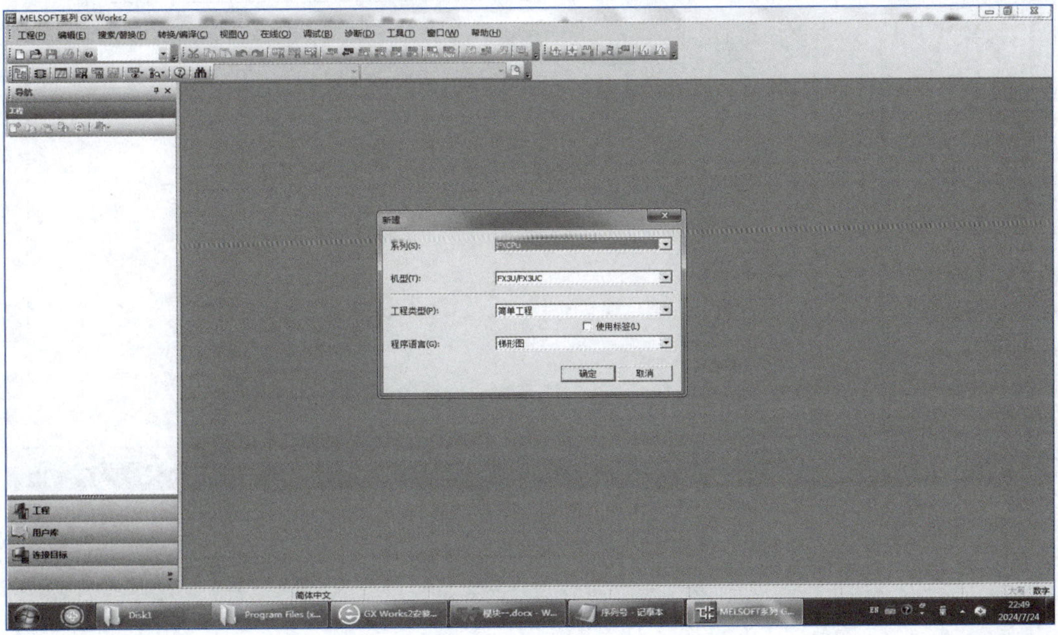

图 1-2-19　“新建”对话框

学习笔记

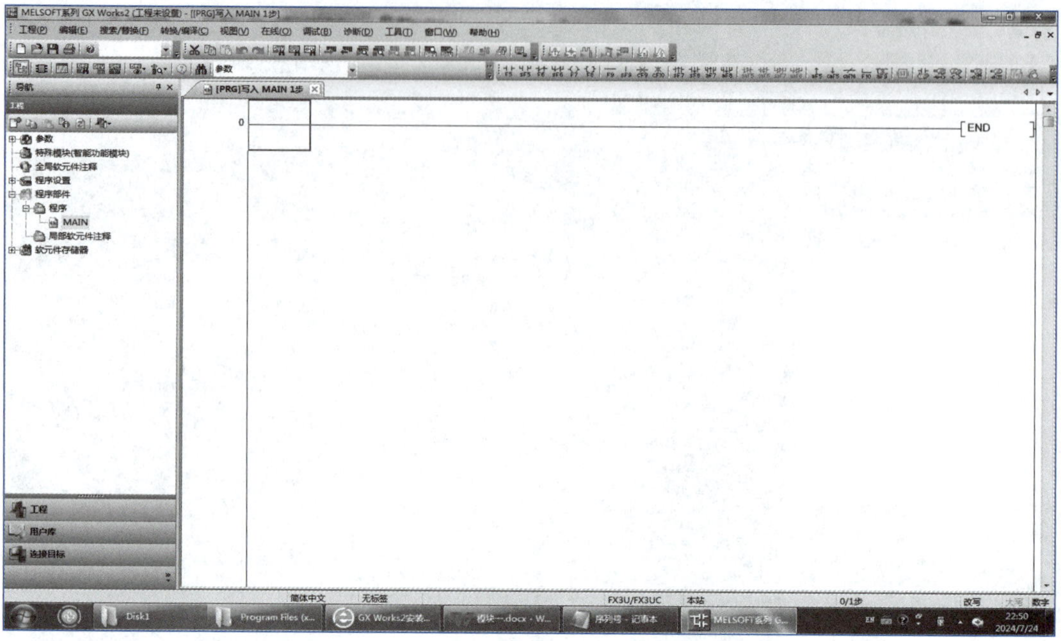

图 1-2-20　程序编辑界面

4．编辑程序

在工具栏中单击“写入模式”按钮，进入程序编写状态，单击编辑区，弹出“梯形图输入”对话框，输入梯形图程序，如图1-2-21所示。

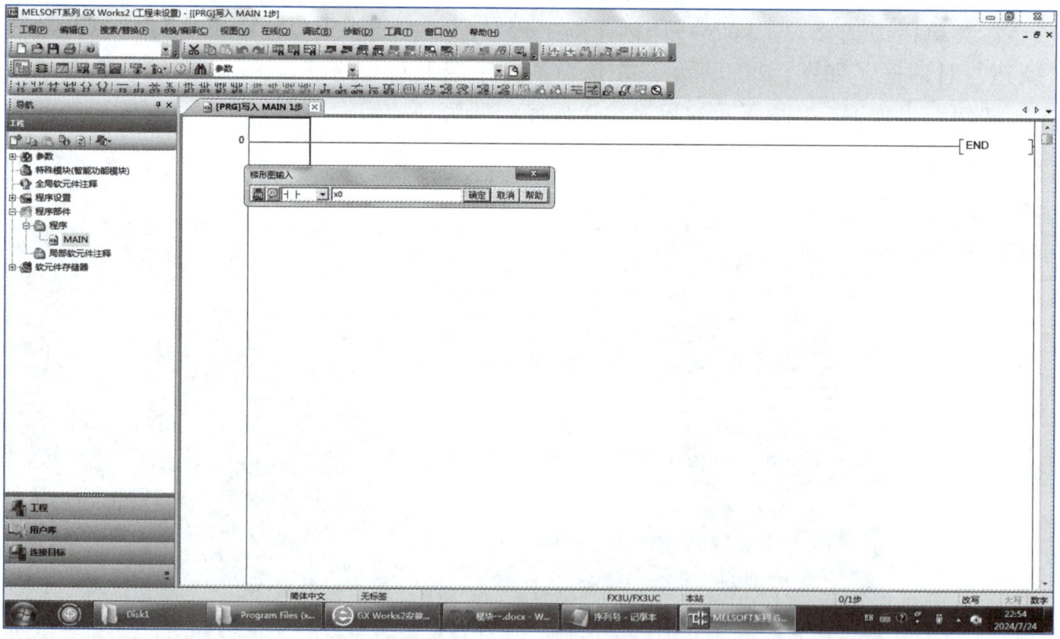

图 1-2-21　输入梯形图程序

输入梯形图程序有三种方法：①单击工具栏中的对应按钮，再用键盘输入软元件的符号和编号；②直接用键盘操作，输入完整的指令；③使用【F5】~【F10】功能键及【Shift】键，输入软元件的符号和编号。此时梯形图未经转换，编辑区为灰色，如

学习笔记

图1-2-22所示。

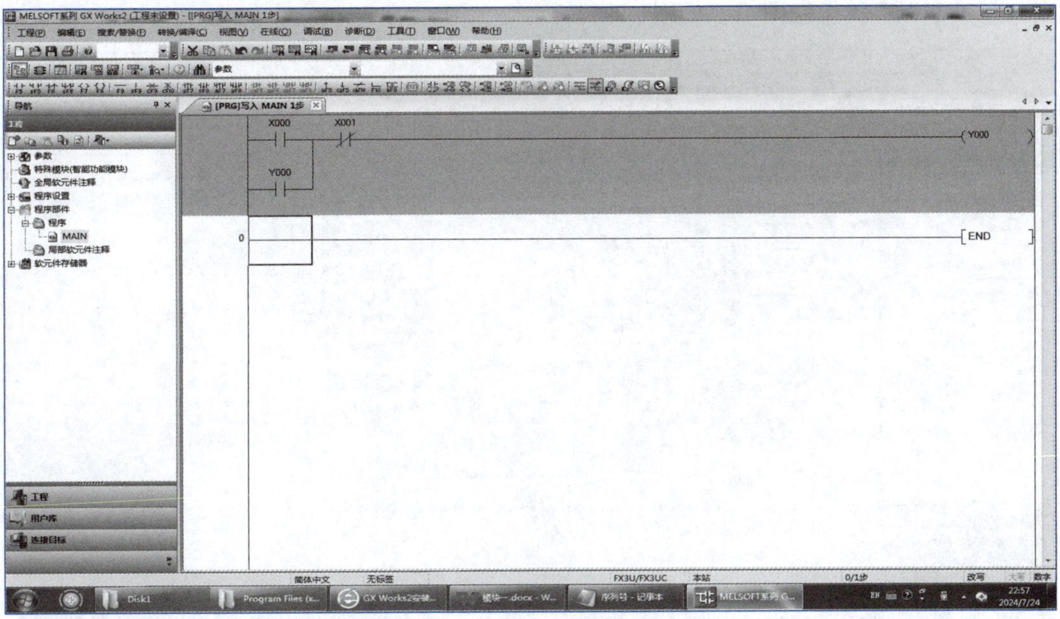

图 1-2-22　转换前的编辑区

5．转换梯形图

梯形图输入完成后，必须进行转换，在"转换/编译"菜单中选择转换命令，也可以直接按【F4】功能键。转换后的编辑区由灰色变为白色，如图1-2-23所示。

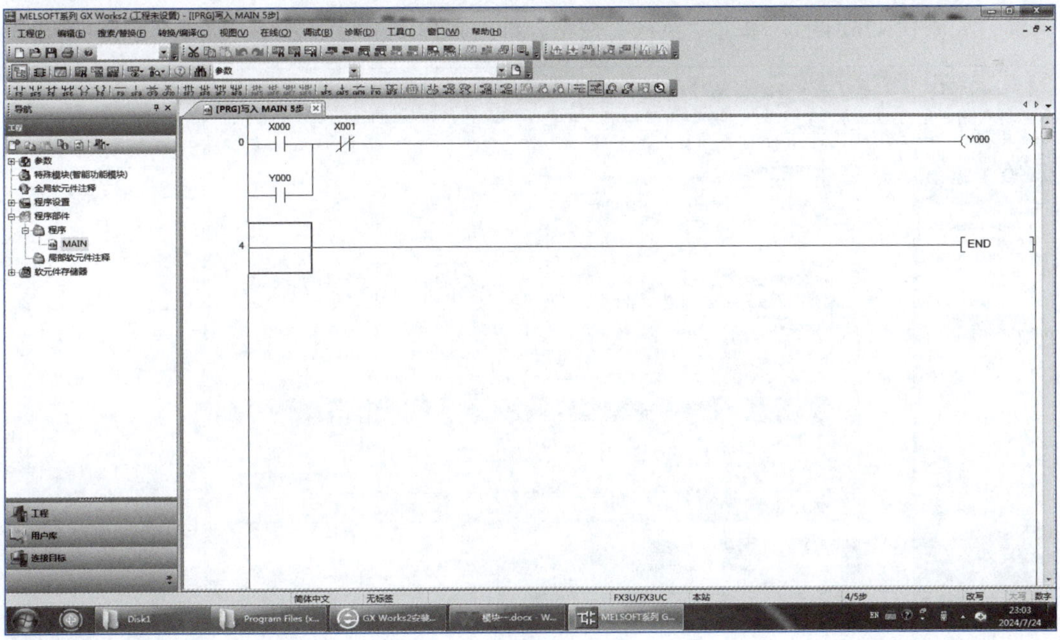

图 1-2-23　转换后的编辑区

6．保存工程

程序编辑完成并转换后，单击工具栏中的"保存"按钮，或者在菜单栏中选择

学习笔记

"工程"→"保存工程"命令，弹出"工程另存为"对话框，选择保存位置，输入工程名，单击"保存"按钮即可，如图1-2-24所示。

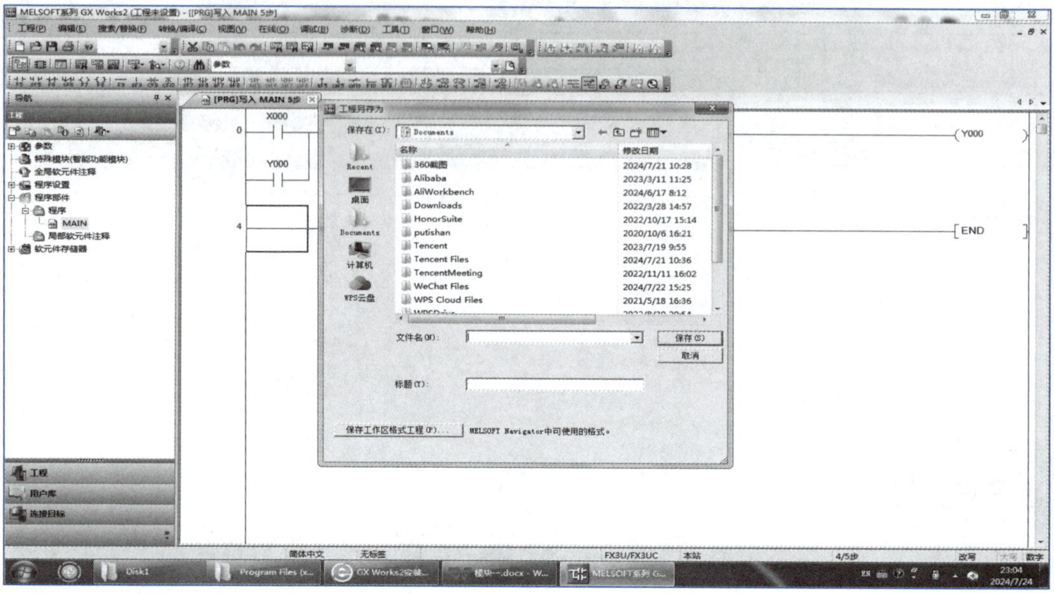

图 1-2-24 保存工程

7. 写入工程

在菜单栏中选择"在线"→"PLC写入"命令，或在工具栏中单击按钮，弹出"在线数据操作"对话框，进入"PLC写入"界面，在列表中勾选"参数"和"程序"复选框，如图1-2-25所示。单击"执行"按钮，即可向PLC中写入程序，如图1-2-26所示。

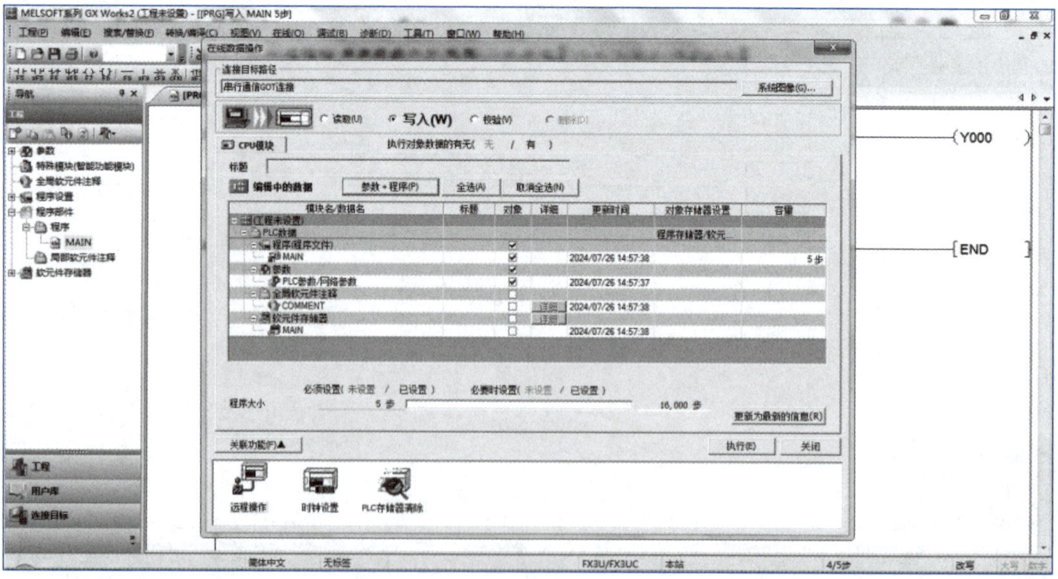

图 1-2-25 "在线数据操作"对话框

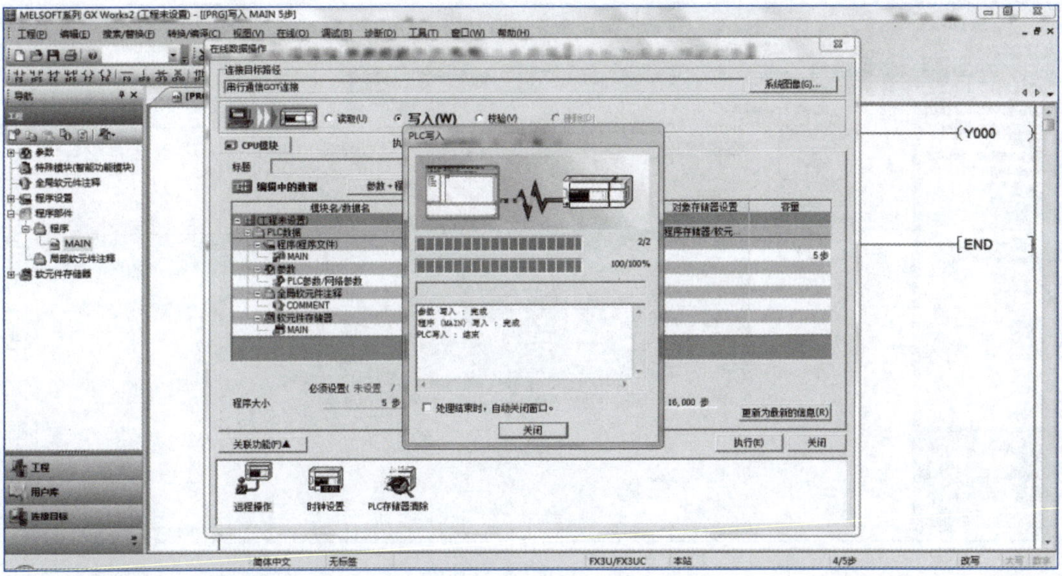

图 1-2-26　程序写入

8. 程序的运行及停止

程序的运行及停止有以下三种方法：

（1）写入完成后在“在线数据操作”对话框中双击“远程操作”按钮，在弹出的“远程操作”对话框中单击RUN或STOP按钮，如图1-2-27所示。

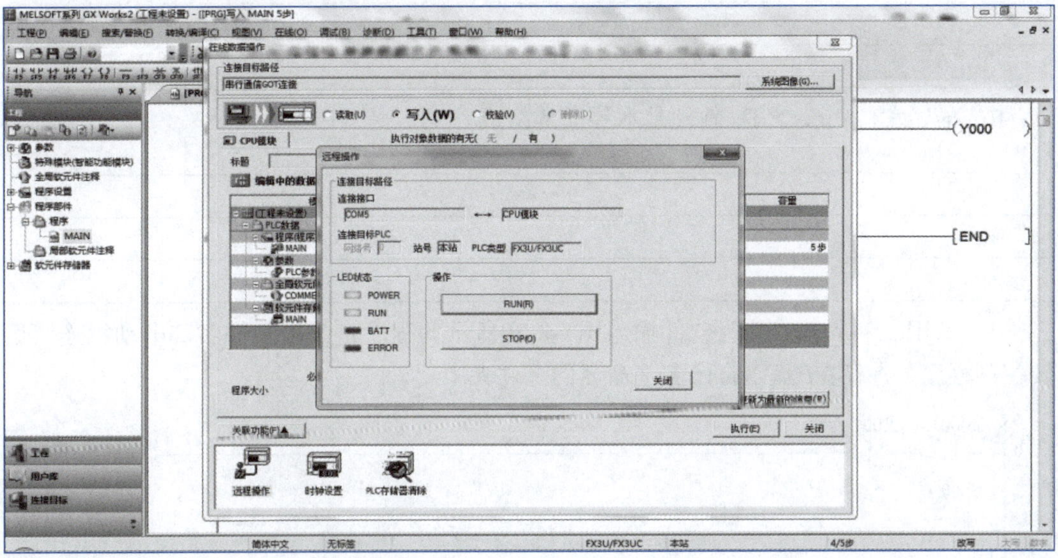

图 1-2-27　程序的运行 / 停止①

（2）在菜单栏中选择“在线”→“远程操作”命令，在弹出的“远程操作”对话框中单击RUN或STOP按钮，如图1-2-28所示。

（3）拨动PLC上的“RUN/STOP”开关，即可运行或停止运行。

学习笔记

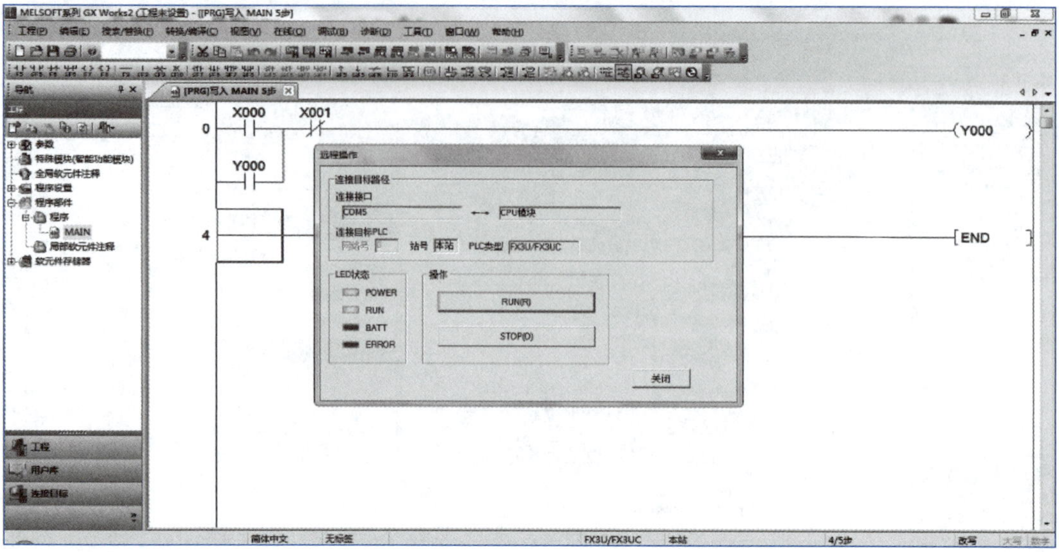

图 1-2-28　程序的运行 / 停止②

项目实施

1．描述GX Works2编程软件的安装步骤。

2．描述GX Works2编程软件基本界面的组成。

3．试用GX Works2编程软件输入图1-2-29所示的程序，并以文件名“电动机连续运转控制程序”保存在E盘以自己名字命名的文件夹中。

图 1-2-29　电动机连续运转控制程序

项目评价

完成项目实施后，根据学生自评、小组互评和教师评价填写项目实施评价表，见表1-2-1。

表1-2-1　项目实施评价表

评价目标	评价内容及标准	配分	学生自评	小组互评	教师评价
知识目标	认识GX Works2编程软件的安装方法	15分			
	认识GX Works2编程软件基本界面的组成	15分			
技能目标	会安装GX Works2编程软件，每错一步扣5分，最多扣20分	20分			
	掌握GX Works2软件的基本操作，每错一步扣5分，最多扣20分	20分			
职业素养	相关操作方法正确、规范，每违反一处扣3分，最多扣15分	15分			
	物品摆放：工具、文字书写工具等摆放在指定位置，整齐、有序、便于使用，每处扣1分，最多扣5分。	15分			
	工作态度：积极完成工作任务、不怕困难，始终保持工作热情，与同伴相互合作、沟通，分工明确、协调配合，共同完成工作任务。每处扣1分，最多扣10分				
小计					
合计 =（自评30% + 互评30% + 师评40%）					

项目拓展

一、能力测试：GX Works2的编程操作

用GX Works2输入图1-2-30所示的程序，以文件名“电动机正反转控制程序”保存在E盘以自己名字命名的文件夹中，并写入PLC中完成运行及停止操作。

图 1-2-30　电动机正反转控制程序

二、学海领航：GX Developer 软件安装

（1）打开安装软件，查看软件安装说明，如图1-2-31所示。

学习笔记

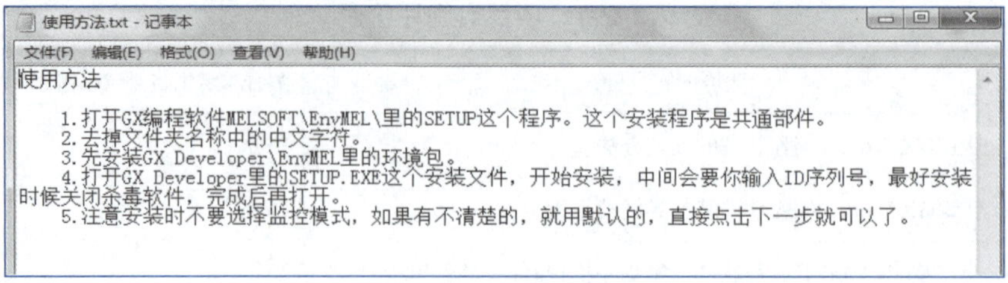

图 1-2-31　软件安装说明

（2）打开GX Developer文件中的EnvMEL文件夹，双击启动“SETUP.EXE”文件，按照安装指引，单击“下一步”按钮，完成安装后如图1-2-32所示。

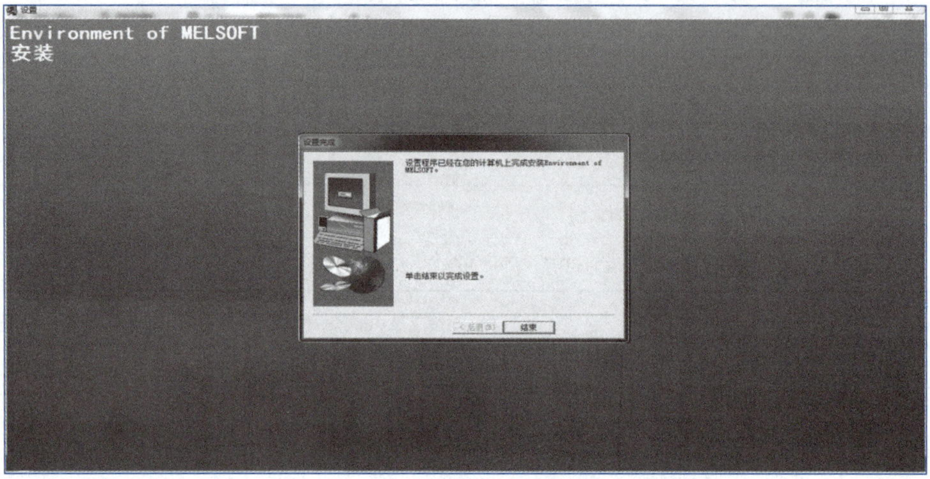

图 1-2-32　GX Developer 安装完成

（3）双击GX Developer文件中的“SETUP.EXE”文件，按照安装指引，输入序列号，勾选“结构化文本（ST）语言编程功能”复选框；下一步不要勾选“监视专用GX Developer”复选框；下一步勾选“MEDOC打印文件的读出”和“从Melsec Medoc格式导入”复选框，如图1-2-33至图1-2-35所示。等待安装完成，安装成功后，可以看到图1-2-36所示的界面，单击“确定”按钮即可完成安装。

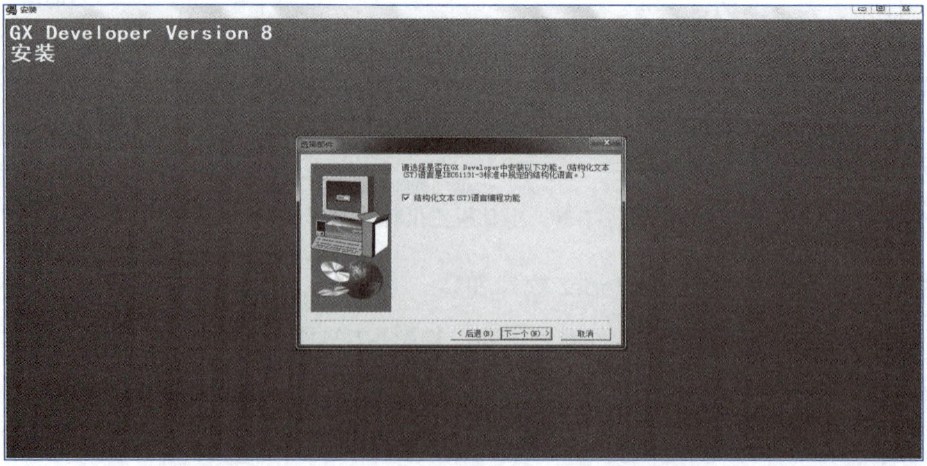

图 1-2-33　勾选“结构化文本（ST）语言编程功能”复选框

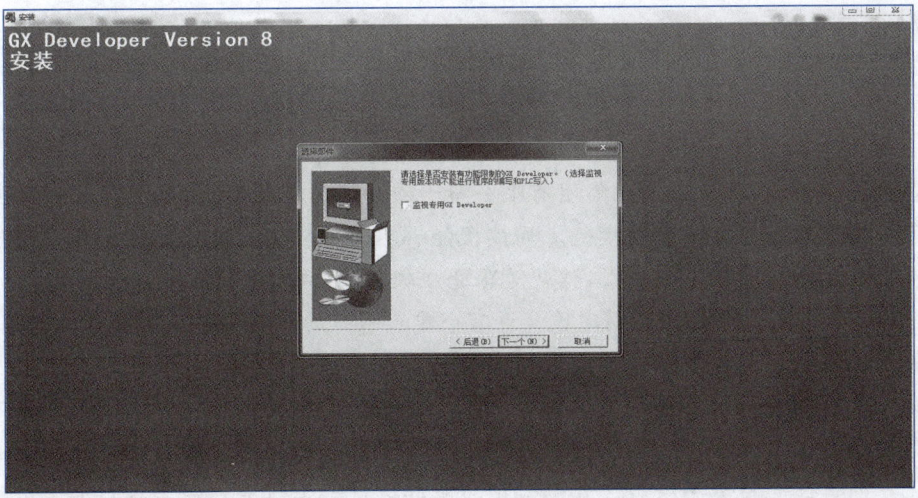

图 1-2-34 不要勾选“监视专用 GX Developer”复选框

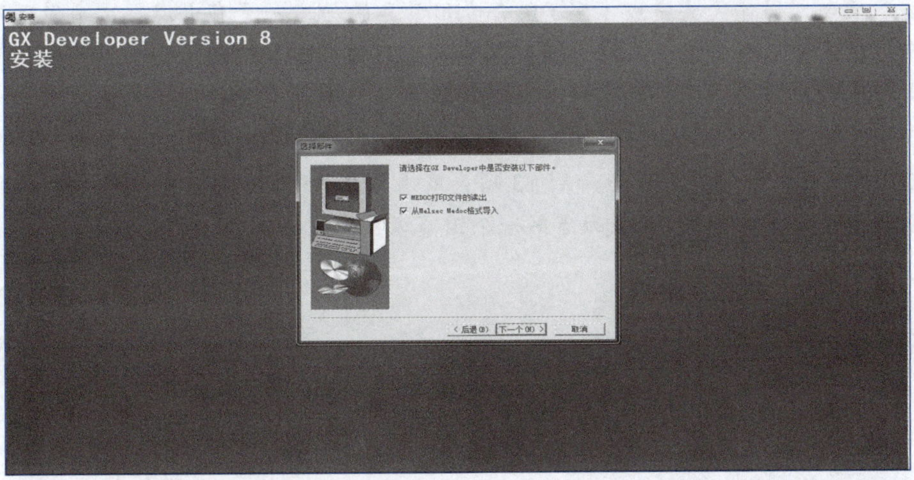

图 1-2-35 勾选“MEDOC 打印文件的读出”和“从 Melsec Medoc 格式导入”复选框

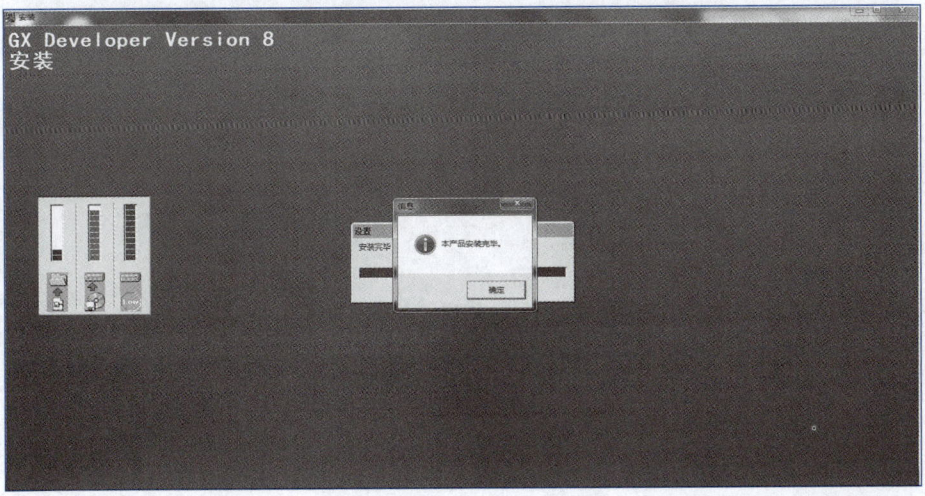

图 1-2-36 安装完成

学习笔记

匠人匠心——较劲毫厘、道技合一

周建民的故事

周建民，中国兵器淮海工业集团有限公司十四分厂工具钳工、中国兵器首席技师、“三晋工匠”年度人物、全国劳动模范。周建民能够不借助任何机器设备，全凭手感感知头发丝六十分之一的精微。“我的工作就是跟毫厘较劲。”周建民说。

一次，公司生产调度找到周建民，说有个重点项目的量具部件太薄，让他想想办法。周建民发现这个量具加工部件较薄、间隙脆弱，数控切削很容易导致变形，就提出用纯手工加工，并把重点放在解决变形上。“这对手的力度感和稳定性要求很高，稍不准确就会导致量具变形报废。”周建民说。既要保证尺寸、对称度，又要把握一丝一毫的细节变化。周建民凭借多年经验，开始尝试对量具进行手工研磨。两天后，加工出的量具一次性通过精密检测，几百万元的高精密进口设备干不了的活，就这样被他一次解决。

进厂至今，周建民共完成 1.6 万余套专用量具的加工，没有出现一次质量问题，成为山西省荣获中国质量奖个人提名奖的第一人。现在，追求极致已经融入周建民的血液中，成了一种工作习惯。正是这种对极致的追求，让他创造了精度达到头发丝六十分之一的“周氏精度”。除此之外，周建民完成工艺创新项目 1100 余项，累计为公司创造价值 3100 余万元，获得实用新型专利 13 项，发表论文 15 篇。周建民技能大师工作室被人社部授予全国首批 50 个、山西省第一个国家级技能大师工作室。

模块二

三相交流异步电动机PLC控制

学习笔记

引言

PLC作为一种现代的新型工业控制装置，具有功能强、可靠性高、指令简单等一系列显著的优点，不仅可以取代传统继电器控制系统实现逻辑控制、顺序控制、定时/计数等各种功能，还能像微型计算机一样具有数字运算、数据处理、模拟量调节、运动控制、闭环控制以及网络通信等功能，在工业生产的自动化控制中具有极其重要的地位。

作为PLC的入门要求，本模块以三相交流异步电动机的PLC控制为主线，引入三相交流异步电动机的点动运行、连续运行、正反转、顺序控制等具体控制实例，介绍FX系列PLC的基本指令应用及编程方法。对标电工（四级）和《可编程控制系统集成及应用职业技能等级标准》中PLC控制系统设计、安装、运行和维护工作岗位的职业技能需求及工作规范，将其岗位学习任务分解为四个项目，使学生快速学会应用三菱FX3U系列PLC实现电动机典型控制案例的基本设计过程、实施步骤以及实现方法。

思维导图

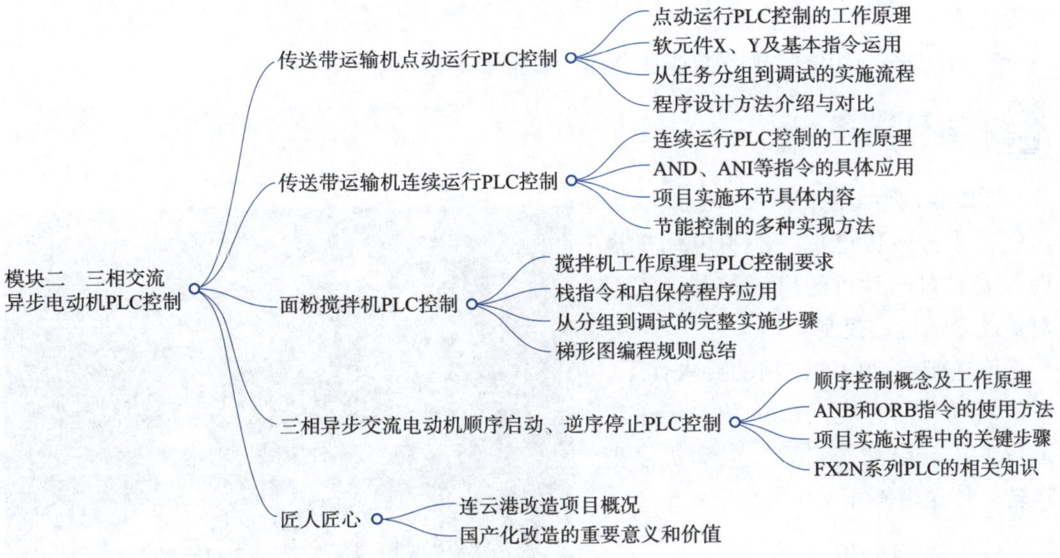

学习笔记

项目 1 传送带运输机点动运行 PLC 控制

传送带运输机是基于PLC的自动控制系统，具有功能全面、灵活性强、性价比高等特点，集现代物流技术、仓储技术、自动化技术于一体，是建材、化工、冶金、矿山、纺织、印染、造纸、机械等工业领域不可缺少的自动化运输工具。传送带运输机的控制系统可实现产品运送、筛选、存储和取出产品的功能。由于传送带运输机应用的复杂性、使用环境的特殊性和运行的长期连续性，使PLC控制系统在设计上有自己明显的特点：可靠性高，适应性广，具有通信功能，编程方便，结构模块化。在现代自动控制系统中，PLC已成为一种重要的基本控制单元，在工业控制领域中应用前景极其广泛。智能制造时代下传送带运输机的相关知识和应用是机电专业技术人员应熟练掌握的技能。

项目目标

一、知识目标

1. 能理解并说出点动运行PLC控制的工作原理；
2. 理解电路图和梯形图图形符号的异同。

二、技能目标

1. 会使用编程元件输入继电器X和输出继电器Y；
2. 会使用取指令、取反指令、输出指令、结束指令编写梯形图程序。

三、素养目标

1. 通过了解智能制造时代下传送带的发展，引导学生关注科技创新，培养学生的社会责任感；
2. 养成安全用电、规范操作和严谨认真的职业素养。

项目描述

图2-1-1所示是某矿泉水生产线传送带，生产线传送带一般由电动机拖动，通过对电动机的启停控制，实现对传送带运行的控制。

传送带点动PLC控制的要求如下：按下启动按钮，电动机运转，传送带运行，松开启动按钮后，电动机停止运转，传送带停止工作。

图 2-1-1 某矿泉水生产线传送带

一、项目分析

点动控制即按下启动按钮，电动机得电运行转动；松开启动按钮，电动机失电停止运转。图 2-1-2 所示为三相异步电动机单向点动控制电路。启动时，合上空气断路器 QF，按下按钮SB，交流接触器KM线圈得电，KM主触点闭合，电动机M得电运行；松开按钮SB，KM线圈失电，KM主触点断开，电动机M失电停转。

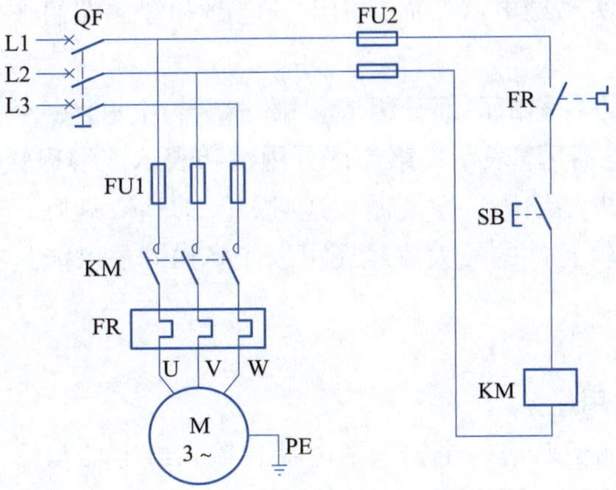

图 2-1-2　三相异步电动机单向点动控制电路

本项目是使用PLC控制改造继电器-接触器控制，用PLC程序取代控制电路的硬接线，采用的编程方法是转换法。

二、项目引导

1．分析电动机点动运行的工作原理。

2．分析电动机点动运行控制有哪些应用。

3．电动机点动运行PLC控制与电气控制相比，有什么区别和联系？

知识链接

一、软元件X、Y的认识

1．PLC编程软元件（软继电器）

PLC编程软元件是可编程控制器内部设置的、具有各种功能的、能方便执行控制过

学习笔记

程中各种逻辑关系的元器件，其实质是计算机存储单元中的某一个位或整个存储单元。FX3U系列PLC编程软元件有输入继电器X、输出继电器Y、辅助继电器M、状态继电器S、指针P/I、常数K/H、定时器T、计数器C、数据寄存器D和变址寄存器 V/Z十大类。它们不是物理意义上的实物继电器，而是由电子电路和存储器组成的虚拟器件，所以称为软元件或软继电器。

PLC编程软元件的名称由两部分组成，第一部分用一个字母代表功能，如输入继电器用X表示，输出继电器用Y表示；第二部分用数字表示该编程软元件的序号，输入、输出继电器的序号为八进制编码，即遵循“逢8进1”的运算规则，其余编程元件序号为十进制。同时，从编程软元件的最大序号还可以了解PLC中可能具有的某类编程软元件的最大数量。

2. 输入继电器 X

1）输入继电器的用途

PLC的一个输入端子对应一个输入继电器，输入继电器与输入端子相连，专门用于接收PLC外部开关信号。当外部输入信号断开时，对应的输入映像寄存器为0状态；当外部输入信号接通时，对应的输入映像寄存器为1状态。输入端子可以外接常开触点或常闭触点，也可以接多个触点组成的串、并联电路。在梯形图中，可以多次使用输入继电器的常开触点和常闭触点。

2）输入继电器的表示方式

三菱FX3U系列PLC的输入继电器编号由X和八进制数共同组成，不同型号的PLC输入继电器数量可能不同。三菱 FX3U-48M共有输入继电器24点，用X000～X027表示（即X000～X007、X010～X017、X020～X027共24点），输入继电器的触点可以无限次使用。

3）输入继电器的表示形式

输入继电器有两种表示形式：常开（动合）触点和常闭（动断）触点。

3. 输出继电器 Y

1）输出继电器的用途

输出继电器与PLC的输出端子相连，专门用于将程序执行的结果信号传送给负载。继电器类型的PLC每个输出继电器在输出单元中都对应唯一常开（动合）硬触点，但在程序中供编程使用的输出继电器触点都是软触点，可以无限次使用。输出继电器的线圈由PLC内部程序驱动，其线圈状态控制输出单元对应的硬触点驱动外部负载。

2）输出继电器的表示方式

三菱FX3U系列PLC的输出继电器编号由X和八进制数共同组成，不同型号PLC的输出继电器数量可能不同。三菱 FX3U-48M共有输出继电器24点，用Y000～Y027表示（即Y000～Y007、Y010～Y017、Y020～Y027共24点），输出继电器的触点可以无限次使用。

3）输出继电器的表示形式

输出继电器有两种表示形式：常开（动合）触点和常闭（动断）触点。

二、PLC常用编程语言

1. 梯形图

梯形图是在继电器-接触器控制的基础上通过简化符号演变而来的，具有形象、直观

学习笔记

的特点。梯形图中的平行竖线为左右母线，母线之间是由触点、线圈或功能指令组成的逻辑行，触点代表逻辑输入条件，线圈或功能指令代表逻辑输出结果，用于控制外部负载或内部中间结果。电路图和梯形图中的图形符号对比见表2-1-1。

表2-1-1 电路图和梯形图中的图形符号对比

类型符号	电路图图形符号	梯形图图形符号
线圈		—( )—
常开（动合）触点		—| |—
常闭（动断）触点		—|/|—

2．指令表

指令表由语句按一定的顺序排列而成。一条指令由操作码和操作数组成，操作码使用助记符表示，表明CPU要执行的操作，不可缺少；操作数由软元件和常数组成，大多数指令只有一个操作数，但有的指令没有操作数，也有指令有两个或更多操作数。

三、基本逻辑指令（LD、LDI、OUT 和END）

基本逻辑指令是PLC中最基础的编程语言，掌握了基本逻辑指令也就初步掌握了PLC的编程语言。FX3U系列PLC的基本逻辑指令有27条、步进指令2条、应用指令14类。

1．指令格式及功能

LD、LDI、OUT和END指令的格式及功能见表 2-1-2。

表2-1-2 LD、LDI、OUT、END 指令格式及功能

指令名称	助记符	梯形图	逻辑功能	可用软件
取指令	LD	—| |—	常开（动合）触点与左母线相连，开始逻辑运算	X，Y，M，T，C，S
取反指令	LDI	—|/|—	常闭（动断）触点与左母线相连，开始逻辑运算	X，Y，M，T，C，S
输出指令	OUT	—( )—	驱动线圈输出运算结果	Y，M，T，C，S
结束指令	END	—[ ]—	程序结束，返回到第 0 步	无

2．指令举例

图2-1-3所示为LD、LDI、OUT、END指令举例梯形图，由图可知：当X000按下时，输入继电器X000的线圈得电，其常开（动合）触点闭合，输出继电器Y000得电，Y000对应的指示灯点亮；当X001按下时，输入继电器X001的线圈得电，其常闭（动断）触点断开，输出继电器Y001失电，Y001对应的指示灯熄灭。

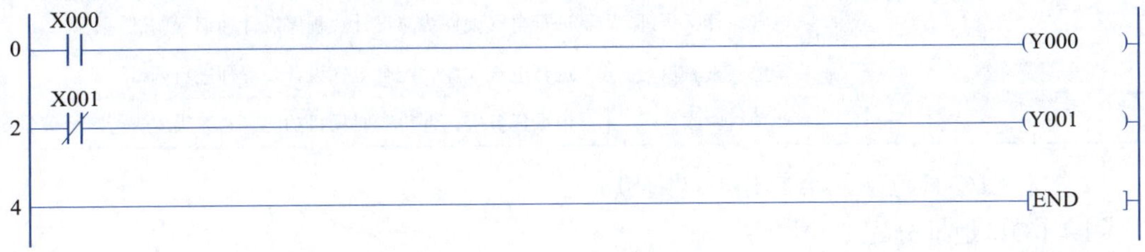

图 2-1-3 LD、LDI、OUT、END 指令举例梯形图

学习笔记

该程序的指令表见表2-1-3。

表2-1-3　LD、LDI、OUT、END指令举例指令表

步　序	操 作 码	操 作 数
0	LD	X000
1	OUT	Y000
2	LDI	X001
3	OUT	Y001
4	END	

指令说明如下：

（1）每个逻辑运算开始都需要取指令LD或取反指令LDI，LD、LDI 指令还可以与ANB（块与指令）、ORB（块或指令）指令配合，用于分支回路的起点。

（2）OUT指令是对输出继电器Y、辅助继电器M、状态继电器S、定时器T和计数器C进行线圈驱动的指令，不能用于驱动输入继电器。OUT指令可以连续使用多次，相当于电路中多个线圈的并联形式。

（3）在梯形图中，同一编号的线圈不能重复出现。

项目实施

根据《可编程控制系统设计师国家职业标准》，应高度重视安全、环保，坚持文明生产，按技术规范完成本项目任务。

1．任务分组

四人一组，分别担任项目经理、电气设计工程师、电气安装员和项目验收员角色，模拟真实PLC控制项目的实施过程。分组完成后，有序坐好，小组讨论制订组名、组训和小组Logo，营造小组凝聚力和文化氛围，并确定任务分工，项目经理完成项目分组表的填写，见表2-1-4。

表2-1-4　项目分组表

组名			小组Logo	
组训				
团队成员	学号	角色指派	职责	
		项目经理	统筹计划、进度，安排和甲方对接，解决疑难问题	
		电气设计工程师	进行电气硬件线路设计、程序设计和编程调试	
		电气安装员	进行电气配盘，配合电气设计工程师进行调试	
		项目验收员	根据任务书、评价表对项目功能、乙方表现进行打分评价	

2．分配I/O口地址，绘制外部接线图

1）I/O口地址分配

根据控制要求，在三相异步电动机点动PLC控制中，有2个输入控制元件，1个输出

学习笔记

元件，填写PLC的I/O分配表，见表2-1-5。

表2-1-5　I/O分配表

输入		输出	
名称	输入点编号	名称	输出点编号
点动控制按钮SB	X000	交流接触器KM	Y000
热继电器FR	X001		

2）绘制外部接线图

根据I/O分配表，绘制外部接线图，如图2-1-4所示。

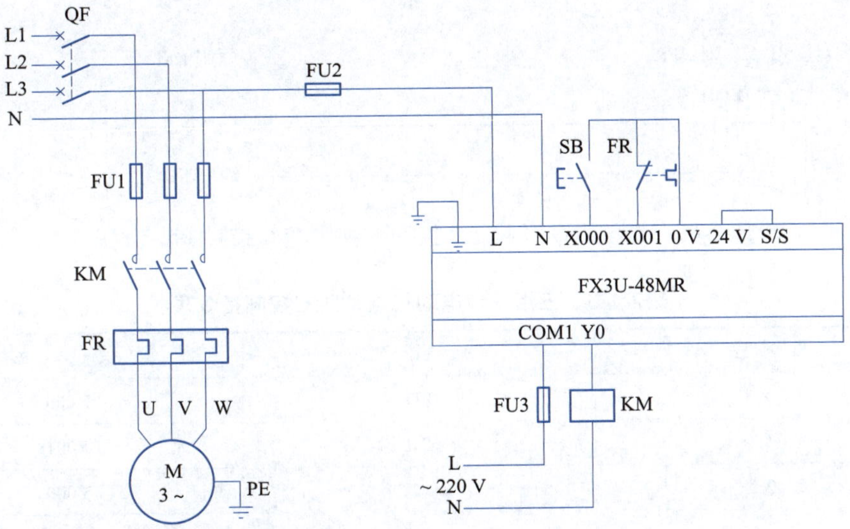

图 2-1-4　三相异步电动机点动 PLC 控制电路外部接线图

3．设计梯形图程序和指令表

1）设计程序

使用转换法设计程序，将继电器-接触器控制电路转换为梯形图，主电路不变，PLC改造控制电路部分，具体步骤如下：

（1）根据图形符号对比关系将按钮SB的动合触点转换为PLC的动合图形符号，接触器KM的线圈转换为PLC的线圈符号。

（2）根据I/O分配表，将继电器-接触器控制电路中的文字符号转换为对应的软元件符号。

（3）写出三相异步电动机点动PLC控制梯形图程序，如图2-1-5所示。

2）根据梯形图程序编写指令

三相异步电动机点动PLC控制指令表见表2-1-6。

4．安装调试系统

1）物料和工具领取

根据实验室配置，填写表2-1-7，按量领取物料和工具。

学习笔记

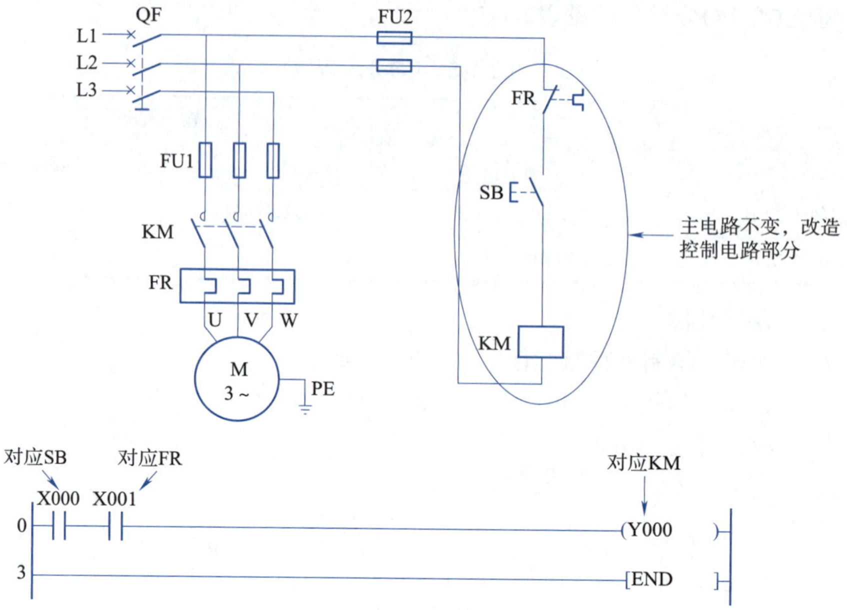

图 2-1-5 继电器 - 接触器控制电路转换为 PLC 控制梯形图程序

表2-1-6 三相异步电动机点动PLC控制指令表

步　序	操 作 码	操 作 数
0	LD	X000
1	AND	X001
2	OUT	Y000
3	END	

表2-1-7 领料表

序　号	物料或工具名称	型号与规格	数　量	备　注
1				
2				
3				
4				
5				
6				

2）安装电路

（1）根据外部接线图安装电路。

（2）检查电源是否已经切断，PLC 的“STOP/RUN”开关是否置于STOP。

（3）对照设计的PLC安装接线图安装电路，注意用电安全和电路安装规范。

（4）安装完成后，对电路进行检测。用万用表检查同节点的接线端子之间是否完全导通，检查各接线端子是否有差错。

学习笔记

3）联机调试

（1）使用GX Works2编程软件编写程序。

①打开GX Works2编程软件，新建工程并以“三相异步电动机点动PLC控制”名称保存，将光标放在编辑区的起始位置。

②用键盘输入“LD X0”指令，如图 2-1-6 所示。

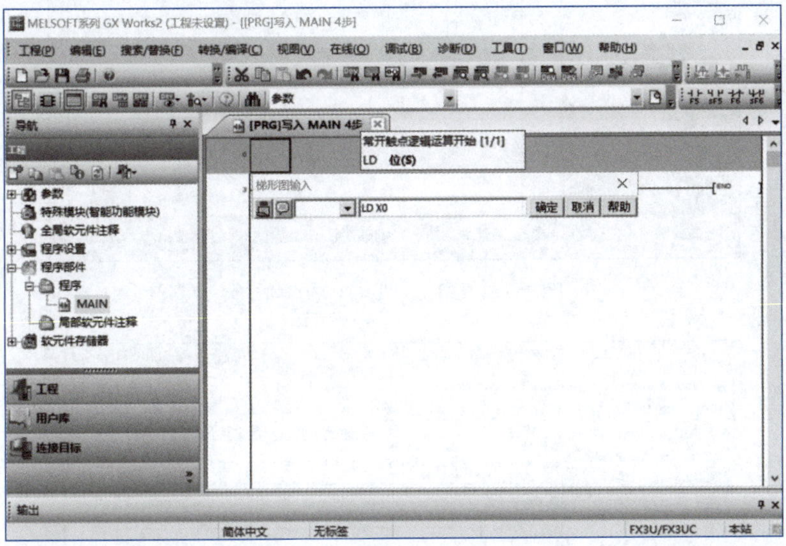

图 2-1-6　输入“LD X0”指令

③按【Enter】键，用键盘输入“LD X1”指令，如图 2-1-7 所示。

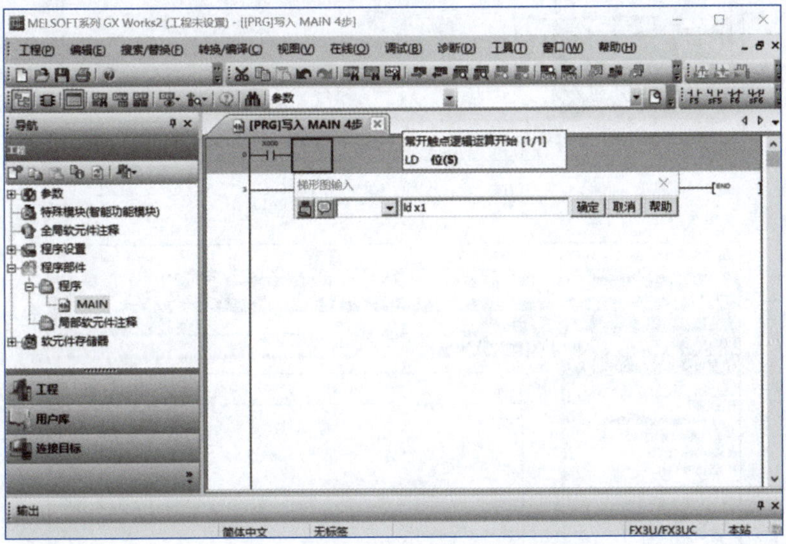

图 2-1-7　输入“LD X1”指令

④按【Enter】键，在图2-1-8 所示位置通过键盘输入“OUT Y0”指令，按【Enter】键确认。

⑤在菜单栏中选择“转换/编译”→“转换”命令，或按【F4】键对编辑好的梯形图进行转换，如图2-1-9所示。转换后进行保存，如图2-1-10所示。

学习笔记

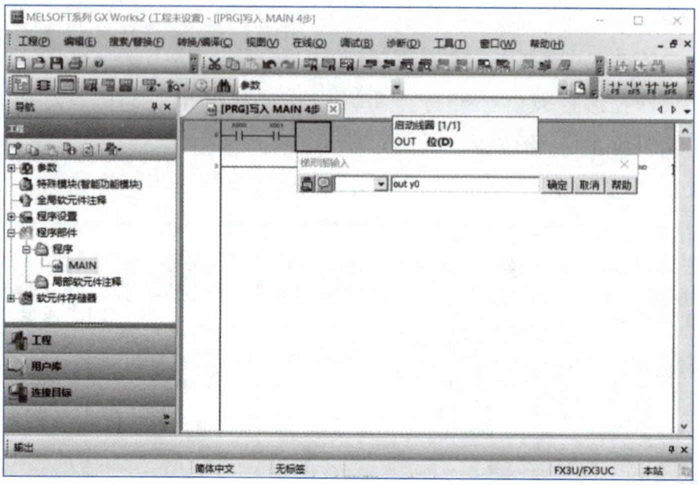

图 2-1-8 输入“OUT Y0”指令

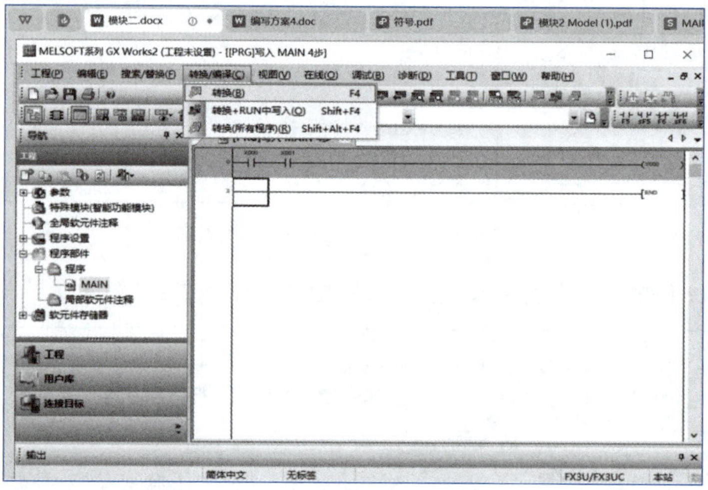

图 2-1-9 梯形图转换

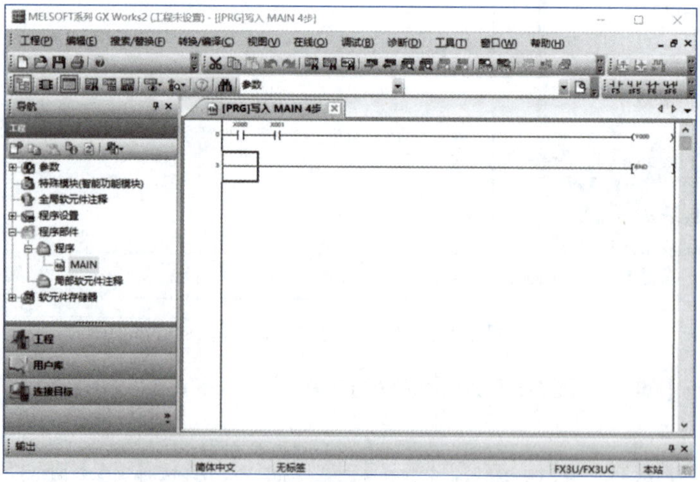

图 2-1-10 转换后梯形图

学习笔记

（2）程序写入。将PLC上的拨动开关拨至STOP，在菜单栏中选择“在线”→“PLC写入”命令。

（3）程序的调试与监控。将 PLC上的拨动开关调至RUN，观察系统的运行情况。若出现故障，则应立即切断电源，分析原因，检查电路或梯形图后重新调试，直至系统实现功能；也可以按【F3】键启动监视模式，通过观察软元件的得失电状态判断系统运行是否正确。

注意： 通电前应进行安全检查，准确无误后才能通电。

项目评价

完成项目实施后根据学生自评、小组互评和教师评价填写项目实施评价表，见表2-1-8。

表2-1-8　项目实施评价表

评价目标	评价内容及标准	配分	学生自评	小组互评	教师评价
知识目标	理解控制电路的控制原理	5分			
	正确使用输入继电器X、输出继电器Y	5分			
	理解取指令、取反指令、输出指令、结束指令的使用方法	5分			
技能目标	元器件选择不合适，每处扣1分，最多扣5分	5分			
	I/O分配不合理，每处扣1分，最多扣10分	10分			
	元器件图形、文字符号错误或不符合国家标准，每处扣1分，最多扣4分	20分			
	接线错误、漏接线，每处扣1分，最多扣4分				
	导线选择不符合规范，每处扣1分，最多扣4分				
	元器件检测是否规范，不规范每处扣1分，最多扣4分				
	仪表使用是否安全正确，每处扣1分，最多扣4分				
	程序编写不符合规范，每处扣1分，最多扣10分	20分			
	编写的程序不能达到控制要求，每处扣2分，最多扣10分				
	输入程序，不能将程序输入到PLC或程序输入错误，最多扣5分	10分			
	调试过程不符合操作规程，每处扣1分，最多扣5分				
职业素养	工具使用：工具使用适合相关操作，使用方法正确、规范，每处扣1分，最多扣3分	10分			
	操作规范：电路连接、设备调试符合工艺要求和规范，每处扣1分，最多扣7分				
	物品摆放：工具、文字书写工具等摆放在指定位置，整齐、有序、便于使用，每处扣1分，最多扣5分	10分			
	工作态度：积极完成工作任务、不怕困难，始终保持工作热情，与同伴相互合作、沟通，分工明确、协调配合，共同完成工作任务。每处扣1分，最多扣5分				
小计					
合计=（自评30%+互评30%+师评40%）					

注：违反安全操作规程，造成安全事故，本项目不得分。

学习笔记

项目拓展

一、能力测试：三台电动机点动PLC改造控制

三台电动机点动PLC控制，控制要求如下：按下启动按钮SB1，电动机M1运行；按下启动按钮SB2，电动机M2启动；按下启动按钮SB3，电动机M3运行。松开启动按钮，电动机停止。

（1）进行I/O分配。

（2）画出外部接线图。

（3）编写PLC梯形图程序。

二、学海领航：程序设计的方法

PLC程序设计有许多种方法，常用的有经验法、转换法、逻辑法及步进顺控法等。

1．经验法

经验法又称试凑法，这种方法没有普遍的规律可以遵循，具有很大的试探性和随意性，最后的结果也不是唯一的，设计所用的时间、设计的质量与设计者的经验有很大关系，一般用于较简单的程序设计。

1）基本方法

经验法是设计者在掌握了大量典型程序的基础上，充分理解实际控制要求，将实际的控制问题分解成若干典型控制程序，再在典型控制程序的基础上不断修改拼凑而成的，需要经过多次调试、修改和完善，最后才能得到一个较为满意的结果。用经验法设计时，可以参考一些基本电路的梯形图或以往的编程经验。

2）设计步骤

用经验法设计程序虽然没有普遍的规律，但通常按以下步骤进行：

（1）在准确了解控制要求后，合理为控制系统中的信号分配 I/O 接口，并画出 I/O 分配图。

（2）对于一些控制要求比较简单的输出信号，可直接写出它们的控制条件，然后按照启保停程序的编程方法完成相应输出信号的编程，对于控制条件较复杂的输出信号，可借助辅助继电器编程。

（3）对于较复杂的控制，应正确分析控制要求，确定各输出信号的关键控制点。在以时间为主的控制中，关键点为引起输出信号状态改变的时间点（即时间原则）；在以空间位置为主的控制中，关键点为引起输出信号状态改变的位置点（即空间原则）。

（4）确定关键点后，用启保停程序的编程方法或常用基本电路的梯形图，画出各输出信号的梯形图。

（5）在完成关键点梯形图的基础上，针对系统的控制要求，画出其他输出信号的梯形图。

（6）检查所设计的梯形图，更正错误，补充遗漏的功能，进行最后的优化。

2．转换法

转换法是将继电器电路图转换成与原有功能相同的PLC内部的梯形图。这种等效转换是一种简便快捷的编程方法，其一，原继电控制系统经过长期使用和考验，已经被证

学习笔记

明能够完成系统要求的控制功能；其二，继电器电路图与PLC的梯形图在表示方法和分析方法上有很多相似之处，因此根据继电器电路图设计梯形图简便快捷；其三，这种设计方法一般不需要改动控制面板，保持了原有系统的外部特性，操作人员无须改变长期形成的操作习惯。

3．逻辑法

逻辑法是应用逻辑代数以逻辑组合的方法和形式设计程序。逻辑法的理论基础是逻辑函数，即逻辑运算与、或、非的逻辑组合。因此，从本质上来说，PLC 梯形图程序就是与、或、非的逻辑组合，也可以用逻辑函数表达式表示。

4．步进顺控法

对于复杂的控制系统，特别是复杂的顺序控制系统，一般采用步进顺控的编程方法。步进顺控设计法是一种先进的设计方法，很容易被初学者接受，对于有经验的工程师，也会提高设计的效率，并且程序的调试、修改和阅读也很方便。

项目 2　传送带运输机连续运行 PLC 控制

党的二十大报告中指出："推动经济社会发展绿色化、低碳化是实现高质量发展的关键环节。"通过PLC控制优化传送带运输机可以降低成本，提高经济效益，同时在能源消耗和提高能效方面，可使用变频调速技术，根据物料流量自动调整电动机运行速度；实施智能启停控制，减少空转；利用传感器进行负载监测，按需分配能源；编程节能模式，适应不同生产阶段的能耗需求；记录和分析能源消耗数据，识别并减少浪费；进行设备维护提醒和故障预防，确保系统高效运行；采用高效电动机和传动组件；以及对操作人员进行节能操作培训。这些方法共同作用，可显著提升能效，降低生产成本，实现绿色生产。

项目目标

一、知识目标

1．能理解并说出三相异步电动机连续运行控制的工作原理；

2．能说出三相异步电动机连续运行PLC控制的流程。

二、技能目标

1．会使用编程元件辅助继电器M；

2．会使用与指令、与非指令、或指令、或非指令、置位指令、复位指令编写梯形图程序。

三、素养目标

1．通过了解传送带PLC控制可以实现降低生产成本、实现绿色生产，积极响应党的二十大报告中关于"推动经济社会发展绿色化、低碳化是实现高质量发展的关键环节"的要求；

2．养成安全用电、规范操作和认真、细致的职业素养。

学习笔记

项目描述

某空调装配生产线传送带连续运行控制需要进行改造，提高经济效益和能效，采用PLC控制，具体控制要求如下：按下启动按钮，电动机运转，传送带运行，按下停止按钮后，电动机停止运转，传送带停止工作。

一、项目分析

某空调装配生产线传送带连续运行控制即三相异步电动机连续运行控制，控制电路如图2-2-1所示。具体工作原理如下：启动时，合上开关QF，按下启动按钮SB1，交流接触器KM线圈得电，KM主触点闭合、KM动合辅助触点闭合自锁，电动机M得电连续运行；按下停止按钮SB2，KM线圈失电，KM主触点断开、KM动合辅助触点恢复断开，三相异步电动机M失电停转。

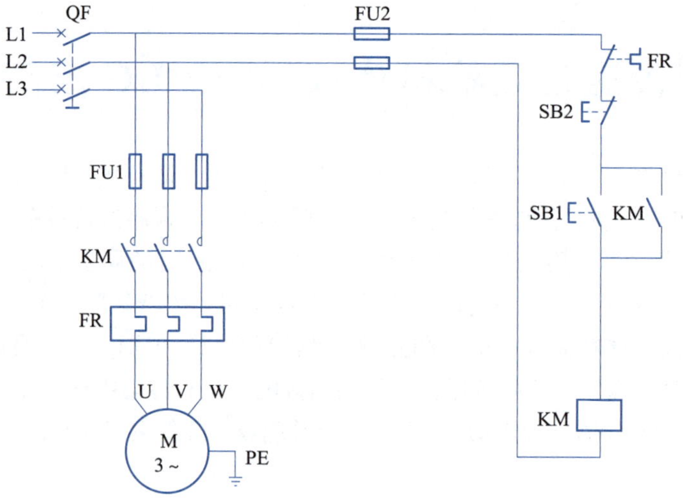

图 2-2-1　三相异步电动机连续运行控制电路

本项目是使用PLC控制改造继电器-接触器控制，用PLC程序取代控制电路的硬接线，采用的编程方法是转换法。

二、项目引导

1．分析电动机连续运行的工作原理。

____

____

____

____

2．分析电动机连续运行控制有哪些应用。

____

____

____

____

学习笔记

3．电动机连续运行PLC控制与电气控制相比，有什么区别和联系？

知识链接

一、基本指令

1．指令格式及功能

AND、ANI、OR、ORI、SET、RST指令的格式及功能见表2-2-1。

表2-2-1　AND、ANI、OR、ORI、SET、RST指令格式及功能

名　称	助 记 符	梯 形 图	逻 辑 功 能	可 用 软 件
与指令	AND		单个动合触点与前面的触点串联连接	X，Y，M，T，C，S
与非指令	ANI		单个动断触点与前面的触点串联连接	X，Y，M，T，C，S
或指令	OR	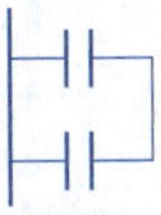	单个动合触点与上面的触点并联连接	X，Y，M，T，C，S
或非指令	ORI	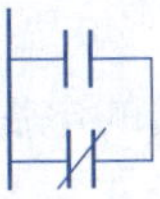	单个动断触点与上面的触点并联连接	X，Y，M，T，C，S
置位指令	SET	—[RST]	使指定的软元件接通并保持	Y、M、S
复位指令	RST	—[SET]	使指定的软元件断开并保持	Y、M、S、T、C、D、V、Z

2．指令举例

1）AND、ANI 指令

图2-2-2所示为AND、ANI指令举例梯形图，由图可知：

（1）按下X000，不按X002 时，Y000 得电。

（2）不按X001，按下X003 时，Y002 得电。

（3）按下X004，不按X005 时，Y003 得电。

图 2-2-2　AND、ANI 指令举例梯形图

学习笔记

该程序的指令表见表2-2-2。

表 2-2-2　AND、ANI指令举例指令表

步　序	操作码	操作数	步　序	操作码	操作数
0	LD	X000	5	OUT	Y002
1	ANI	X002	6	LD	X004
2	OUT	Y000	7	ANI	X005
3	LDI	X001	8	OUT	Y003
4	AND	X003	9	END	

指令说明如下：

AND、ANI 指令均用于单个触点的串联，触点数目没有限制。这两个指令可以重复多次使用。如果顺序无误，可连续使用OUT 指令，如图 2-2-3 所示。如果 Y000与 Y001所在分支的顺序颠倒，此时必须使用后文介绍的MPS/MRD/MPP 指令。

图 2-2-3　连续使用 OUT 指令

串联指令用于描述单个触点与其他触点或触点组成的电路连接关系，该程序的指令表见表 2-2-3。

表 2-2-3　串联指令指令表

步　序	操作码	操作数	步　序	操作码	操作数
0	LD	X000	3	ANI	X002
1	AND	X001	4	OUT	Y001
2	OUT	Y000	5	END	

2）OR、ORI指令

图2-2-4所示为OR、ORI指令举例梯形图，由图可知：当X000或X003 按下时，Y001得电；当X002或X004都不按下时，Y003得电；当两者中有一个按下时，Y003仍得电；当两者都按下时，Y003失电。

该程序的指令表见表 2-2-4。

指令说明如下：

（1）OR、ORI指令用于一个触点的并联连接指令。若将两个以上的触点串联连接的电路块并联连接，此时必须使用后文介绍的 ORB 指令。

（2）OR、ORI指令可以连续使用，并且不受使用次数的限制。

学习笔记

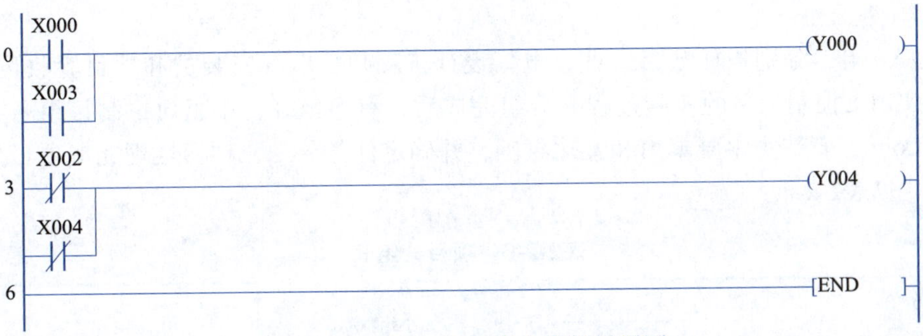

图 2-2-4　OR、ORI 指令举例梯形图

表 2-2-4　OR、ORI指令举例指令表

步　序	操 作 码	操 作 数	步　序	操 作 码	操 作 数
0	LD	X000	4	ORI	X004
1	OR	X003	5	OUT	Y004
2	OUT	Y000	6	END	
3	LDI	X002			

3）SET、RST指令

图 2-2-5所示为SET、RST指令举例梯形图，由图可知：当 X000 按下时，Y000 得电并保持；只有当 X001 按下时Y000才清除保持。

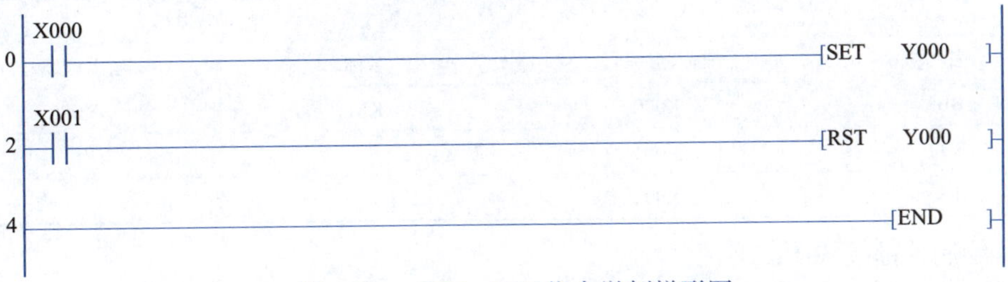

图 2-2-5　SET、RST 指令举例梯形图

该程序的指令表见表 2-2-5。

表 2-2-5　SET、RST指令举例指令表

步　序	操 作 码	操 作 数	步　序	操 作 码	操 作 数
0	LD	X000	3	RST	Y000
1	SET	Y000	4	END	
2	LD	X001			

项目实施

根据《可编程控制系统设计师国家职业标准》，应高度重视安全、环保，坚持文明生产，按技术规范完成本项目任务。

学习笔记

1．任务分组

四人一组，分别担任项目经理、电气设计工程师、电气安装员和项目验收员角色，模拟真实PLC控制项目的实施过程。分组完成后，有序坐好，小组讨论制订组名、组训和小组Logo，营造小组凝聚力和文化氛围，并确定任务分工，项目经理完成项目分组表的填写，见表2-2-6。

表2-2-6　项目分组表

<table>
<tr><td>组名</td><td colspan="2"></td><td rowspan="2">小组Logo</td><td rowspan="2"></td></tr>
<tr><td>组训</td><td colspan="2"></td></tr>
<tr><td>团队成员</td><td>学号</td><td>角色指派</td><td colspan="2">职责</td></tr>
<tr><td></td><td></td><td>项目经理</td><td colspan="2">统筹计划、进度，安排和甲方对接，解决疑难问题</td></tr>
<tr><td></td><td></td><td>电气设计工程师</td><td colspan="2">进行电气硬件线路设计、程序设计和编程调试</td></tr>
<tr><td></td><td></td><td>电气安装员</td><td colspan="2">进行电气配盘，配合电气设计工程师进行调试</td></tr>
<tr><td></td><td></td><td>项目验收员</td><td colspan="2">根据任务书、评价表对项目功能、乙方表现进行打分评价</td></tr>
</table>

2．分配I/O口地址，绘制外部接线图

1）I/O口地址分配

根据控制要求，在三相异步电动机连续运行PLC控制中，有3个输入控制元件，1个输出元件，填写PLC的I/O分配表，见表2-2-7。

表2-2-7　I/O分配表

输　入		输　出	
名称	输入点编号	名称	输出点编号
SB1	X000	KM	Y000
SB2	X001		
FR	X002		

2）绘制外部接线图

根据I/O分配表，绘制外部接线图，如图2-2-6所示。

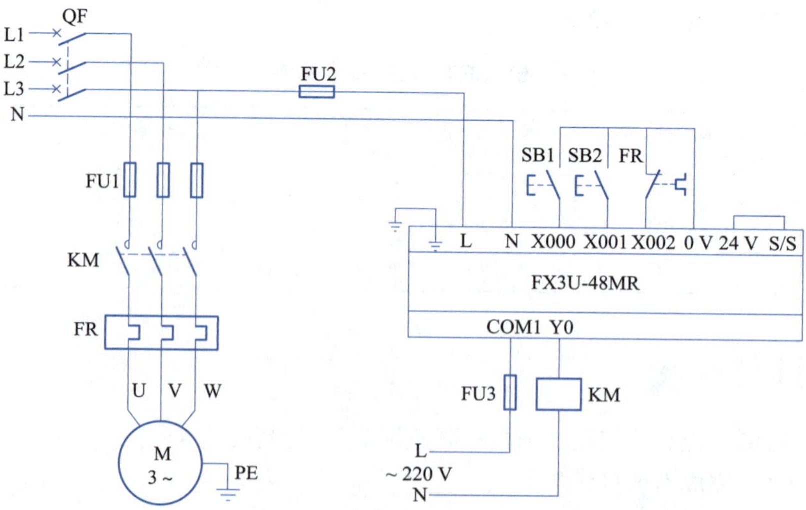

图 2-2-6　三相异步电动机连续运行 PLC 控制电路外部接线图

学习笔记

3．设计梯形图程序和指令表

1）设计程序

方法一：

使用转换法设计程序，将继电器-接触器控制电路转换为梯形图，主电路不变，PLC改造控制电路部分，如图2-2-7（a）所示。

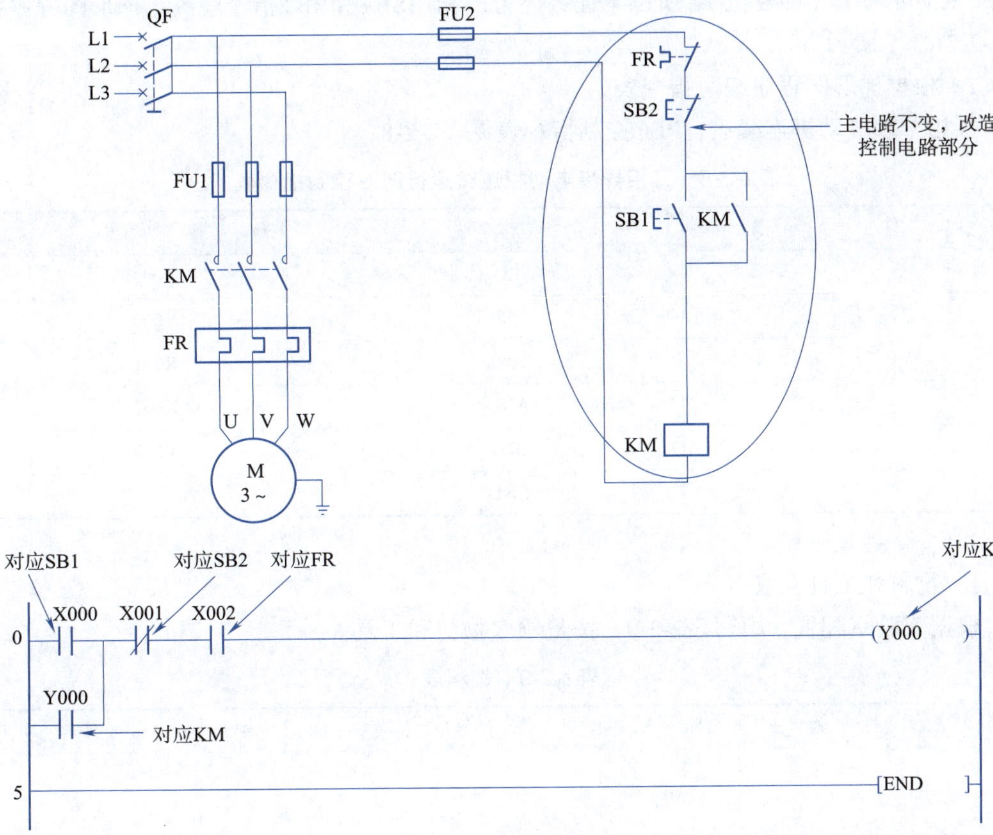

（a）方法一　转换法设计程序

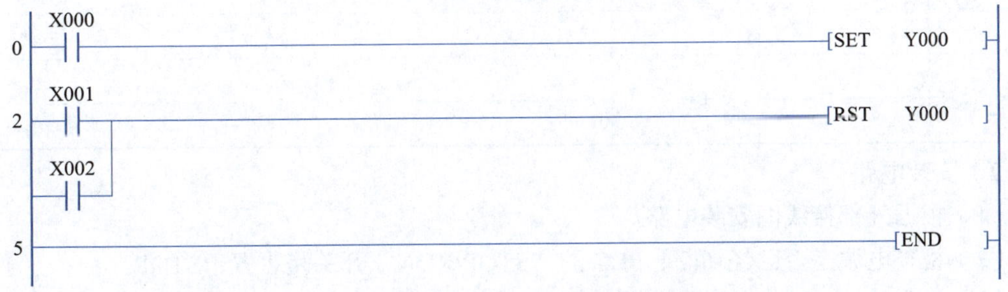

（b）方法二　SET、RST指令设计程序

图 2-2-7　三相异步电动机连续运行 PLC 控制梯形图程序

具体步骤如下：

（1）根据图形符号的对比关系，将按钮SB1的动合触点转换为PLC的动合图形符号，将按钮SB2的动断触点转换为PLC的动断图形符号，接触器KM的线圈转换为PLC的线圈符号。

学习笔记

素材

三相异步电动机连续运行PLC控制程序编写

（2）根据I/O分配表，将继电器-接触器控制电路中的文字符号转换为对应的软元件符号。

（3）写出三相异步电动机连续PLC控制梯形图程序。

方法二：

根据本任务的要求，按下SB1并松开，KM始终保持得电状态（即置位），直至按下SB2，KM才断电（即复位）。所以本任务还可以利用SET和RST指令解决，梯形图程序如图2-2-7（b）所示。

2）根据梯形图程序编写指令表

三相异步电动机连续运行PLC控制指令表见表2-2-8。

表2-2-8　三相异步电动机连续运行PLC控制指令表

步　序	操　作　码	操　作　数
0	LD	X000
1	OR	Y000
2	ANI	X001
3	AND	X002
4	OUT	Y000
5	END	

4．安装调试系统

1）物料和工具领取

根据实验室配置，填写表2-2-9，按量领取物料和工具。

表2-2-9　领料表

序　号	物料或工具名称	型号与规格	数　量	备　注
1				
2				
3				
4				
5				
6				

2）安装电路

（1）根据外部接线图安装电路。

（2）检查电源是否已经切断，PLC的“STOP/RUN”开关是否置于STOP。

（3）对照设计的PLC安装接线图安装电路，注意用电安全和电路安装规范。

（4）安装完成后，对电路进行检测。用万用表检查同节点的接线端子之间是否完全导通，检查各接线端子是否有差错。

3）联机调试

（1）程序的输入。

①打开GX Works2编程软件，按照前文介绍的方法输入梯形图。

②按【F4】键对编辑好的梯形图进行切换并保存。

学习笔记

（2）程序写入。将PLC上的拨动开关拨至STOP，在菜单栏中选择“在线”→“PLC写入”命令。

（3）程序的运行与调试。将PLC上的拨动开关拨至RUN，按照控制要求进行操作，观察系统的运行情况，若出现故障，则应立即切断电源，分析原因，检查电路或梯形图后重新调试，直至系统实现功能。

注意： 通电前应进行安全检查，准确无误后才能通电。

项目评价

完成项目实施后根据学生自评、小组互评和教师评价填写项目实施评价表，见表2-2-10。

表2-2-10　项目实施评价表

评价目标	评价内容及标准	配分	学生自评	小组互评	教师评价
知识目标	能理解并说出三相异步电动机连续运行控制电路的工作原理	5分			
	理解SET、RST指令的使用方法	5分			
	理解与指令、与非指令、或指令、或非指令、置位指令、复位指令的使用方法	5分			
技能目标	元器件选择不合适，每处扣1分，最多扣5分	5分			
	I/O分配不合理，每处扣1分，最多扣10分	10分			
	元器件图形、文字符号错误或不符合国家标准，每处扣1分，最多扣4分	20分			
	接线错误、漏接线，每处扣1分，最多扣4分				
	导线选择不符合规范，每处扣1分，最多扣4分				
	元器件检测是否规范，不规范每处扣1分，最多扣4分				
	仪表使用是否安全正确，每处扣1分，最多扣4分				
	程序编写不符合规范，每处扣1分，最多扣10分	20分			
	编写的程序不能达到控制要求，每处扣2分，最多扣10分				
	输入程序，不能将程序输入到PLC或程序输入错误，最多扣5分	10分			
	调试过程不符合操作规程，每处扣1分，最多扣5分				
职业素养	工具使用：工具使用适合相关操作，使用方法正确、规范，每处扣1分，最多扣3分	10分			
	操作规范：电路连接、设备调试符合工艺要求和规范，每处扣1分，最多扣7分				
	物品摆放：工具、文字书写工具等摆放在指定位置，整齐、有序、便于使用，每处扣1分，最多扣5分	10分			
	工作态度：积极完成工作任务、不怕困难，始终保持工作热情，与同伴相互合作、沟通，分工明确、协调配合，共同完成工作任务。每处扣1分，最多扣5分				
小计					
合计 =（自评30% + 互评30% + 师评40%）					

注：违反安全操作规程，造成安全事故，本项目不得分。

学习笔记

项目拓展

一、能力测试：楼梯照明PLC控制

楼上楼下各有一个开关，分别为K1和K2，它们共同控制灯L1和L2的点亮和熄灭。在楼下，按K2开关，可以把灯点亮，当上到楼上时，按K1开关可以将灯熄灭；反之亦然。通常可以采用双联开关进行控制。本任务使用PLC实现楼梯照明控制。

（1）进行I/O分配。

（2）画出外部接线图。

（3）编写PLC梯形图程序。

二、学海领航：PLC输入/输出接口电路

1．PLC开关量输入接口电路

PLC的输入接口电路以输入继电器的形式接收外部输入信号，通常输入形式有两种：源型（公共端 COM 为正极）和漏型（公共端 COM 为负极）。开关量输入设备也有两种形式：一种是无源开关，如各种按钮、继电器接点控制开关等；另一种是有源开关，如接近开关、传感器、编码器和光电开关等。

PLC输入接口电路内部接24 V直流电源，当外部输入设备闭合时，该电源经外部闭合输入设备和内部的分压电阻形成回路，输入电路中的双向光电耦合器将传导输入开关的状态，输入开关动作时，PLC 内部将会有10 ms的响应滞后时间。

X000～X017（16M型PLC为X000～X007）输入电器内部有数字滤波器，可通过功能指令调整其输入响应时间。

2．PLC 开关量输出接口电路

开关量输出模块一般有三种形式：继电器输出、晶体管输出和双向晶闸管输出。

继电器输出可驱动直流30 V或交流 250 V负载，驱动负载大、响应速度慢，常用于各种电动机、电磁阀、信号灯等负载的控制。

晶体管输出属于直流输出，能驱动 5～30 V直流负载，驱动负载能力较小但响应速度快，多用于电子线路的控制。

双向晶闸管输出为交流输出，能驱动85～240 V交流电，驱动能力较大、响应速度较慢。

项目3 面粉搅拌机 PLC 控制

面粉搅拌机的PLC控制应用是工业自动化领域的一个重要组成部分。PLC以其高度的灵活性和可靠性，被广泛应用于搅拌机的自动控制系统中。全自动搅拌机的设计通常包括搅拌桶、支架、进料传送带、料兜和料兜支架等部件。这些部件通过PLC控制器进行协调控制，以实现高效的搅拌过程。例如，搅拌桶内部的螺旋纹和外部的传动齿，以及与齿轮盘、减速器和搅拌电动机的连接，都是为了确保搅拌过程的高效性和均匀性。此外，PLC控制系统的设计还特别注重简化结构，以降低成本和维护的复杂性。通过PLC控

学习笔记

制，搅拌机不仅可以实现自动化操作，提高生产效率，还能减少人为错误，确保搅拌过程的稳定性和可靠性。这种控制方式在现代工业生产中变得越来越重要，因其有助于提高产品质量，降低生产成本，并可提升企业的市场竞争力。

项目目标

一、知识目标

1．能描述工作任务，明确项目任务和个人任务要求；

2．熟悉PLC的输入继电器、输出继电器、辅助继电器等常用元件的编号、用途、使用注意事项及其程序编写。

二、技能目标

1．能在互联网中收集面粉搅拌机的技术资料，根据面粉搅拌机的电气原理图和工艺要求绘制主电路及PLC接线图，编制I/O分配表；

2．能利用堆栈指令编写PLC梯形图；

3．能进行面粉搅拌机的程序设计，并根据梯形图编写语句指令表。

三、素养目标

养成严格遵守作业规范和工艺要求的职业素养。

项目描述

某西点烘焙店的面粉搅拌机因使用年代久远，电气线路严重老化，急需进行改造，本项目要求用PLC实现改造。面粉搅拌机搅拌控制即三相异步电动机正反转运行控制，图2-3-1所示为三相异步电动机双重连锁正反转控制电路图。

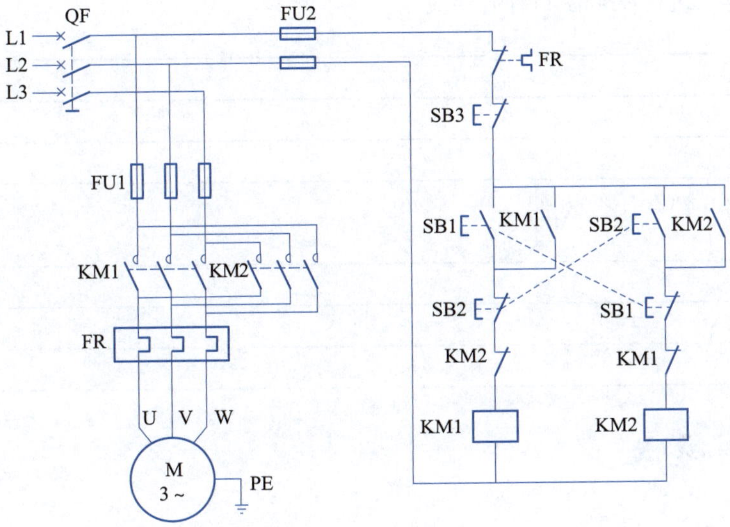

图 2-3-1　三相异步电动机双重连锁正反转控制电路

学习笔记

用PLC对三相异步电动机双重连锁正反转控制电路的改造要求如下：

（1）保留已有的主电路部分，对控制电路进行改造，改成由PLC控制。

（2）按下SB1按钮，三相异步电动机得电启动正转，松开SB1按钮，三相异步电动机能持续保持得电正转。

（3）按下SB2按钮，三相异步电动机得电启动反转，松开SB2按钮，三相异步电动机能持续保持得电反转。

（4）三相异步电动机在处于工作状态时，正反转状态可以直接切换。

（5）按下SB3按钮，三相异步电动机停止工作。

（6）具有接触器互锁功能，防止短路，且具有过载保护功能。

一、项目分析

三相异步电动机双重连锁正反转控制电路工作原理如下：启动时，合上开关QF，按下正转启动按钮SB1，交流接触器KM线圈得电，KM主触点闭合，KM动合辅助触点闭合自锁，KM动断触点断开，切断反转支路，电动机正转连续运行。按下按钮 SB3，KM1线圈失电，主触点断开，电动机失电停转。

反转启动时，按下反转按钮 SB2，交流接触器KM2线圈得电，主触点闭合，KM2动合触点闭合自锁，KM2动断触点断开，切断正转支路，电动机反转连续运行。按下按钮SB3，KM2线圈失电，主触点断开，电动机失电停转。

二、项目引导

1．分析面粉搅拌机的工作原理。

____

____

____

____

2．分析电动机正反转控制有哪些应用。

____

____

____

____

3．自锁与互锁有什么区别？

____

____

____

____

知识链接

一、堆栈指令

1．指令格式及功能

MPS、MRD、MPP 指令的功能是将多分支电路连接点的结果存储起来，以方便连接点后电路的编程，上述栈指令的格式及功能见表2-3-1。FX3U系列PLC有11个被称为堆栈的存储器，用于存储逻辑运算的中间结果。堆栈采用先进后出的数据存储方式。

表2-3-1　MPS、MRD、MPP指令格式及功能

名　称	助 记 符	梯 形 图	逻 辑 功 能
入栈	MPS	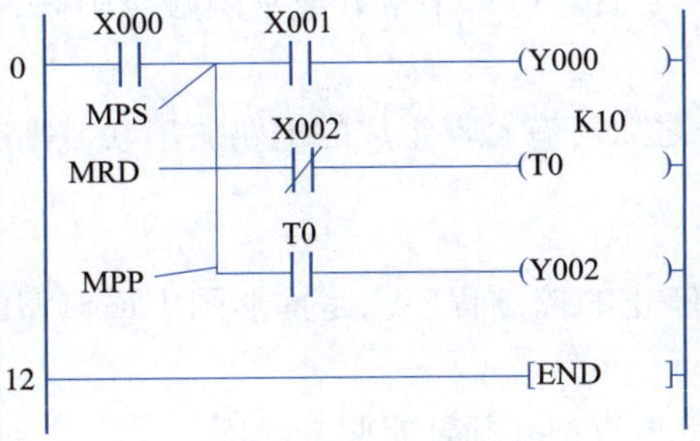	把中间运算结果送入堆栈的第一个堆栈单元（栈顶），同时让堆栈中原有的数据顺序下移一个堆栈单元
读栈	MRD		将堆栈存储器的第一层数据（最后进栈的数据）读出且该数据继续保存在堆栈存储器的第一层，栈内的数据维持原状
出栈	MPP		将堆栈存储器的第一层数据（最后进栈的数据）弹出且该数据从栈中消失，同时将栈中其他数据依次上移

2．指令举例

图2-3-2所示为堆栈指令举例梯形图，由图可知：当公共按钮X000按下时，若X001按下则 Y000得电；若X002不按下，则定时器T0开始定时，定时时间到，T0的常开触点闭合，则Y002得电。

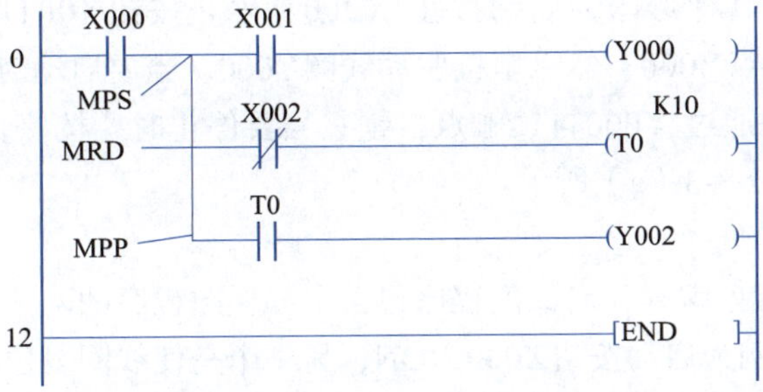

图 2-3-2　堆栈指令举例梯形图

该程序的指令表见表2-3-2。

表 2-3-2　堆栈指令举例指令表

步　序	操 作 码	操 作 数	步　序	操 作 码	操 作 数
0	LD	X000	6	OUT	T0 K10
1	MPS		9	MPP	
2	AND	X001	10	AND	T0
3	OUT	Y000	11	OUT	Y002
4	MRD		12	END	
5	ANI	X002			

学习笔记

指令说明如下：

（1）MPS 指令用于存储电路分支处的运算结果，以便后续处理有线圈或输出类指令的支路时可以调用该运算结果。

（2）MPS、MPP 指令可以重复使用，但是连续使用不能超过 11 次，且两者必须成对使用，缺一不可，MRD 指令有时可以不用。

（3）MRD 指令可多次连续重复使用，但不能超过 24 次。

（4）MPS、MRD、MPP 指令之后若有单个常开或常闭触点串联，则应使用 AND或ANI指令。

（5）MPS、MRD、MPP 指令之后若有触点组成的电路块串联，则应使用ANB 指令。

二、启保停程序

启保停程序即启动、保持、停止的控制程序，是梯形图中最典型的基本程序，包含因素如下：

（1）驱动线圈。每个梯形图逻辑行都必须针对驱动线圈。

（2）线圈得电的条件。梯形图逻辑行中除了线圈外，还有触点的组合，即线圈得电的条件，即使线圈为ON的条件。

（3）线圈保持驱动的条件。即触点组合中使线圈得以保持有电的条件。

（4）线圈断电的条件。即触点组合中使线圈由ON变为OFF的条件。

方法一：

根据控制要求，其梯形图为启动按钮 X000和停止按钮X001串联，并在启动按钮X000两端并联自保触点Y000，然后串接驱动线圈Y000。当要启动时，按启动按钮X000，使线圈Y000有输出并通过 Y000自锁触点自锁；当要停止时，按停止按钮X001，使输出线圈Y000断电，如图2-3-3（a）所示。

方法二：

若用SET、RST指令编程，启保停程序包含了梯形图程序的两个要素，一是使线圈置位并保持的条件，本例为启动按钮X000为ON；另一个是使线圈复位并保持的条件，本例为停止按钮X001为ON。因此，其梯形图为启动按钮X000、停止按钮X001分别驱动SET、RSI指令。当要启动时，按启动按钮X000使输出线圈置位并保持；当要停止时，按停止按钮X001使输出线圈复位并保持，如图 2-3-3（b）所示。

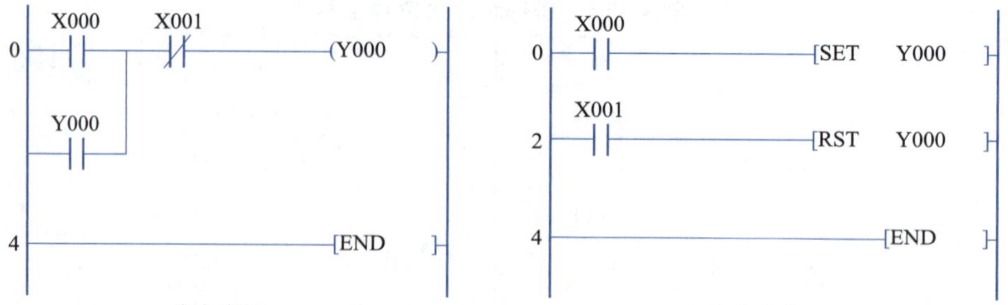

（a）方法一　　（b）方法二

图 2-3-3　启保停程序（停止优先）

由上述分析可知，方法二的设计思路更简单明了，是最佳设计方案。但在运用这两种方法编程时，应注意以下几点：

（1）在方法一中，用X001的动断触点；而在方法二中，用X001的动合触点，但它们的输入接线却完全相同，均为动合按钮。

（2）上述两个梯形图都为停止优先，即如果启动按钮X000和停止按钮X001同时被按下，则电动机停止；若要改为启动优先，则梯形图如图 2-3-4 所示。

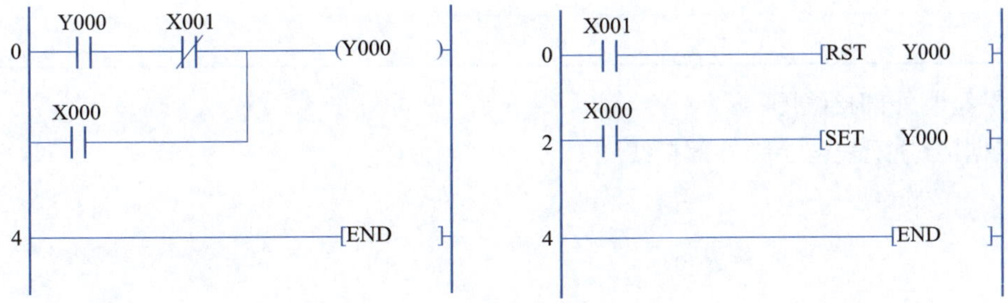

图 2-3-4　启保停程序（启动优先）

项目实施

根据《可编程控制系统设计师国家职业标准》，应高度重视安全、环保，坚持文明生产，按技术规范完成本项目任务。

1．任务分组

四人一组，分别担任项目经理、电气设计工程师、电气安装员和项目验收员角色，模拟真实PLC控制项目的实施过程。分组完成后，有序坐好，小组讨论制订组名、组训和小组 Logo，营造小组凝聚力和文化氛围，并确定任务分工，项目经理完成项目分组表的填写，见表2-3-3。

表2-3-3　项目分组表

组名		小组Logo	
组训			
团队成员	学号	角色指派	职责
		项目经理	统筹计划、进度，安排和甲方对接，解决疑难问题
		电气设计工程师	进行电气硬件线路设计、程序设计和编程调试
		电气安装员	进行电气配盘，配合电气设计工程师进行调试
		项目验收员	根据任务书、评价表对项目功能、乙方表现进行打分评价

2．分配I/O口地址，绘制外部接线图

1）I/O口地址分配

根据控制要求，在面粉搅拌（即三相异步电动机正反转）PLC控制中，有________个输入控制元件，________个输出元件，填写PLC的I/O分配表，见表2-3-4。

学习笔记

素材

三相异步电动机正反转PLC控制I/O分配表

表2-3-4　I/O分配表

输　入		输　出	
名称	输入点编号	名称	输出点编号

2）绘制外部接线图

根据I/O分配表，绘制外部接线图。

素材

三相异步电动机正反转PLC控制外部接线图

3．设计梯形图程序和指令表

1）设计程序

方法一：

使用转换法设计程序，将继电器-接触器控制电路转换为梯形图程序并写出。主电路不变，PLC改造控制电路部分，具体步骤如下：

（1）根据图形符号对比关系，将动断触点FR、动断触点SB3，动合触点SB1、SB2以及线圈 KM 转换为PLC的图形符号。

（2）根据I/O分配表，将继电器-接触器控制电路中的文字符号转换为对应的软元件符号。

（3）程序优化，并写出优化后的梯形图程序。

素材

三相异步电动机正反转PLC控制梯形图程序

学习笔记

方法二：

使用启保停程序设计方法设计程序。

（1）实现电动机正反转PLC控制的梯形图程序如图2-3-5所示。

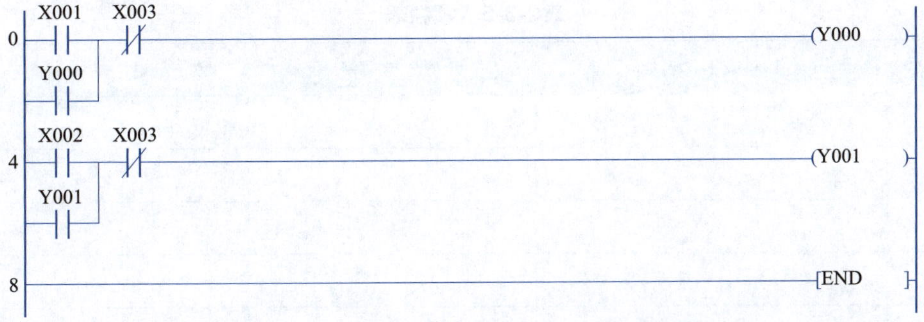

图 2-3-5　电动机正反转 PLC 控制梯形图程序

（2）增加电动机接触器、按钮双重连锁，电动机过载保护，完整梯形图程序如图2-3-6所示。

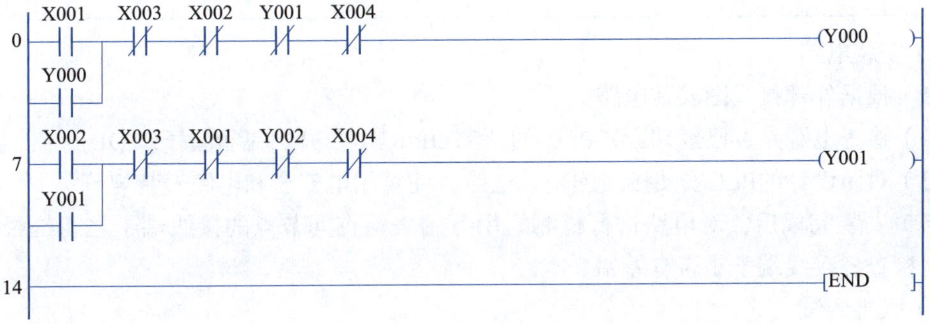

图 2-3-6　完整梯形图程序

2）根据梯形图程序编写指令表

素材

三相异步电动机正反转PLC控制指令表

学习笔记

4．安装调试系统

1）物料和工具领取

根据实验室配置，填写表2-3-5，按量领取物料和工具。

表2-3-5 领料表

序号	物料或工具名称	型号与规格	数量	备注
1				
2				
3				
4				
5				
6				
7				
8				

2）安装电路

（1）根据外部接线图安装电路。

（2）检查电源是否已经切断，PLC 的“STOP/RUN”开关是否置于STOP。

（3）对照设计的PLC安装接线图安装电路，注意用电安全和电路安装规范。

（4）安装完成后，对电路进行检测。用万用表检查同节点的接线端子之间是否完全导通；检查各接线端子是否有差错。

3）联机调试

（1）程序的输入。

①打开GX Works2编程软件，按照前文介绍的方法输入梯形图。

②按【F4】键对编辑好的梯形图进行切换并保存。

（2）程序写入。将PLC上的拨动开关拨至STOP，在菜单栏中选择“在线”→“PLC写入”命令。

（3）程序的运行与调试。将PLC上的拨动开关拨至RUN，按照控制要求进行操作，观察系统的运行情况，若出现故障，则应立即切断电源，分析原因，检查电路或梯形图后重新调试，直至系统实现功能。

注意：通电前应进行安全检查，准确无误后才能通电。

项目评价

完成项目实施后根据学生自评、小组互评和教师评价填写项目实施评价表，见表2-3-6。

学习笔记

表2-3-6　项目实施评价表

评价目标	评价内容及标准	配分	学生自评	小组互评	教师评价
知识目标	理解控制电路的控制原理	5分			
	熟悉启保停电路使用方法	5分			
	理解堆栈指令的使用方法	5分			
技能目标	元器件选择不合适，每处扣1分，最多扣5分	5分			
	I/O分配不合理，每处扣1分，最多扣10分	10分			
	元器件图形、文字符号错误或不符合国家标准，每处扣1分，最多扣4分	20分			
	接线错误、漏接线，每处扣1分，最多扣4分				
	导线选择不符合规范，每处扣1分，最多扣4分				
	元器件检测是否规范，不规范每处扣1分，最多扣4分				
	仪表使用是否安全正确，每处扣1分，最多扣4分				
	程序编写不符合规范，每处扣1分，最多扣10分	20分			
	编写的程序不能达到控制要求，每处扣2分，最多扣10分				
	输入程序，不能将程序输入到PLC或程序输入错误，最多扣5分	10分			
	调试过程不符合操作规程，每处扣1分，最多扣5分				
职业素养	工具使用：工具使用适合相关操作，使用方法正确、规范，每处扣1分，最多扣3分	10分			
	操作规范：电路连接、设备调试符合工艺要求和规范，每处扣1分，最多扣7分				
	物品摆放：工具、文字书写工具等摆放在指定位置，整齐、有序、便于使用，每处扣1分，最多扣5分	10分			
	工作态度：积极完成工作任务、不怕困难，始终保持工作热情，与同伴相互合作、沟通，分工明确、协调配合，共同完成工作任务。每处扣1分，最多扣5分				
小计					
合计 =（自评30% + 互评30% + 师评40%）					

注：违反安全操作规程，造成安全事故，本项目不得分。

项目拓展

一、能力测试：运料车PLC控制

运料车主要用于搬运加工工件，是工矿企业的生产车间中比较常见的运输设备。运料车由三相交流异步电动机进行驱动，其运动方向的改变主要通过电动机的正反转实现。控制系统正常运行时，一般设置为连续运行（自动控制）状态。但在调试系统或设备维修的过程中，往往需要把系统设置为点动控制（手动控制），所以运料车的控制实际上就是电动机点动、连续正反转控制。

运料车由三相交流异步电动机拖动，可左右运行，SQ1、SQ2分别为左限位开关和右限位开关，如图2-3-7所示。

学习笔记

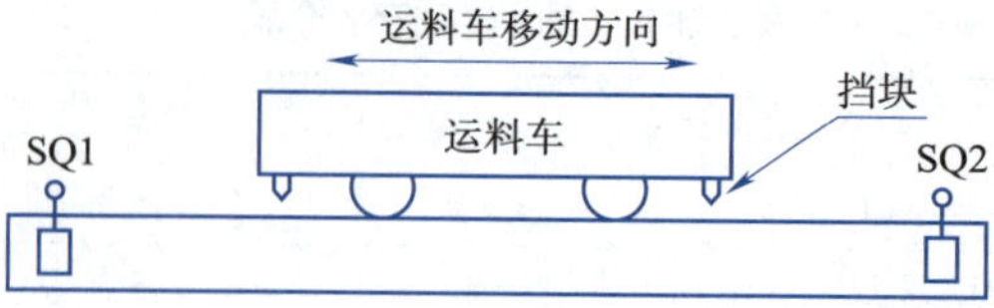

图 2-3-7 运料小车示意图

具体控制要求如下：

（1）点动控制时，按点动正转按钮，电动机正转点动运行，运料车左行；按点动反转按钮，电动机反转点动运行，运料车右行。

（2）连续控制时，按正转按钮，电动机连续正转，运料车连续左行；按反转按钮，电动机连续反转，运料车连续右行；按停止按钮，运料车随时停止。

（3）运料车应有软、硬件互锁控制功能。

要求运用前文介绍过的编程元件和方法尝试编写PLC控制编程（梯形图）：

（1）用触点线圈指令编程。

（2）用置位、复位指令编程。

二、学海领航：梯形图编程规则

1．梯形图的特点

（1）梯形图按自上到下、从左到右的顺序排列；程序按从上到下、从左到右的顺序执行。每个继电器线圈为一个逻辑行，即一层阶梯。每一逻辑行开始于左母线，然后是触点的连接，最后终止于继电器线圈。

（2）在梯形图中，每个继电器均为存储器中的一位，称为“软继电器”。当存储器状态为1时，表示该继电器线圈得电，其常开触点闭合或常闭触点断开。

（3）梯形图两端的母线并非实际电源的两端，而是“概念”电流，“概念”电流只能从左到右流动。

（4）在梯形图中，同一编号的继电器线圈只能出现一次（除跳转指令和步进指令的程序段外），而继电器触点可无限次引用。如果同一继电器的线圈使用两次，PLC将其视为语法错误，不允许出现。

（5）在梯形图中，前面所有继电器线圈为一个逻辑执行结果，被后面逻辑操作利用。

（6）在梯形图中，除了输入继电器没有线圈、只有触点外，其他继电器既有线圈又有触点。

2．梯形图的编程规则

（1）触点不能接在线圈的右侧，线圈也不能直接与左母线相连，必须要通过触点连接。

（2）梯形图中触点可以任意串联或并联，而输出继电器线圈可以并联但不可以串联。

（3）触点应画在水平线上，不能画在垂直分支线上。触点垂直跨接在分支路上的梯形图称为桥式电路，PLC对此无法进行编程。遇到不可编程的梯形图时，可根据信号单向自左至右、自上而下流动的原则对原梯形图重新编排，以便正确应用PLC基本指令编程。

（4）梯形图应体现“左重右轻”“上重下轻”的原则。几个串联支路并联时，应将

学习笔记

触点较多的支路放在梯形图的上方；几个并联支路串联时，应将并联较多的支路放在梯形图的左侧。按此规则编制的梯形图可减少用户程序步数、缩短程序扫描时间，如图2-3-8所示。

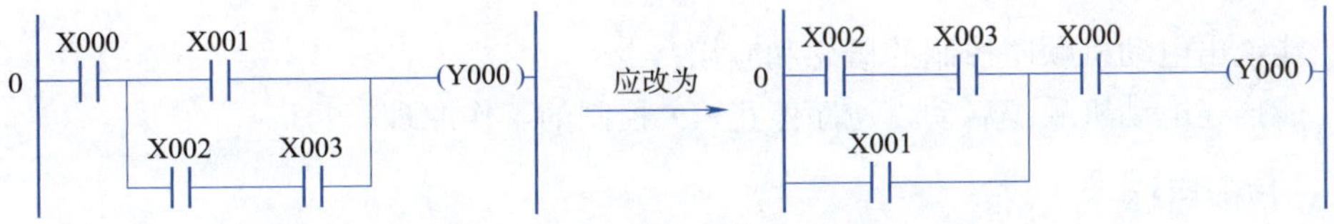

图 2-3-8　“左重右轻”“上重下轻”的原则

（5）尽量避免出现分支点梯形图，将两个输出继电器并联时的上下位置互换，可减少指令条数。

（6）双线圈输出不可用。如果在同一程序中，同一元件的线圈使用两次或多次，则称为双线圈输出。此时前面的输出无效，只有最后一次输出有效。一般不应出现双线圈输出，如图2-3-9所示。

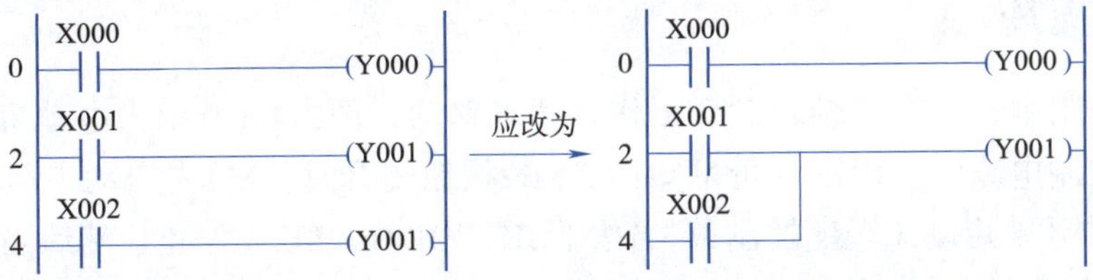

图 2-3-9　双线圈输出不可用

（7）线圈可以并联输出，不能串联输出，如图 2-3-10所示。

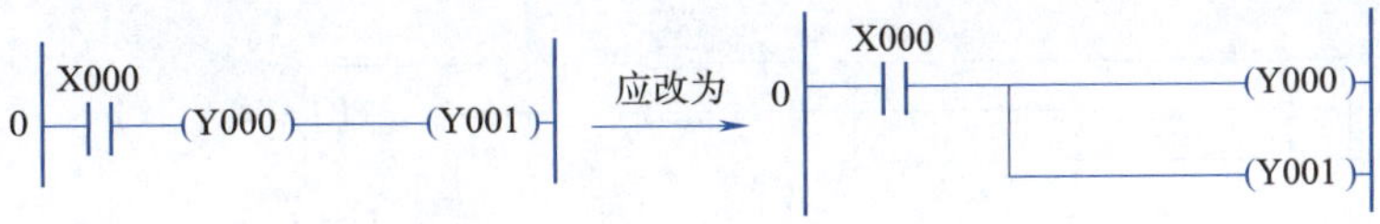

图 2-3-10　线圈不能串联输出

（8）程序结束后应有结束符。

项目 4　三相异步交流电动机顺序启动、逆序停止 PLC 控制

顺序控制是指按一定的条件和先后顺序对由大型机电单元组成的动力系统和辅机，包括电动机、阀门、挡板的启、停和开、关进行自动控制。在生产机械的过程中，往往有多台电动机，各电动机的作用不同，需要按一定顺序动作，才能保证整个工作过程的合理性和可靠性。例如，X62W型万能铣床上要求主轴电动机启动后，进给电动机才能启动；平面磨床中，要求砂轮电动机启动后，冷却泵电动机才能启动等。这种只有当一台电动机启动后，另一台电动机才允许启动的控制方式，称为电动机的顺序控制。

学习笔记

项目目标

一、知识目标

1. 能说出电动机顺序控制的概念和应用；
2. 能描述电动机顺序启动、逆序停止PLC控制的工作原理。

二、技能目标

1. 能根据控制要求和工艺要求绘制电路图及PLC接线图，编制I/O分配表；
2. 会使用ANB和ORB指令编写梯形图程序，并根据梯形图编写指令表。

三、素养目标

1. 养成安全用电、规范操作和严谨认真的职业素养；
2. 养成学生积极的学习态度，培养学生自学、自省、自控的能力。

项目描述

在铣床控制中，只有主轴转动后工作台才可移动，图2-4-1所示为电动机顺序启动、逆序停止的控制电路图。由图分析可知：当SB2按钮闭合时，M1先启动，然后当SB4按钮闭合时，M2才能启动（顺序控制）；当按下SB3按钮时，M2先停止，然后当按下SB1按钮时，M1才能停止（逆序停止）。本项目以三菱FX3U-48MR型PLC为例，利用PLC实现对电动机顺序启动、逆序停止进行控制。

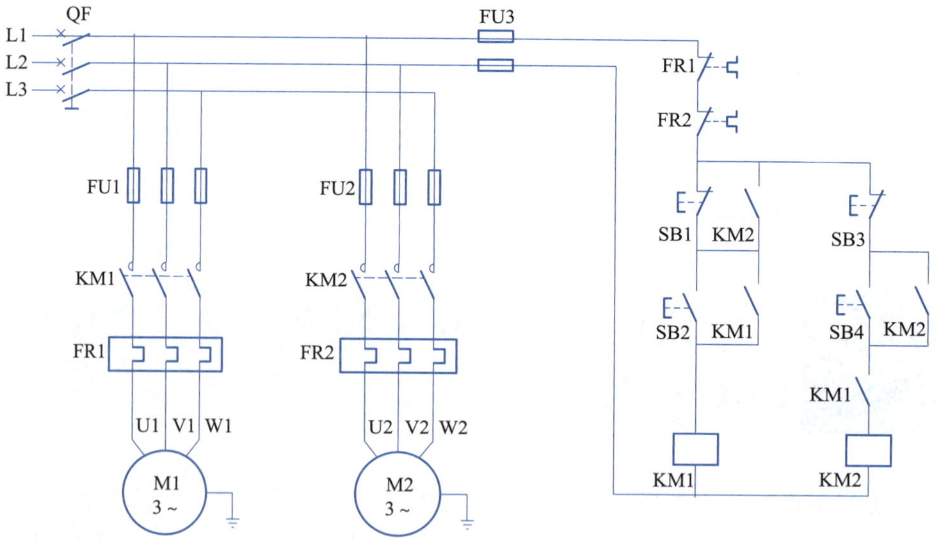

图 2-4-1　顺序启动、逆序停止控制电路

一、项目分析

三相异步电动机顺序启动、逆序停止控制电路工作原理如下：按下启动按钮SB1和

SB2后，电动机M1和M2分别得电运转，当启动顺序错误时电动机不运转，按照顺序按下停止按钮SB3和SB4后，电动机M2和M1分别停止运转，当停止顺序错误时，电动机不能停止运转。

如图2-4-1所示，启动时，合上空气断路器QF，按下按钮SB1，交流接触器KM1线圈得电，主触点闭合，辅助触点闭合，三相电动机M1得电连续运行，按下按钮SB4，交流接触器KM2线圈得电，辅助触点闭合，电动机M2得电连续运行。

停止时，按下按钮SB3，交流接触器KM2线圈失电，KM2辅助触点断开，三相电动机M2失电停转，按下按钮SB1，交流接触器KM1线圈失电，三相电动机M1停止运转。

采用三菱FX3U系列PLC实现对三相交流异步电动机顺序启动、逆序停止的控制。主电路部分不变，只需将控制电路部分用PLC代替。通过本项目的学习和实践，需要解决下面几个问题：

（1）会根据梯形图设计规则，设计合理的PLC控制程序实现顺序启动、逆序停止的控制。

（2）完成PLC接线，利用GX Works2软件编写、调试并监控程序的运行。

二、项目引导

1．例举顺序启动、逆序停止的控制系统在实际生活中的应用。

____

____

____

____

2．顺序控制可以实现什么功能？这样做有什么意义？

____

____

____

____

3．描述图2-4-1所示顺序启动、逆序停止控制电路的工作原理。

____

____

____

____

知识链接

一、PLC编程元件（软继电器）

1．指令格式及功能

ANB 和 ORB 的指令格式及功能见表 2-4-1。

学习笔记

表2-4-1　ANB 和 ORB指令格式及功能

名　称	助 记 符	梯 形 图	逻 辑 功 能
回路块与	ANB	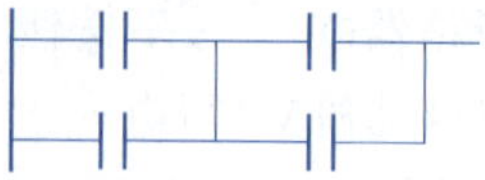	当分支回路（并联回路块）与前面的回路串联连接时，使用 ANB 指令
回路块或	ORB		当分支回路（串联回路块）与前面的回路并联连接时，使用 ORB指令

2．指令举例

1）ANB指令

图 2-4-2所示为ANB指令举例梯形图，由图可知：X000或X001接通，X002与X003 或 X004 接通，Y000都可以得电。

图 2-4-2　ANB 指令举例梯形图

该程序的指令表见表2-4-2。

表 2-4-2　ANB指令举例指令表

步　序	操 作 码	操 作 数	步　序	操 作 码	操 作 数
0	LD	X000	4	OR	X004
1	OR	X001	5	ANB	
2	LD	X002	6	OUT	Y0
3	AND	X003			

指令说明如下：

（1）两个或两个以上接点并联连接的电路称为并联电路块，当并联电路块与前面的电路串联连接时，使用ANB指令。

（2）ANB指令无目标操作数。

（3）并联电路块的分支开始使用LD、LDI指令，分支结束后需使用ANB指令，以表示与前面电路的串联。

（4）多个电路块串联时，可以分别使用ANB指令。

2）ORB 指令举例

图2-4-3所示为ORB指令举例梯形图，由图可知：X000与X001、X002与X003两条分支电路中任一电路块接通，Y000都可以得电。

图 2-4-3　ORB 指令举例梯形图

该程序的指令表见表2-4-3。

表 2-4-3　ORB指令举例指令表

步　序	操作码	操作数	步　序	操作码	操作数
0	LD	X000	3	AND	X003
1	AND	X001	4	ORB	
2	LD	X002	5	OUT	Y000

指令说明如下：

（1）两个或两个以上接点串联连接的电路称为串联电路块，当串联电路块与前面的电路并联连接时，使用ORB指令。

（2）ORB指令无目标操作数。

（3）串联电路块的分支开始使用 LD、LDI指令，分支结束后需使用ORB指令，以表示与前面电路的并联。

（4）多个电路块并联时，可以分别使用ORB指令，如图2-4-4所示。

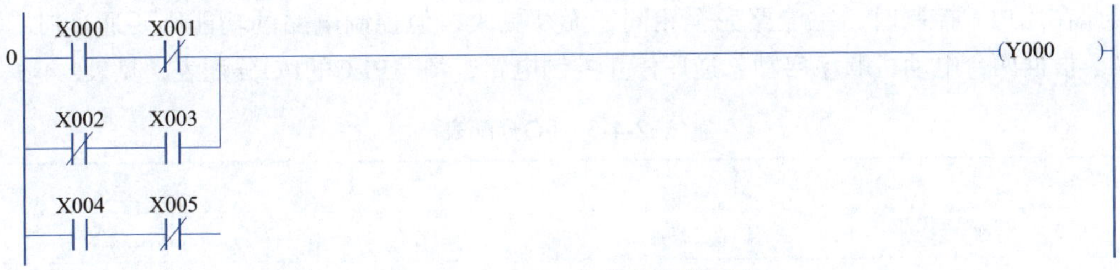

图 2-4-4　ORB 指令分别使用

该程序的指令表见表2-4-4。

表 2-4-4　ORB指令分别使用指令表

步　序	操作码	操作数	步　序	操作码	操作数
0	LD	X000	5	LD	X004
1	ANI	X001	6	ANI	X005
2	LDI	X002	7	ORB	
3	AND	X003	8	OUT	Y000
4	ORB				

项目实施

根据《可编程控制系统设计师国家职业标准》，应高度重视安全、环保，坚持文明生产，按技术规范完成本项目任务。

学习笔记

1．任务分组

四人一组，分别担任项目经理、电气设计工程师、电气安装员和项目验收员角色，模拟真实PLC控制项目的实施过程。分组完成后，有序坐好，小组讨论制订组名、组训和小组Logo，营造小组凝聚力和文化氛围，并确定任务分工，项目经理完成项目分组表的填写，见表2-4-5。

表2-4-5　项目分组表

组名		小组Logo	
组训			
团队成员	学号	角色指派	职责
		项目经理	统筹计划、进度，安排和甲方对接，解决疑难问题
		电气设计工程师	进行电气硬件线路设计、程序设计和编程调试
		电气安装员	进行电气配盘，配合电气设计工程师进行调试
		项目验收员	根据任务书、评价表对项目功能、乙方表现进行打分评价

2．分配I/O口地址，绘制外部接线图

1）I/O口地址分配

当用PLC实现图2-4-1所示电动机的顺序启动、逆序停止控制功能时，需要将按钮SB1、SB2、SB3和SB4与可编程控制器的输入接口连接，并将KM1和KM2接触器的线圈与可编程控制器的输出接口连接。此时，两个电动机的启动和停止仍然由接触器控制，因此在用PLC控制时，主电路完全相同，无须更改，但控制电路的功能则要通过PLC实现。根据两台电动机顺序启动、逆序停止控制电路，填写PLC的I/O分配表，见表2-4-6。

素材

顺序启动、逆序停止I/O分配表

表2-4-6　I/O分配表

输　入		输　出	
名称	输入点编号	名称	输出点编号

2）绘制外部接线图

根据I/O分配表，绘制外部接线图。

素材

顺序启动、逆序停止PLC控制外部接线图

学习笔记

3．设计梯形图程序和指令表

1）设计程序

方法一：

使用翻译法设计程序。

（1）根据外部接线图，依据翻译法编写规则写出电动机顺序启动、逆序停止控制的梯形图程序。

（2）根据梯形图设计规则，优化翻译法编写出的梯形图程序。

素材

顺序启动、逆序停止梯形图程序编写

方法二：

使用经验法设计程序。设计两台电动机启动和停止，运用ANB、ORB指令，使用启保停电路设计方法设计程序，并写出梯形图程序。

素材

顺序启动、逆序停止优化后梯形图程序

学习笔记

2）根据梯形图程序编写指令表

三相异步交流电动机顺序启动、逆序停止PLC控制指令表见表2-4-7。

表2-4-7　三相异步交流电动机顺序启动、逆序停止PLC控制指令表

步　序	操 作 码	操 作 数	步　序	操 作 码	操 作 数
0	LDI	X001	6	LD	X004
1	OR	Y002	7	OR	Y002
2	LD	X002	8	ANI	X003
3	OR	Y001	9	AND	Y001
4	ANB		10	OUT	Y002
5	OUT	Y001	11	END	

4．安装调试系统

1）物料和工具领取

根据实验室配置，填写表2-4-8，按量领取物料和工具。

表2-4-8　领料表

序　号	物料或工具名称	型号与规格	数　量	备　注
1				
2				
3				
4				
5				
6				

2）安装电路

（1）根据外部接线图安装电路。

（2）检查电源是否已经切断，PLC的“STOP/RUN”开关是否置于STOP。

（3）对照设计的PLC安装接线图安装电路，注意用电安全和电路安装规范。

（4）安装完成后，对电路进行检测。用万用表检查同节点的接线端子之间是否完全导通，检查各接线端子是否有差错。

3）联机调试

（1）程序的输入。

①打开GX Works2编程软件，按照前文介绍的方法输入梯形图。

②按【F4】键对编辑好的梯形图进行切换并保存。

（2）程序写入。将PLC上的拨动开关拨至STOP，在菜单栏中选择“在线”→“PLC写入”命令。

（3）程序的运行与调试。将PLC上的拨动开关拨至RUN，按照控制要求进行操作，观察系统的运行情况，若出现故障，则应立即切断电源，分析原因，检查电路或梯形图后重新调试，直至系统实现功能。

注意：通电前进行安全检查，准确无误后才能通电。

项目评价

完成项目实施后根据学生自评、小组互评和教师评价填写项目实施评价表，见表2-4-9。

表2-4-9　项目实施评价表

评价目标	评价内容及标准	配分	学生自评	小组互评	教师评价
知识目标	说出电动机顺序控制的概念和应用	5分			
	描述电动机顺序启动、逆序停止控制的工作原理	5分			
	理解ANB和ORB指令的使用方法	5分			
技能目标	元器件选择不合适，每处扣1分，最多扣5分	5分			
	I/O分配不合理，每处扣1分，最多扣10分	10分			
	元器件图形、文字符号错误或不符合国家标准，每处扣1分，最多扣4分	20分			
	接线错误、漏接线，每处扣1分，最多扣4分				
	导线选择不符合规范，每处扣1分，最多扣4分				
	元器件检测是否规范，不规范每处扣1分，最多扣4分				
	仪表使用是否安全正确，每处扣1分，最多扣4分				
	程序编写不符合规范，每处扣1分，最多扣10分	20分			
	编写的程序不能达到控制要求，每处扣2分，最多扣10分				
	输入程序，不能将程序输入到PLC或程序输入错误，最多扣5分	10分			
	调试过程不符合操作规程，每处扣1分，最多扣5分				
职业素养	工具使用：工具使用适合相关操作，使用方法正确、规范，每处扣1分，最多扣3分	10分			
	操作规范：电路连接、设备调试符合工艺要求和规范，每处扣1分，最多扣7分				
	物品摆放：工具、文字书写工具等摆放在指定位置，整齐、有序、便于使用，每处扣1分，最多扣5分	10分			
	工作态度：积极完成工作任务、不怕困难，始终保持工作热情，与同伴相互合作、沟通，分工明确、协调配合，共同完成工作任务。每处扣1分，最多扣5分				
小计					
合计 =（自评30% + 互评30% + 师评40%）					

注：违反安全操作规程，造成安全事故，本项目不得分。

项目拓展

一、能力测试：三台电动机顺序启动、逆序停止PLC控制

三台电动机顺序启动、逆序停止，控制要求如下：按下启动按钮SB1，电动机M1运

学习笔记

行；按下启动按钮SB2，电动机M2启动；按下启动按钮SB3，电动机M3运行。停止时，按下按钮SB4，先停止M3电动机；按下按钮SB5，再停止M2电动机；按下按钮SB6，再停止M1电动机。

（1）进行I/O分配。

（2）画出外部接线图。

（3）编写PLC梯形图程序。

二、学海领航：认识 FX2N 系列 PLC

三菱公司于20世纪80年代推出了F系列小型PLC，20世纪90年代推出FX1s、FXIN和FX2N系列PLC，2005年推出最新第三代小型PLC系列产品FX3U，2008年三菱电机公司又在中国正式推出第三代小型PLC成员FX3G系列，完善了FX系列PLC产品线。

FX2N系列是三菱电机小型PLC的代表产品，采用基本单元加扩展的整体式结构，FX2N最大的I/O点数可扩展至256点，FX3U最大的I/O点数为384点。

1．FX2N系列PLC的基本构成

FX2N系列 PLC是FX家族中常用的PLC系列，由基本单元、扩展单元、扩展模块及特殊功能单元构成。扩展单元的位置也可以是扩展模块，它们用于增加PLC的I/O点数。扩展单元内部设有电源；扩展模块内部无电源，所用电源由基本单元或扩展单元供给。因扩展单元及扩展模块无CPU，所以必须与基本单元一起使用特殊功能单元，如模拟量I/O单元高速计数单元、位置控制单元、通信单元等。

FX2N系列PLC基本单元有16/32/48/64/80/128点，六个基本单元中的每个单元都可以通过I/O扩展单元扩充为256个或384个I/O点，其基本单元见表2-4-10。

表2-4-10　基本单元

AC电源，DC24 V输入		
继电器输出	双向晶闸管输出	晶体管输出
FX2N-16MR		FX2N-16MT
FX2N-32MR	FX2N-32MS	FX2N-32MT
FX2N-48MR	FX2N-48MS	FX2N-48MT
FX2N-64MR	FX2N-64MS	FX2N-64MT
FX2N-80MR	FX2N-80MS	FX2N-80MT
FX2N-128MR		FX2N-128MT

2．FX2N系列PLC的外部结构及其接线

FX2N系列PLC是三菱第二代PLC中的高性能标准型规格机型，其市场占有率相当高，适应绝大多数单机控制、生产线控制和简单网络控制的场合。FX2N系列PLC基本单元有16/32/48/64/80/128 点共六种规格，每个规格中又有AC100/200 V和DC24 V两种输入方式，有继电器、晶体管和双向晶闸管三种输出形式。FX2N-32MR的外部结构如图2-4-5所示。

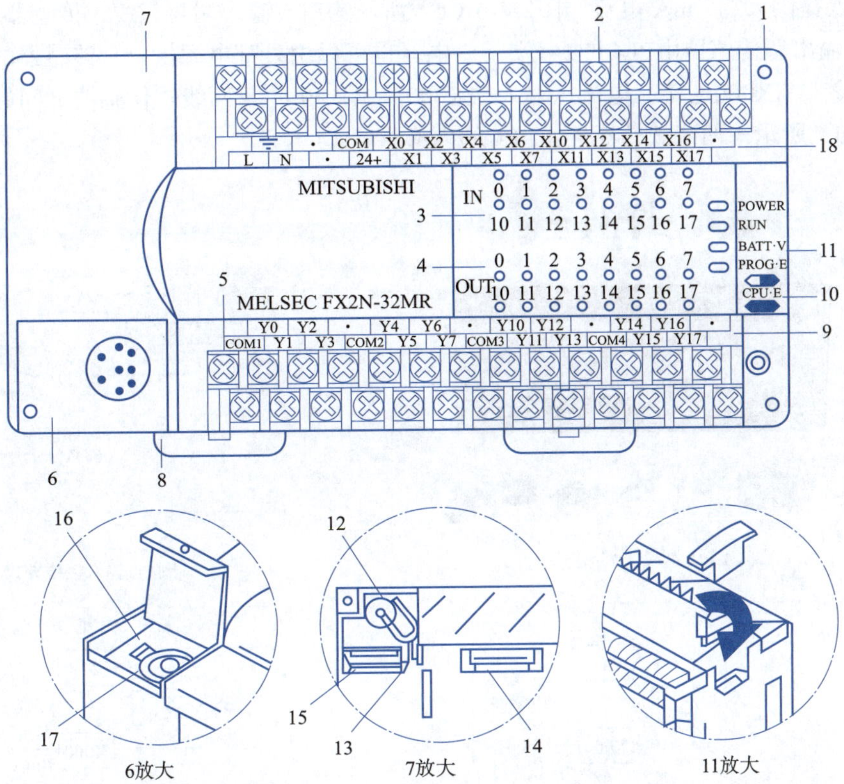

图 2-4-5　FX2N-32MR 的外部结构

1—安装孔四个；2—电源、辅助电源、输入信号用的可装卸式端子；3—输入指示灯；4—输出指示灯；5—输出信号用的可装卸式端子；6—外围设备接线插座、盖板；7—面板盖；8—DIN导轨装卸用卡子；9—I/O端子标记；10—动作指示灯，POWER (电源指示灯)，RUN (运行指示灯)，BATT•V(电池电压下降指示灯)，PROG•E(指示灯闪烁时表示程序出错)，CPU•E(指示灯亮时表示 CPU出错)；11—扩展单元、扩展模块、特殊单元、特殊模块的接线插座、盖板；12—钾电池；13—钾电池连接插座；14—另选存储器滤波器安装插座；15—功能扩展板安装插座；16—内置 RUN/STOP 开关；17—编程设备、数据存储单元接线插座；18—I/O端子标记。

1）外部端子及其接线

外部端子包括PLC电源端子、供外部传感器使用的DC24 V电源端子（+24、COM）、输入端子（X）和输出端子（Y）等，主要完成电源、输入信号和输出信号的连接。

（1）电源的接线。PLC基本单元的供电通常有两种情况：一是直接使用工频交流电，通过交流输入端子连接，对电压的要求比较宽松，100 ~ 250 V均可使用；二是采用外部直流开关电源供电，一般配有直流24 V输入端子。采用交流供电的PLC，机内自带直流24 V内部电源，为输入器件及扩展单元供电。FX系列PLC大多为AC电源、DC输入形式。

（2）输入接口的接线。PLC输入接口的端子与开关、按钮及各种传感器连接，如图2-4-6（a）所示。上部分为输入端子，输入公共端在某些PLC中是分组隔离的，在FX2N机型中是连通的，FX2N系列PLC输入信号可以是干接点输入或漏型输入（即NPN开路集电极晶体管输入），因此FXN系列PLC的输入端只能接NPN输出型的传感器。

图2-4-6（b）所示开关、按钮等器件都是无源干接点器件，当PLC输入端X000所接的开关或按钮闭合时，电流从输入端X000流出，相应的输入指示灯点亮，PLC内部电源能为

学习笔记

每个输入点提供大约7 mA 电流。图2-4-6（c）所示为PLC输入端与三线式传感器的接线，三线NPN 输出型传感器由PLC的24+端子供电，也可以由外部电源供电，传感器的信号线与PLC的输入端X000连接，电流从输入端X000流出。PLC 与两线式传感器之间的连接如图2-4-6（d）所示，两线式传感器由PLC的内部供电。

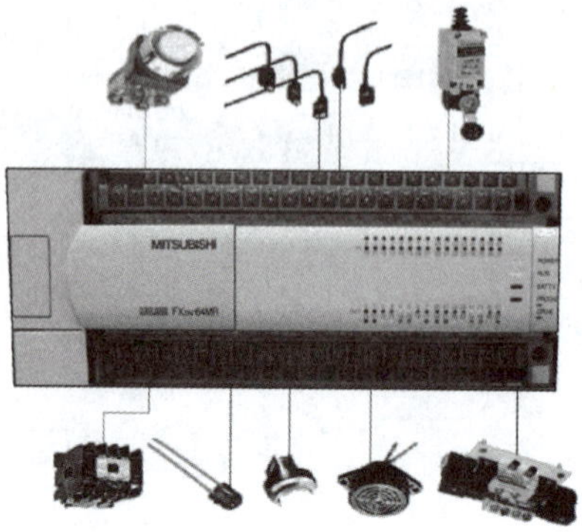

（a）PLC的输入/输出元器件

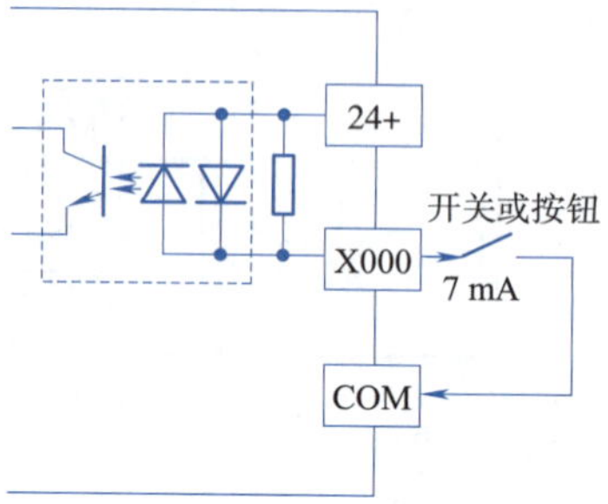

（b）干接点输入接线方式

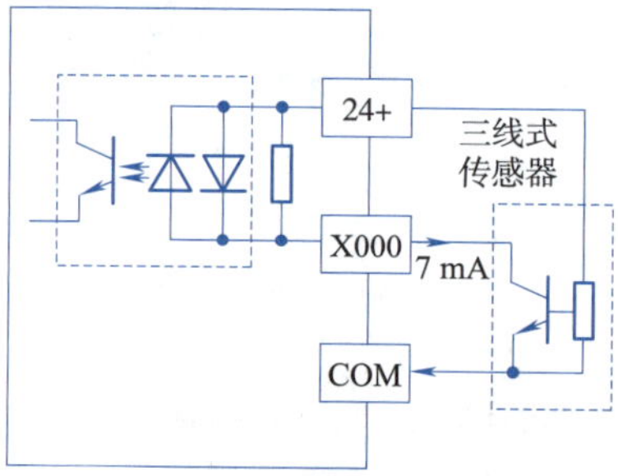

（c）三线式传感器的接线方式

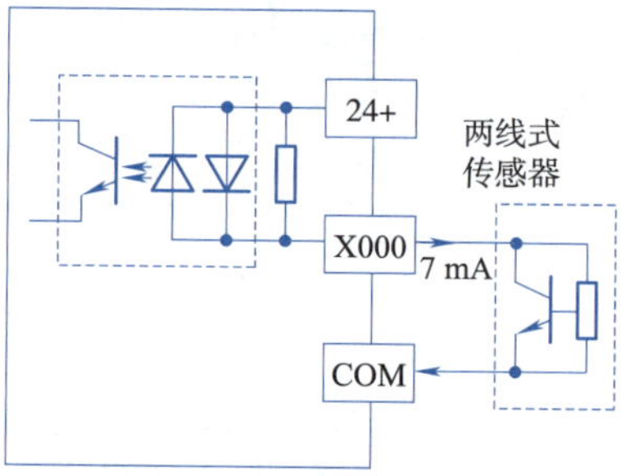

（d）两线式传感器的接线方式

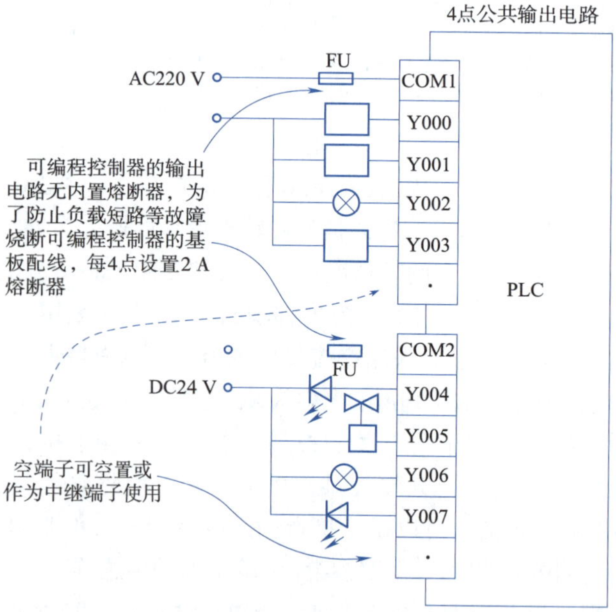

（e）继电器输出型PLC的接线方式

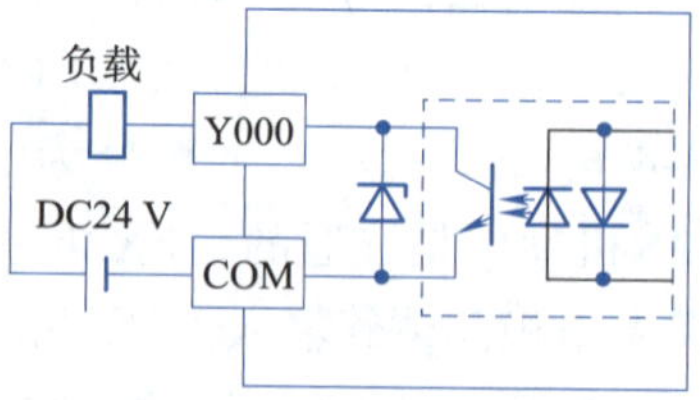

（f）晶体管输出型PLC的接线方式

图 2-4-6　FX2N 系列 PLC 输入/输出接口的接线图

学习笔记

注意： 三菱PLC的漏型输入和源型输入是针对直流输入的，对于FX系列的PLC来说，DC电流从PLC公共端COM流入、从输入端X000流出，称为漏型输入，如图 2-4-6（b）、（c）、（d）所示；而源型输入电路的电流则从PLC的输入端X000流入、从公共端流出。三菱电机公司FXN系列PLC只有漏型输入的型号。

（3）输出接口的接线。PLC输出接口上连接的器件主要是继电器、接触器、电磁阀的线圈、指示灯、蜂鸣器等，如图 2-4-6（a）所示。这些器件均采用PLC机外的专用电源供电，PLC内部只提供一组开关接点。接入时线圈的一端接输出点螺钉，一端经电源接输出公共端。

图2-4-6（e）所示为FX2N系列继电器输出型PLC的输出接线图。由于输出端口连接线圈种类多，所使用的电源种类及电压不同，输出端口公共端常分为许多组，一般四点为一组，而且组间是隔离的PLC，输出端口的电流定额一般为2 A，大电流的执行器件需配装中间继电器。FX2N系列晶体管输出型的PLC属于漏型输出（即NPN开路集电极晶体管输出），其接线图如图 2-4-6（f）所示。

注意： 三菱FX系列晶体管输出型PLC的输出分为漏型输出和源型输出两种类型。漏型输出是指负载电流流入输出端子、从公共端子流出，如图 2-4-6（f）所示；源型输出是指负载电流从输出端子中流出、从公共端子流入。三菱电机公司FX2N系列PLC只有漏型输出的型号。

（4）通信线的连接。PLC一般设有专用的通信口，通常为RS-485口或RS-422口，FX2N型PLC为RS-422口。与通信口的接线常采用专用的接插件连接。

2）指示部分

指示部分包括各I/O点的状态指示、PLC电源（POWER）指示、PLC运行（RUN）指示、用户程序存储器后备电池（BATT.V）状态指示及程序出错（PROG-E）指示、CPU出错（CPU-E）指示等，用于反映I/O点及PLC机器的状态。

3）接口部分

接口部分主要包括编程器、扩展单元、扩展模块、特殊模块及存储卡盒等外部设备的接口，其作用是完成基本单元同上述外部设备的连接。在编程器接口旁边，还设置了一个PLC运行模式转换开关SW1，有RUN和STOP两个运行模式，RUN模式能使PLC处于运行状态（RUN 指示灯亮），STOP模式能使PLC处于停止状态（RUN 指示灯灭），此时，PLC可进行用户程序的录入、编辑和修改。

匠人匠心——坚定信心、自主创新

全国首个港口门机 PLC 电控系统国产化改造项目通过验收

2023 年，由连云港东方公司参与的门机 PLC 电控系统国产化改造项目顺利通过验收。作为该项目的全国首个立项港口，验收的通过标志着连云港在门座式起重机 PLC 系统国产化替代进程中取得了实质性的突破，也为后续港口门机 PLC 国产化推行打下坚实基础。

PLC 是门机控制系统的“大脑”，几乎可以控制门机运行中的所有关键功能。长期

学习笔记

以来，国外厂商对港口设备 PLC 系统掌握较大市场份额，电气故障发生后，备件供货不及时导致延误生产的现象时有发生。相比国产品牌，进口 PLC 重要部件供货周期长、成本价格高、技术参数无法共享，给港口技术升级和生产运营带来诸多不便。

随着国内 PLC 厂商技术水平的不断提高、服务体系的日趋完善，改造国产高性能 PLC 系统，打破国外工控市场长期以来高度垄断的局面适逢其时。为保证项目顺利开展，东方公司汇聚技能精英，成立项目技术攻关小组，迅速对国产品牌开展全面的技术调研。通过与多个厂家的专业技术人员对 PLC 逻辑程序控制的深入探讨攻关，保证了改造 PLC 能够与现场设备电控系统保持高度契合的兼容能力。

在历时近一年的研发、改造和调试工作后，新国产化电控系统性能稳定，具备了高标准的完好性、流畅性及可跟踪性，减少近 50% 维修和备件更换成本的同时，维修周期也得到进一步把控，对东方公司生产造成的影响也被压缩至最低，证明了此项目在全国港口行业具有良好的推广性和可复制性。

模块三

时序控制

学习笔记

引言

时序控制过程是按照生产工艺预先规定的顺序，在各个输入信号的作用下，根据时间的顺序，画出时序图，按照时序图在各个执行机构自动有序地进行操作。时序控制适用PLC各输出信号的变化存在一定时间顺序的场合，在程序设计时根据画出的各输出信号的时序图，梳理各个时间点定时器的变化，找出输出与输入及内部触点的对应关系，并进行适当化简编程。对于满足时序控制的编程步骤，根据控制要求，明确输入/输出信号个数，进行I/O分配；画出外部接线图，并进行接线；明确各输入和各输出信号之间的时序关系，将时序图划分成若干个时间区段，找出区段间的分界点，标注清楚定时器T的时间，画出各输入和输出信号的工作时序图；以若干时间段T作为条件，列出输出信号，画出梯形图；通过模拟调试，检查程序是否符合控制要求，结合经验设计法进一步修改程序。

本模块分三个项目进行学习，分别是音乐喷泉PLC控制、智力抢答器PLC控制、广告牌PLC控制。音乐喷泉PLC控制主要学习定时器T的运用以及时序图的精准绘制，以控制喷泉各部分的启动和运行。智力抢答器PLC控制主要学习四组抢答器以及数码管的实时控制，需要按照时间的顺序进行合理的编制调试。广告牌PLC控制，利用PLC辅助继电器可以控制广告牌上的文字或图像内容，并控制彩灯的颜色和亮度实现不同的视觉效果。

思维导图

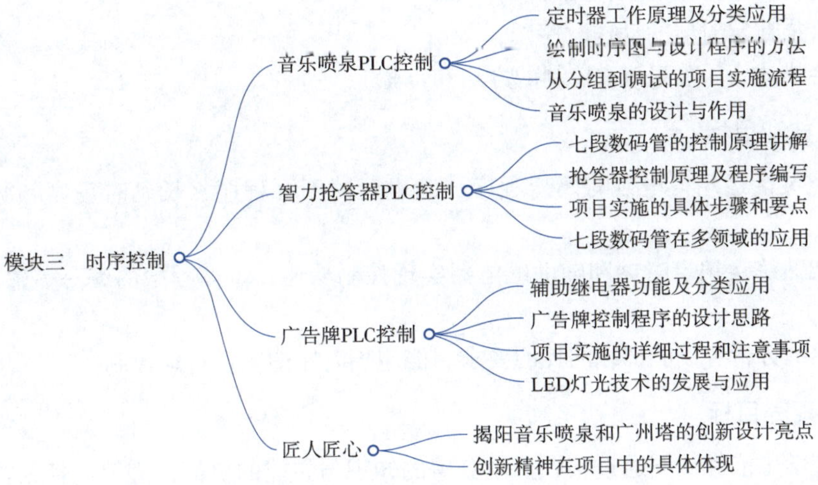

学习笔记

项目 1 音乐喷泉 PLC 控制

音乐喷泉控制系统是一个结合了自动化技术和艺术美感的现代控制系统，通过精确控制水流、灯光和音乐的和谐配合，为观众带来视觉和听觉的双重享受，如图3-1-1所示。可编程逻辑控制器（PLC）是整个控制系统的核心，负责接收传感器数据，执行预设的逻辑和算法，控制水泵、阀门、灯光和音乐播放设备等执行器。控制系统能够分析音乐的节奏、节拍和强度，将这些音乐特征与喷泉的水流模式和灯光效果同步，实现音乐与喷泉表演的和谐统一。本项目旨在设计和实现一个基于PLC的自动化音乐喷泉控制系统，以满足现代喷泉表演的需求。

图 3-1-1 音乐喷泉

项目目标

一、知识目标

1. 会描述定时器的工作原理及特点；
2. 会描述定时器的动作时序图；
3. 会描述音乐喷泉PLC控制的方法和步骤。

二、技能目标

1. 能灵活运用得电延时闭合程序、断电延时断开程序、长延时程序和脉冲信号发生器；

2. 能熟练运用定时器和辅助继电器实现控制功能，掌握程序的编写、输入、运行、调试方法；

3. 熟练分析各技能训练的控制要求，能应用时序图实现自动控制。

三、素养目标

1. 使学生能够认同通过实践活动获得的知识与技能的价值，理解创新精神和劳动精

学习笔记

神在技术学习中的重要性；

2．使学生在设计和实现音乐喷泉PLC控制系统的过程中，体会到团队合作的重要性，以及将理论与实践相结合的学习方式；

3．使学生通过参与项目，内化对技术精益求精的追求，培养对工程技术的热爱和对创新的持续追求。

项目描述

设计一个音乐喷泉PLC控制系统，如图3-1-2所示。

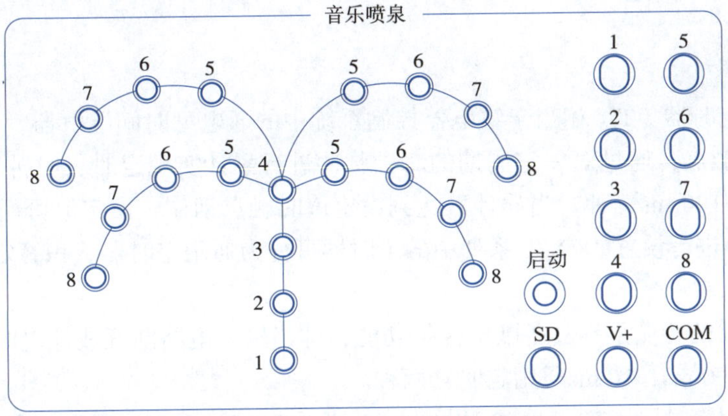

图 3-1-2 音乐喷泉 PLC 控制

其控制要求如下：

（1）按下启动按钮，彩灯 L1、L3、L5、L7点亮，1 s后熄灭；同时彩灯L2、L4、L6、L8点亮，1 s后熄灭，照此循环，直到按下停止按钮才停止。

（2）用PLC控制方式实现此系统的功能。

一、项目分析

音乐喷泉PLC控制系统中的时序控制，是在按下启动按钮后，对PLC的输入和输出地址进行了分配，进行硬件接线，设计时序图和梯形图，通过调试确认，设计的音乐喷泉能够完成控制要求，喷泉工作稳定可靠，达到预期的视觉效果。本项目关键学习定时器T的运用以及时序图的精准绘制，以精确控制喷泉各部分的启动和运行。

二、项目引导

1．分析音乐喷泉PLC控制系统的工作原理。

2．音乐喷泉PLC控制系统在实际应用中有哪些功能和作用？

学习笔记

3．与传统的继电器控制系统相比，PLC在音乐喷泉控制中有哪些优势？

知识链接

一、定时器

PLC中的定时器（T）相当于继电器控制系统中的通电型时间继电器，可提供无限对常开常闭延时触点，通过对一定周期的时钟脉冲进行累计实现定时，时钟脉冲的周期有1 ms、10 ms、100 ms三种，当累计数达到设定值时触点动作。设定值可用常数K或数据寄存器D的内容进行设置。FX3U系列中的定时器可分为通用定时器、积算定时器两种。

1．通用型定时器

通用定时器的特点是不具备断电保持功能，即当输入电路断开或停电时定时器复位。通用定时器有100 ms和10 ms通用定时器两种。

100 ms通用定时器（T0～T199）共200点，其中T192～T199为子程序和中断服务程序专用定时器。这类定时器对100 ms时钟累积计数，设定值为1～32 767，所以其定时范围为0.1～3 276.7 s。

10 ms通用定时器（T200～T245）共46点。这类定时器对10 ms时钟累积计数，设定值为1～32 767，所以其定时范围为0.01～327.67 s。

下面举例说明通用定时器的工作原理。如图3-1-3所示，当输入X000接通时，定时器T200从0开始对10 ms时钟脉冲进行累积计数，当计数值与设定值K123相等时，定时器的常开触点接通Y000，经过的时间为123×10 ms=1 230 ms。当X000断开后定时器复位，计数值变为0，其常开触点断开，Y000也随之OFF。若外部电源断电，定时器也将复位。

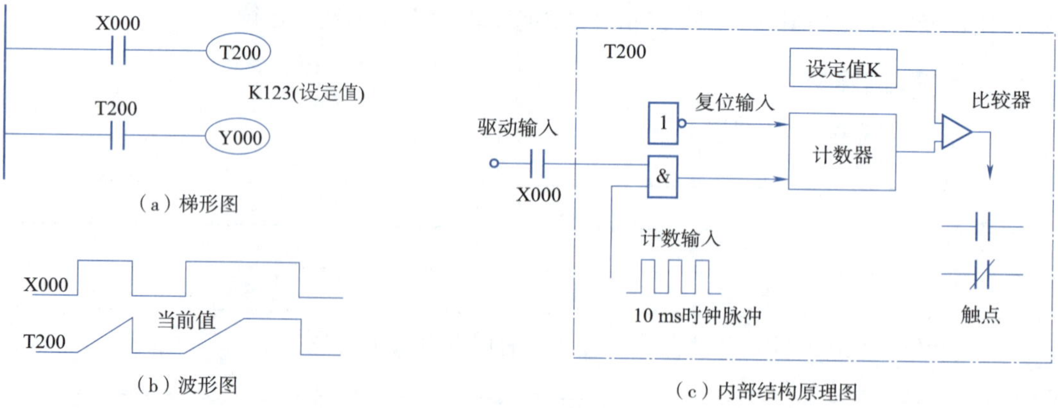

图 3-1-3　通用定时器工作原理

2．积算定时器

积算定时器具有计数累积的功能。在定时过程中如果断电或定时器线圈OFF，积算定时器将保持当前的计数值（当前值），通电或定时器线圈ON后继续累积，即其当前值具有保持功能，只有将积算定时器复位，当前值才变为0。

1 ms积算定时器（T246 ~ T249）共4点，对1 ms时钟脉冲进行累积计数，定时的时间范围为0.001 ~ 32.767 s。

100 ms积算定时器（T250 ~ T255）共6点，对100 ms时钟脉冲进行累积计数，定时的时间范围为0.1 ~ 3 276.7 s。

下面举例说明积算定时器的工作原理。如图3-1-4所示，当X000接通时，T253当前值计数器开始累积100 ms时钟脉冲的个数。当X000经T0后断开，而T253尚未计数到设定值K345，其计数的当前值保留。当X000再次接通，T253从保留的当前值开始继续累积，经过T1时间，当前值达到K345时，定时器的触点动作。累积的时间为T0+T1=34.5 s=34 500 ms。当复位输入X001接通时，定时器才复位，当前值变为0，触点也跟随复位。

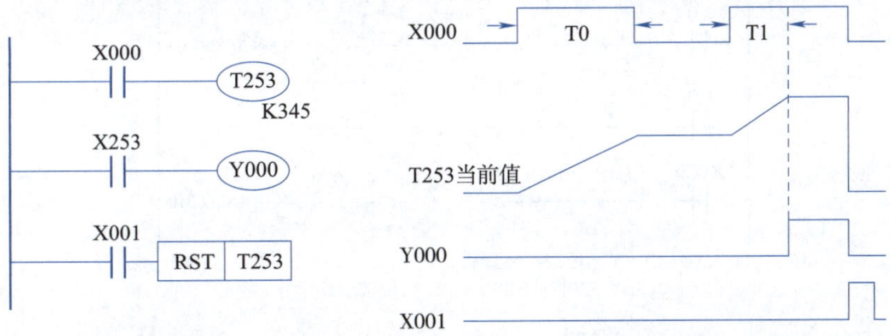

（a）梯形图　　（b）波形图

图 3-1-4　积算定时器工作原理

二、时序图应用程序

1．得电延时闭合程序

按下启动按钮X001，延时2 s后输出Y000接通；当按下停止按钮X002，输出Y000断开，其时序图及梯形图如图3-1-5和图3-1-6所示。

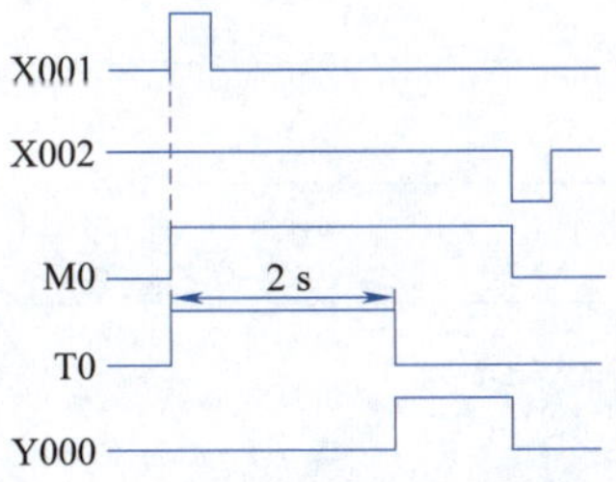

图 3-1-5　得电延时闭合时序图

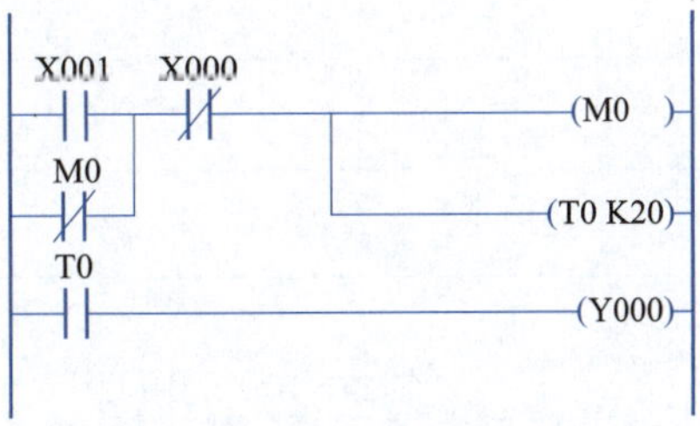

图 3-1-6　得电延时闭合梯形图

2．断电延时断开程序

当X000为ON时，Y000接通并自保，定时器T0开始得电延时，当T0断开的时间达到定时器的设定时间10 s时，Y000才由ON变为OFF，实现断电延时断开，其时序图及梯形图如图3-1-7和图3-1-8所示。

学习笔记

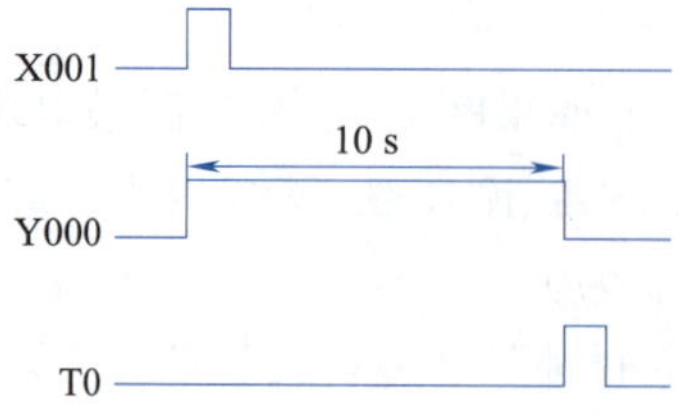

图 3-1-7　断电延时断开时序图

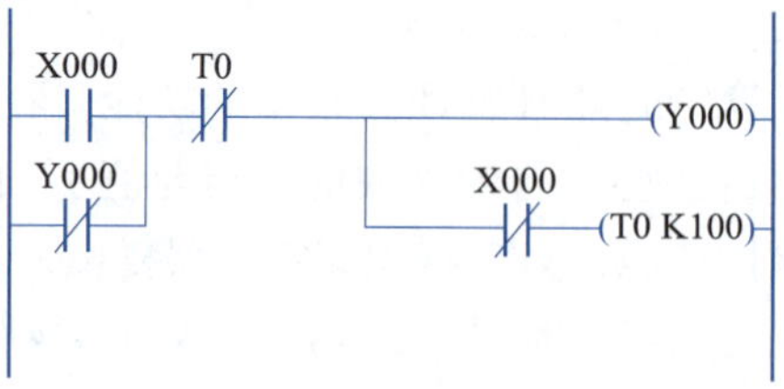

图 3-1-8　断电延时断开梯形图

3．长延时程序

FX3U系列PLC的定时器最长延时为3 276.7 s，因此，利用多个定时器组合可以实现大于3 276.7 s的延时。但几万秒甚至更长的延时，需要利用定时器与计数器的组合实现，如图3-1-9所示。

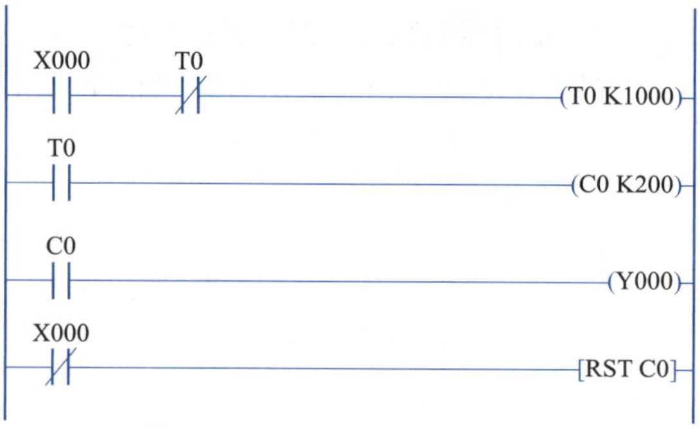

图 3-1-9　长延时程序

4．脉冲信号发生器

利用定时器指令可以方便地产生方波脉冲，而且可根据需要通过改变定时器的时间常数，灵活调节方波脉冲的占空比。可自行编制产生方波的脉冲程序，例如，利用定时器产生方波脉冲的参考程序如图3-1-10所示。

图 3-1-10　利用两个定时器产生方波脉冲的参考程序

项目实施

根据《可编程控制系统设计师国家职业标准》，应高度重视安全、环保，坚持文明生产，按技术规范完成本项目任务。

学习笔记

1. 任务分组

四人一组，分别担任项目经理、电气设计工程师、电气安装员和项目验收员角色，模拟真实PLC控制项目的实施过程。分组完成后，有序坐好，小组讨论制订组名、组训和小组Logo，营造小组凝聚力和文化氛围，并确定任务分工，项目经理完成项目分组表的填写，见表3-1-1。

表3-1-1 项目分组表

组名			小组Logo	
组训				
团队成员	学号	角色指派	职责	
		项目经理	统筹计划、进度，安排和甲方对接，解决疑难问题	
		电气设计工程师	进行电气硬件线路设计、程序设计和编程调试	
		电气安装员	进行电气配盘，配合电气设计工程师进行调试	
		项目验收员	根据任务书、评价表对项目功能、乙方表现进行打分评价	

2. 分配I/O口地址，绘制外部接线图

1）I/O口地址分配

根据控制要求，在音乐喷泉PLC控制中，有________个输入控制元件，________个输出元件，填写PLC的I/O分配表，见表3-1-2。

表3-1-2 I/O分配表

输　入		输　出	
名称	输入点编号	名称	输出点编号
启动开关SB1	X000	彩灯L1	Y000
停止开关SB2	X001	彩灯L2	Y001
		彩灯L3	Y002
		彩灯L4	Y003
		彩灯L5	Y004
		彩灯L6	Y005
		彩灯L7	Y006
		彩灯L8	Y007

2）绘制外部接线图

根据I/O分配表，绘制外部接线图，如图3-1-11所示。

3）画工作时序图

明确各输入和各输出信号之间的时序关系，将时序图划分为若干个时间区段，找出区段间的分界点，标注清楚定时器T的时间，画出各输入和输出信号的工作时序图，如图3-1-12所示。

4）设计梯形图程序

音乐喷泉PLC控制梯形图程序如图3-1-13所示。

学习笔记

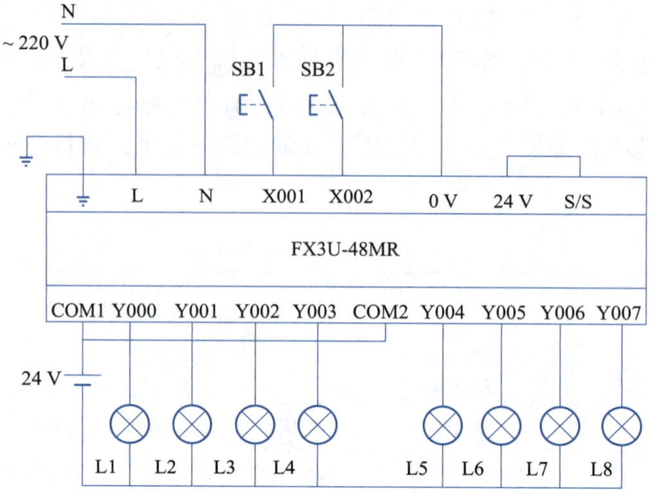

图 3-1-11　音乐喷泉 PLC 控制电路外部接线图

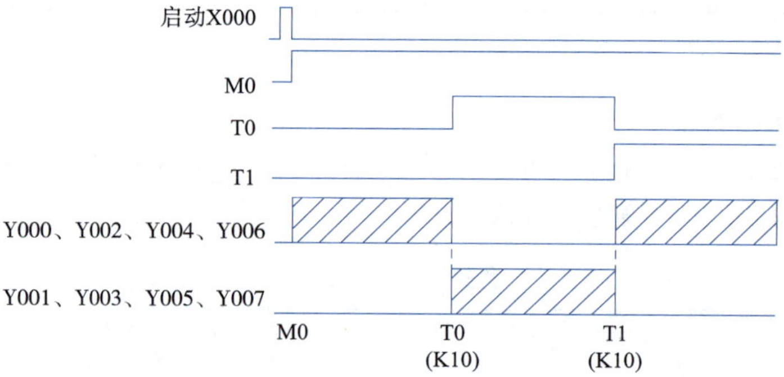

图 3-1-12　音乐喷泉 PLC 工作时序图

图 3-1-13　音乐喷泉 PLC 控制梯形图程序

学习笔记

3．安装调试系统

1）物料和工具领取

根据实验室配置，填写表3-1-3，按量领取物料和工具。

表3-1-3 领料表

序 号	物料或工具名称	型号与规格	数 量	备 注
1				
2				
3				
4				
5				
6				

2）安装电路

（1）根据外部接线图安装电路。

（2）检查电源是否已经切断，PLC 的“STOP/RUN”开关是否置于STOP。

（3）对照设计的 PLC 安装接线图安装电路，注意用电安全和电路安装规范。

（4）安装完成后，对电路进行检测。用万用表检查同节点的接线端子之间是否完全导通，检查各接线端子是否有差错。

3）联机调试

（1）通电前进行安全检查。

（2）记录调试系统注意事项。

（3）根据项目控制要求调试运行程序。

注意：通电前应进行安全检查，准确无误后才能通电。

项目评价

完成项目实施后根据学生自评、小组互评和教师评价填写项目实施评价表，见表3-1-4。

表3-1-4 项目实施评价表

评价目标	评价内容及标准	配分	学生自评	小组互评	教师评价
知识目标	会描述定时器的工作原理	5分			
	会描述定时器的动作时序图	5分			
	会描述音乐喷泉PLC控制的方法和步骤	5分			
技能目标	元器件选择不合适，每处扣1分，最多扣5分	5分			
	I/O分配不合理，每处扣1分，最多扣10分	10分			
	元器件图形、文字符号错误或不符合国家标准，每处扣1分，最多扣4分	20分			
	接线错误、漏接线，每处扣1分，最多扣4分				
	导线选择不符合规范，每处扣1分，最多扣4分				
	元器件检测是否规范，不规范每处扣1分，最多扣4分				
	仪表使用是否安全正确，每处扣1分，最多扣4分				

学习笔记

续表

评价目标	评价内容及标准	配分	学生自评	小组互评	教师评价
技能目标	程序编写不符合规范，每处扣1分，最多扣10分	20分			
	编写的程序不能达到控制要求，每处扣2分，最多扣10分				
	输入程序，不能将程序输入到PLC或程序输入错误，最多扣5分	10分			
	调试过程不符合操作规程，每处扣1分，最多扣5分				
职业素养	工具使用：工具使用适合相关操作，使用方法正确、规范，每处扣1分，最多扣3分	10分			
	操作规范：电路连接、设备调试符合工艺要求和规范，每处扣1分，最多扣7分				
	物品摆放：工具、文字书写工具等摆放在指定位置，整齐、有序、便于使用，每处扣1分，最多扣5分	10分			
	工作态度：积极完成工作任务、不怕困难，始终保持工作热情，与同伴相互合作、沟通，分工明确、协调配合，共同完成工作任务。每处扣1分，最多扣5分				
小计					
合计 =（自评30% + 互评30% + 师评40%）					

注：违反安全操作规程，造成安全事故，本项目不得分。

项目拓展

一、能力测试：喷泉“水流”状态控制

（1）设计按下启动按钮，彩灯 L1、L3、L5、L7点亮，10 s后熄灭；同时彩灯L2、L4、L6、L8点亮，10 s后熄灭，照此循环下去，直到按下停止按钮才停止。

（2）置位启动开关SD为ON时，LED指示灯依次循环显示1→2→3…→8→1、2→3、4→5、6→7、8→1、2、3→4、5、6→7、8→1、2、3、4→5、6、7、8→1、2、3、4、5、6、7、8→1→2…，模拟当前喷泉的“水流”状态。

二、学海领航：音乐喷泉喷嘴

音乐喷泉在生活中很常见，可通过精确操控水流，再配合灯光和音乐，给人带来一场震撼的水景艺术。音乐喷泉的原理基于水泵、喷嘴和灯光等组件的协同工作。其中音乐喷泉中的喷嘴（见图3-1-14）通常由许多小孔组成，而不同的水景效果，就是通过控制水流的喷射方向、高度和强度实现的。喷嘴的设计和布局是实现不同喷射效果的关键。

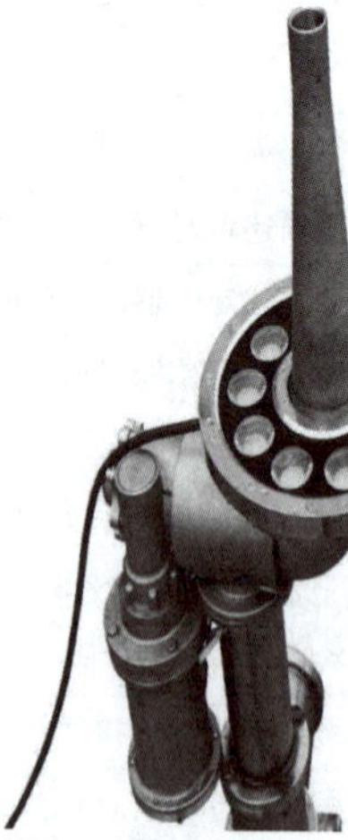

图 3-1-14　音乐喷泉喷嘴

学习笔记

项目 2　智力抢答器 PLC 控制

PLC智力抢答器是一种基于PLC技术的智能控制系统，广泛应用于各种竞赛和教育场景中，其主要功能包括抢答启动、计时、判断抢答有效性和计分等。PLC智力抢答器的设计目标是实现高效、准确的抢答过程，并提供便捷的用户操作界面。该系统通常由多个输入信号（如按钮）和多个输出信号（如指示灯和音响）组成。具体来说，每个参赛组在抢答台上设有一个按钮，当主持人按下开始按钮后，选手可以按下各自的抢答按钮进行抢答，如图3-2-1所示。

图 3-2-1　某知识竞赛抢答活动

项目目标

一、知识目标

1. 会描述七段数码控制原理；
2. 能够描述智力抢答器PLC控制的控制原理。

二、技能目标

1. 会分配I/O口，绘制系统的硬件接线图并接线；
2. 能够使用七段数码控制原理编写智力抢答器程序；
3. 在项目实施过程中，通过小组讨论和项目评价，反思学习过程，识别问题并提出改进措施。

三、素养目标

1. 社会主义核心价值观中的公正是课程的题眼，通过智力抢答器是在利用技术手段实现公正的手段；
2. 通过设计智力抢答器PLC控制系统的学习，建立职业自信和精益求精的工匠精神。

学习笔记

项目描述

知识竞赛智力抢答器PLC控制系统的控制要求如下：

（1）系统初始上电后，主控人员在总控制台上按“开始”按钮后，允许各队人员开始抢答，即各队抢答按钮有效。

（2）抢答过程中，1～4队中的任何一队抢先按下各自的抢答按钮（S1、S2、S3、S4）后，LED数码显示系统显示当前的队号，并且其他队的人员继续抢答无效。

（3）主控人员确认抢答状态后，按“复位”按钮，系统又继续允许各队人员开始抢答；直至又有一队抢先按下各自的抢答按钮。

一、项目分析

当主持人宣布“开始”，数码管的七段码开始对应显示相应的数字，主持人按下开始抢答按钮后，选手按动桌上的抢答按钮开始抢答，数码管显示最先按下抢答按钮的组号，这个组获得答题机会，并开始答题。主持人按下复位按钮，数码管和指示灯熄灭，抢答器恢复原始状态，即可进行下一题的抢答。如何正确显示四组抢答器以及保证数码管的实时显示，需要按照时间的顺序进行合理的编制和调试。

二、项目引导

1．日常生活中有哪些场景需要抢答器？

____

____

____

____

2．四组智力抢答器控制多少个I/O口？

____

____

____

____

3．七段数码控制如何实现数字显示？

____

____

____

____

知识链接

七段数码控制面板图如图3-2-2所示。从 LED 数码管的结构可以看出，点亮不同段的发光二极管即可构成不同的字符。例如，当 b、c段被点亮时，显示数字1；当a、b、c段被点亮时，显示数字7；当 a~g 段都被点亮时，显示数字8。

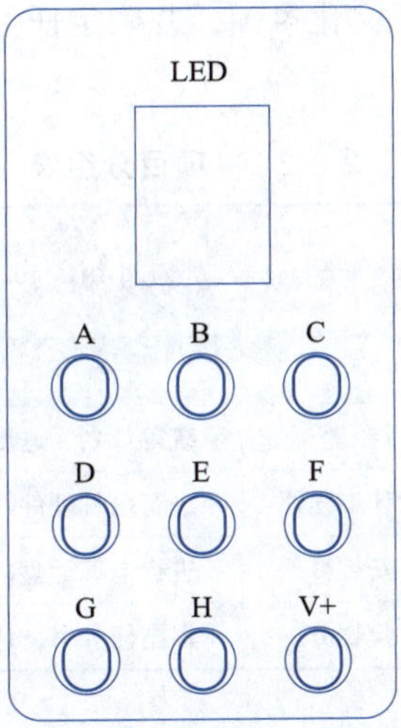

图 3-2-2　七段数码控制面板图

连接电路时，将 PLC 的八个输出继电器分别与LED数码管的八个段引脚对应连接（如Y000～Y007分别对应连接八个段引脚），当Y000～Y007分别处于ON状态时，即可驱动数码管的不同段发光，从而显示不同的数字，具体显示字形与PLC输出对应见表3-2-1。

表3-2-1　显示字形与PLC输出对应表

字　形	dp	g	f	e	d	c	b	a
	Y007	Y006	Y005	Y004	Y003	Y002	Y001	Y000
0	0	0	1	1	1	1	1	1
1	0	0	0	0	0	1	1	0
2	0	1	0	1	1	0	1	1
3	0	1	0	0	1	1	1	1
4	0	1	1	0	0	1	1	0
5	0	1	1	0	1	1	0	1
6	0	1	1	1	1	1	0	0
7	0	0	0	0	0	1	1	1
8	0	1	1	1	1	1	1	1
9	0	1	1	0	0	1	1	1

项目实施

根据《可编程控制系统设计师国家职业标准》，应高度重视安全、环保，坚持文明生产，按技术规范完成本项目任务。

1．任务分组

四人一组，分别担任项目经理、电气设计工程师、电气安装员和项目验收员角色，模拟真实 PLC 控制项目的实施过程。分组完成后，有序坐好，小组讨论制订组名、组训

学习笔记

和小组 Logo，营造小组凝聚力和文化氛围，并确定任务分工，项目经理完成项目分组表的填写，见表3-2-2。

表3-2-2 项目分组表

<table>
<tr><td>组名</td><td colspan="2"></td><td rowspan="2">小组Logo</td><td rowspan="2"></td></tr>
<tr><td>组训</td><td colspan="2"></td></tr>
<tr><td>团队成员</td><td>学号</td><td>角色指派</td><td colspan="2">职责</td></tr>
<tr><td></td><td></td><td>项目经理</td><td colspan="2">统筹计划、进度，安排和甲方对接，解决疑难问题</td></tr>
<tr><td></td><td></td><td>电气设计工程师</td><td colspan="2">进行电气硬件线路设计、程序设计和编程调试</td></tr>
<tr><td></td><td></td><td>电气安装员</td><td colspan="2">进行电气配盘，配合电气设计工程师进行调试</td></tr>
<tr><td></td><td></td><td>项目验收员</td><td colspan="2">根据任务书、评价表对项目功能、乙方表现进行打分评价</td></tr>
</table>

2．分配I/O口地址，绘制外部接线图

1）I/O口地址分配

根据控制要求，在智力抢答器PLC控制中，有________个输入控制元件，________个输出元件，并填写PLC的I/O分配表，见表3-2-3。

素材

智力抢答器PLC控制I/O分配表

表3-2-3 I/O分配表

输入		输出	
名称	输入点编号	名称	输出点编号

2）绘制外部接线图

根据I/O分配表，绘制外部接线图。

素材

智力抢答器PLC控制电路外部接线图

3）设计梯形图程序

学习笔记

素材

智力抢答器PLC控制梯形图程序

3. 安装调试系统

1）物料和工具领取

根据实验室配置，填写表3-2-4，按量领取物料和工具。

表3-2-4　领料表

序　号	物料或工具名称	型号与规格	数　量	备　注
1				
2				
3				
4				
5				
6				

2）安装电路

（1）根据外部接线图安装电路。

（2）检查电源是否已经切断，PLC 的“STOP/RUN”开关是否置于STOP。

（3）对照设计的 PLC 安装接线图安装电路，注意用电安全和电路安装规范。

（4）安装完成后，对电路进行检测。用万用表检查同节点的接线端子之间是否完全导通，检查各接线端子是否有差错。

3）联机调试

（1）通电前进行安全检查。

（2）记录调试系统注意事项。

（3）根据项目控制要求调试运行程序。

注意： 通电前应进行安全检查，准确无误后才能通电。

项目评价

完成项目实施后根据学生自评、小组互评和教师评价填写项目实施评价表，见表3-2-5。

表3-2-5　项目实施评价表

评价目标	评价内容及标准	配分	学生自评	小组互评	教师评价
知识目标	会描述七段数码工作原理	5分			
	会描述七段数码控制原理	5分			
	会描述智力抢答器PLC控制原理	5分			
技能目标	元器件选择不合适，每处扣1分，最多扣5分	5分			
	I/O分配不合理，每处扣1分，最多扣10分	10分			
	元器件图形、文字符号错误或不符合国家标准，每处扣1分，最多扣4分	20分			
	接线错误、漏接线，每处扣1分，最多扣4分				
	导线选择不符合规范，每处扣1分，最多扣4分				
	元器件检测是否规范，不规范每处扣1分，最多扣4分				
	仪表使用是否安全正确，每处扣1分，最多扣4分				
	程序编写不符合规范，每处扣1分，最多扣10分	20分			
	编写的程序不能达到控制要求，每处扣2分，最多扣10分				
	输入程序，不能将程序输入到PLC或程序输入错误，最多扣5分	10分			
	调试过程不符合操作规程，每处扣1分，最多扣5分				
职业素养	工具使用：工具使用适合相关操作，使用方法正确、规范，每处扣1分，最多扣3分	10分			
	操作规范：电路连接、设备调试符合工艺要求和规范，每处扣1分，最多扣7分				
	物品摆放：工具、文字书写工具等摆放在指定位置，整齐、有序、便于使用，每处扣1分，最多扣5分	10分			
	工作态度：积极完成工作任务、不怕困难，始终保持工作热情，与同伴相互合作、沟通，分工明确、协调配合，共同完成工作任务。每处扣1分，最多扣5分				
小计					
合计=（自评30%+互评30%+师评40%）					

注：违反安全操作规程，造成安全事故，本项目不得分。

项目拓展

一、能力测试：水塔水位控制

水塔水位控制图如图3-2-3所示。

其中各限位开关的定义如下：

S1定义为水塔水位上部传感器（ON：液面已到水塔上限位；OFF：液面未到水塔上限位）。

S2定义为水塔水位下部传感器（ON：液面已到水塔下限位；OFF：液面未到水塔下限位）。

学习笔记

S3定义为水池水位上部传感器（ON：液面已到水池上限位；OFF：液面未到水池上限位）。

S4定义为水池水位下部传感器（ON：液面已到水池下限位；OFF：液面未到水池下限位）。

水塔水位的控制原理如下：

（1）当水位低于S4时，阀Y开启，系统开始向水池中注水，5 s后如果水池中的水位还未达到S4，则Y指示灯闪亮，系统报警。

（2）当水池中的水位高于S3、水塔中的水位低于S2时，则电动机M开始运转，水泵开始由水池向水塔抽水。

（3）当水塔中的水位高于S1时，电动机M停止运转，水泵停止向水塔抽水。

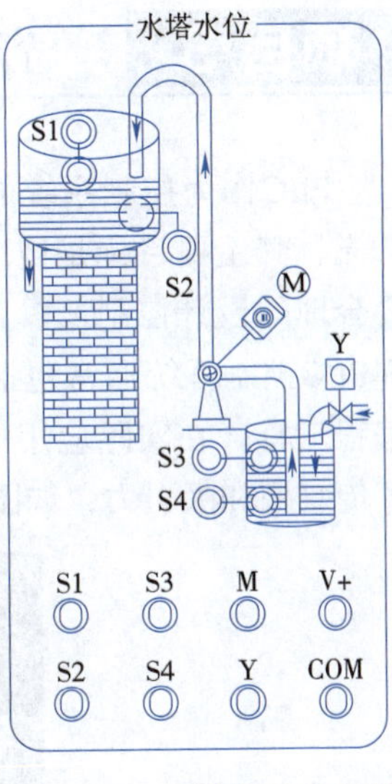

图 3-2-3　水塔水位控制图

二、学海领航：七段数码管应用

七段数码管是一种常见的数字显示组件，广泛应用于各种电子设备和系统中。其主要应用领域如下：

（1）数字时钟。七段数码管可以用于显示时间，是数字时钟的重要组成部分。

（2）电子秤。在电子秤上，七段数码管用于显示质量信息，具有直观、醒目的特点。

（3）计算机和其他电子设备。在计算机和其他电子设备中，七段数码管常用于显示数值、状态等信息。

（4）工业控制。在工业控制系统中，七段数码管用于显示温度、数量、质量、日期、时间等参数，具备显示醒目、直观的优点。

（5）智能家居。单片机控制的七段数码管在智能家居系统中也有广泛应用，如用于显示家电的状态或操作提示。

（6）医疗设备。在医疗设备中，七段数码管用于显示患者数据、设备状态等重要信息。

（7）销售终端和办公设备。在销售终端和办公设备中，七段数码管用于显示交易信息、统计数据等。

（8）可穿戴设备。在可穿戴设备中，七段数码管可以显示时间、步数、心率等健康监测数据。

此外，七段数码管还可以通过特定的集成电路控制，如BCD七段译码器（如74LS48），将BCD码转换为十进制数并在数码管上显示。这种集成化的设计使得七段数码管更加方便地与单片机等微控制器配合使用，进一步扩展了其应用范围。

尽管LCD和OLED屏幕在某些场景下替代了数码管的应用，但数码管因其成本低、适应恶劣环境能力强等优点，在许多场合仍然占据重要地位。例如，在地下车库照明设计中，LED灯管被用于提供高光效和高照度的照明方案。

总之，七段数码管凭借其简单易用、成本低廉、寿命长等优势，在多个领域得到了广泛应用，并且随着技术的发展，其应用范围还在不断扩展。

学习笔记

项目 3 广告牌 PLC 控制

PLC作为控制系统的核心，负责接收和处理输入信号，并输出指令控制广告牌上的灯光，其主要目标是使广告灯能按照设定的模式自动闪烁，无须人工干预。这种设计需要合理的设计控制逻辑，确保灯光的闪烁效果既能吸引观众，又能达到宣传目的。广告牌PLC控制系统通常包括PLC设备、外围设备（如传感器、继电器等），以及相应的软件编程工具。在实际应用中，PLC可以实现多种灯光效果和亮度调节，从而提升广告牌的宣传效果和吸引力，如图3-3-1所示。

图 3-3-1　某广告牌宣传栏

项目目标

一、知识目标

1. 了解辅助寄存器的功能及应用；
2. 了解启停过程中定时器的时间控制；
3. 能够描述广告牌PLC控制的方法和步骤。

二、技能目标

1. 会应用三菱FX系列PLC定时器和内部辅助寄存器进行广告牌的程序设计；
2. 熟练掌握各技能训练的控制要求，能够应用时序图实现自动控制；
3. 会使用仪表对电路进行检测，具备对广告牌控制的调试能力。

三、素养目标

1. 通过小组合作，使学生认同团队精神和合作意识的重要性，以及在职业活动中坚持安全、环保和文明生产的价值；

2. 在不断调试和完善程序设计的过程中，使学生体会到精益求精的工匠精神；

学习笔记

3．通过对专业知识的深刻理解和对专业技能的熟练掌握，形成对工程实践的尊重和对创新的追求。

项目描述

设计一个广告牌PLC控制系统，该广告牌有八个边框饰灯L1～L8，当广告牌开始工作时，饰灯每隔1 s从L1到L8依次正序轮流点亮，又从L8到L1依次反序每隔1 s轮流点亮，重复循环，再按正序轮流点亮，重复上述过程。当按停止按钮时，停止工作。

一、项目分析

通过PLC控制广告牌，利用PLC辅助继电器M可以控制广告牌上的文字或图像内容，并控制彩灯的颜色和亮度实现不同的视觉效果，在某些广告牌设计中，还包含了旋转机构，使广告牌能够间歇性地旋转，展示不同面的内容，这种设计不仅增加了广告的曝光率，还能避免视角遮挡的问题。为了达到最佳的视觉效果，广告牌的设计需要考虑多个因素，如色彩运用、简洁明了的设计元素、适宜的字体大小等。此外，PLC还可以根据不同的环境光线和观看角度调整广告内容的显示方式，以确保在各种条件下都能获得最佳的视觉效果。

二、项目引导

1．日常生活中，有哪些地方会见到广告牌？

____

____

____

____

2．在设计广告牌PLC控制系统时，如何从电工方面考虑安全性和稳定性？

____

____

____

____

3．在进行系统调试时，应该关注哪些关键的性能指标？

____

____

____

____

知识链接

一、辅助继电器M

1．定义

辅助继电器和输出继电器一样，由程序驱动，每个辅助继电器也有无数对常开、常闭触点供编程使用，其作用相当于继电器控制线路中的中间继电器。辅助继电器的接点

学习笔记

在PLC内部编程时可以任意使用，但它不能直接驱动负载，外部辅助必须由输出继电器的输出接点驱动。

2．类型

辅助继电器分为以下三种类型：

1）通用辅助继电器（M0 ~ M499）

共500点，没有断电保持功能。PLC上电前，所有通用辅助继电器均自动复位为OFF状态；上电时，除了因外部输入信号而变为ON状态的通用辅助继电器以外，其余均保持OFF状态；上电后状态则由输入信号决定。

2）掉电保持辅助继电器（M500 ~ M3071）

共2 572点，PLC断电时，PLC内部的锂电池将掉电保持辅助继电器状态保持在相应的影像寄存器中；重新上电后，再从影像寄存器中调入断电时的状态并在该基础上继续工作。M500 ~ M1023可以由软件将其设定为通用辅助继电器。

3）特殊辅助继电器（M8000 ~ M8255）

共256点，用于PLC的特殊状态，具有各自特殊的功能，如提供时钟脉冲和标注、设定PLC运行方式，或用于步进顺序等。

（1）只能利用其触点的特殊辅助继电器，线圈由PLC自动驱动，用户只能利用其触点。

M8000——运行监控用，PLC运行时接通。

M8001——运行监控用，PLC停止运行时接通。

M8002——仅在运行开始瞬间接通的初始脉冲特殊辅助继电器，可用其常开触头初始化断电保持继电器。

M8011——PLC上电后，产生10 ms时钟脉冲。

M8012——PLC上电后，产生100 ms时钟脉冲。

M8013——PLC上电后，产生1 s时钟脉冲。

M8014——PLC上电后，产生1 min时钟脉冲。

（2）可驱动线圈型特殊辅助继电器，可在用户激励线圈后，使PLC作特定动作。

M8030——线圈通电后，表示电池电压降低的发光二极管。

M8033——PLC停止时输出保持特殊辅助继电器。

M8034——禁止全部输出特殊辅助继电器，即所有外部输出均为OFF状态时，PLC程序仍正常执行。

M8039——定时扫描特殊辅助继电器。

例如，如图3-3-2所示，如果X000有输入，则输出Y000是什么？

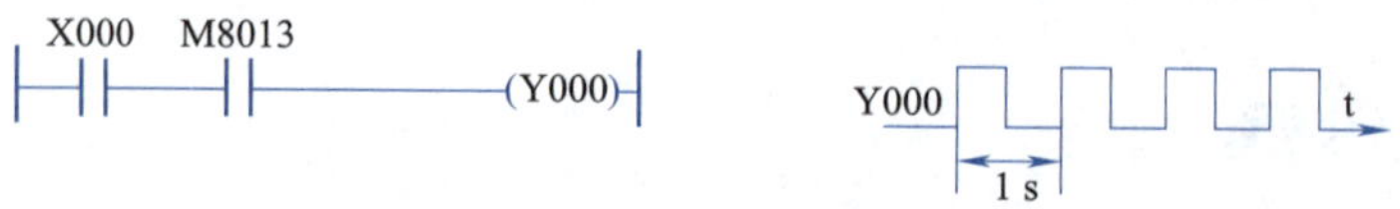

图 3-3-2　M8013 辅助继电器程序

解：X000=1，Y000=M8013，M8013输出是周期为1 s的时钟脉冲。

又如，如图3-3-3所示，X000对应按钮为输入时，如何只按一下就使Y000一直输出？

学习笔记

图 3-3-3 M0 辅助继电器启保停电路

解：X000=1，M0=1，M0保持接通，则Y000一直输出。

项目实施

根据《可编程控制系统设计师国家职业标准》，应高度重视安全、环保，坚持文明生产，按技术规范完成本项目任务。

1．任务分组

四人一组，分别担任项目经理、电气设计工程师、电气安装员和项目验收员角色，模拟真实 PLC 控制项目的实施过程。分组完成后，有序坐好，小组讨论制订组名、组训和小组 Logo，营造小组凝聚力和文化氛围，并确定任务分工，项目经理完成项目分组表的填写，见表 3-3-1。

表3-3-1 项目分组表

<table>
<tr><td>组名</td><td colspan="2"></td><td rowspan="2">小组Logo</td><td rowspan="2"></td></tr>
<tr><td>组训</td><td colspan="2"></td></tr>
<tr><td>团队成员</td><td>学号</td><td>角色指派</td><td colspan="2">职责</td></tr>
<tr><td></td><td></td><td>项目经理</td><td colspan="2">统筹计划、进度，安排和甲方对接，解决疑难问题</td></tr>
<tr><td></td><td></td><td>电气设计工程师</td><td colspan="2">进行电气硬件线路设计、程序设计和编程调试</td></tr>
<tr><td></td><td></td><td>电气安装员</td><td colspan="2">进行电气配盘，配合电气设计工程师进行调试</td></tr>
<tr><td></td><td></td><td>项目验收员</td><td colspan="2">根据任务书、评价表对项目功能、乙方表现进行打分评价</td></tr>
</table>

2．分配I/O口地址，绘制外部接线图

1）I/O口地址分配

根据控制要求，在广告牌PLC控制中，有________个输入控制元件，________个输出元件，填写PLC的I/O分配表，见表3-3-2。

表3-3-2 I/O分配表

输　入		输　出	
名称	输入点编号	名称	输出点编号

素材

广告牌PLC控制I/O分配表

学习笔记

2）绘制外部接线图

根据I/O分配，绘制外部接线图。

素材

广告牌PLC控制外部接线图

3）画工作时序图

明确各输入和各输出信号之间的时序关系，将时序图划分为若干个时间区段，找出区段间的分界点，标注清楚定时器T的时间，画出各输入和输出信号的工作时序图。

素材

广告牌PLC控制工作时序图

4）设计梯形图程序

素材

广告牌PLC控制梯形图程序

3．安装调试系统

1）物料和工具领取

根据实验室配置，填写表3-3-3，按量领取物料和工具。

表3-3-3　领料表

序　号	物料或工具名称	型号与规格	数　量	备　注
1				
2				
3				
4				
5				
6				

2）安装电路

（1）根据外部接线图安装电路。

（2）检查电源是否已经切断，PLC 的“STOP/RUN”开关是否置于STOP。

（3）对照设计的 PLC 安装接线图安装电路，注意用电安全和电路安装规范。

（4）安装完成后，对电路进行检测。用万用表检查同节点的接线端子之间是否完全导通，检查各接线端子是否有差错。

3）联机调试

（1）通电前进行安全检查。

（2）记录调试系统注意事项。

（3）根据项目控制要求调试运行程序。

注意：通电前应进行安全检查，准确无误后才能通电。

项目评价

完成项目实施后根据学生自评、小组互评和教师评价填写项目实施评价表，见表3-3-4。

表3-3-4　项目实施评价表

评价目标	评价内容及标准	配分	学生自评	小组互评	教师评价
知识目标	会描述辅助寄存器的功能及应用	5分			
	会描述启停过程中定时器的时间控制	5分			
	会描述广告牌PLC控制的方法和步骤	5分			
技能目标	元器件选择不合适，每处扣1分，最多扣5分	5分			
	I/O分配不合理，每处扣1分，最多扣10分	10分			
	元器件图形、文字符号错误或不符合国家标准，每处扣1分，最多扣4分	20分			
	接线错误、漏接线，每处扣1分，最多扣4分				
	导线选择不符合规范，每处扣1分，最多扣4分				
	元器件检测是否规范，不规范每处扣1分，最多扣4分				
	仪表使用是否安全正确，每处扣1分，最多扣4分				

学习笔记

续表

评价目标	评价内容及标准	配分	学生自评	小组互评	教师评价
技能目标	程序编写不符合规范，每处扣1分，最多扣10分	20分			
	编写的程序不能达到控制要求，每处扣2分，最多扣10分				
	输入程序，不能将程序输入到PLC或程序输入错误，最多扣5分	10分			
	调试过程不符合操作规程，每处扣1分，最多扣5分				
职业素养	工具使用：工具使用适合相关操作，使用方法正确、规范，每处扣1分，最多扣3分	10分			
	操作规范：电路连接、设备调试符合工艺要求和规范，每处扣1分，最多扣7分				
	物品摆放：工具、文字书写工具等摆放在指定位置，整齐、有序、便于使用，每处扣1分，最多扣5分	10分			
	工作态度：积极完成工作任务、不怕困难，始终保持工作热情，与同伴相互合作、沟通，分工明确、协调配合，共同完成工作任务。每处扣1分，最多扣5分				
小计					
合计 =（自评30% + 互评30% + 师评40%）					

注：违反安全操作规程，造成安全事故，本项目不得分。

项目拓展

一、能力测试：按钮式人行道交通灯

按钮式人行道交通灯工作原理图如图3-3-4所示，在正常情况下，汽车通行，即Y003绿灯亮，Y005红灯亮；当行人想过马路时，按下按钮X000（或X001），主干道交通灯变化为：绿（5 s）→绿闪（3 s）→黄（3 s）→红（20 s），当主干道红灯亮时，人行道从红灯亮变为绿灯亮，15 s后，人行道绿灯开始闪烁，闪烁5 s后变为主干道绿灯亮，人行道红灯亮。

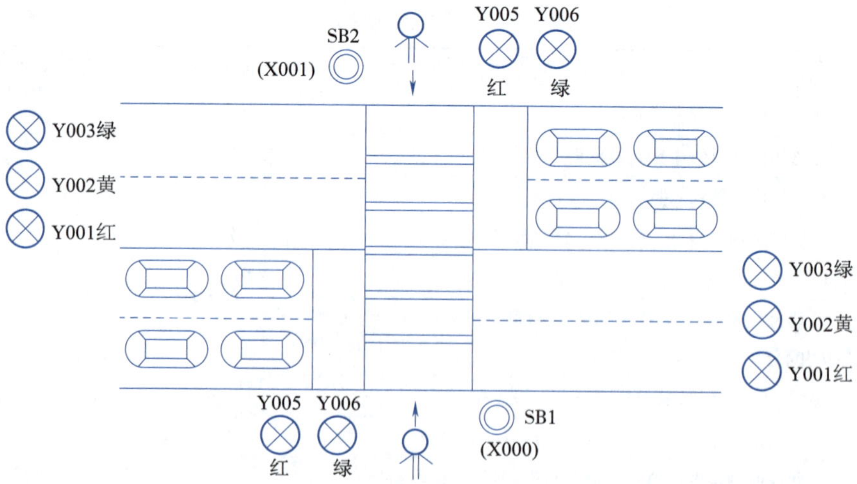

图 3-3-4 按钮式人行道交通灯

学习笔记

二、学海领航：LED灯光

随着社会经济的发展和生活水平的提高，人们对商业空间的要求也越来越高。照明是室内空间的重要组成部分之一，灯光设计能够吸引和引导消费者的目光。通过对空间光环境的塑造，塑造出引人入胜的展示空间和展示形象，采用多种照明手法展示主题形象，让人产生联想，唤起消费者的共鸣，建立与消费者互通的情感交流。

LED灯（见图3-3-5）是一块电致发光的半导体材料芯片，用银胶或白胶固化到支架上，然后用银线或金线连接芯片和电路板，四周用环氧树脂密封，起到保护内部芯线的作用，最后安装外壳，所以LED灯的抗振性能好。

图 3-3-5 LED 灯

LED灯的发展经历了从早期的实验研究到现代广泛应用的过程。随着技术的不断进步和市场需求的变化，LED灯在节能环保、寿命长、色彩丰富等方面的优势使其成为照明领域的主流选择。尽管面临市场竞争和技术挑战，但新兴应用场景的不断涌现为LED灯的未来发展提供了广阔的空间。

匠人匠心——精心构筑，大胆创新

揭阳音乐喷泉与广州塔

揭阳音乐喷泉（见图 3-3-6）投资 3 000 多万元、历时近半年建设而成，是国内最高、最长的江上音乐喷泉。其工程的设计方案，突破了国内外传统的喷泉技术，将景观工程与先进的时代文化和超前的艺术理念、浓郁的地方文化特色进行有机融合，精心构筑，大胆创新，创造了五项“中国第一”：首先是“高度第一”，揭阳音乐喷泉设计主喷 188 m，实际高度 191.25 m，是国内第一高度，超越了河源新丰江音乐喷泉的 169 m；其次是“浮台面积第一”，喷泉漂浮平台长 290 m，中间最宽 45 m，上下两层面积共 14 400 m^2，为世界最大面积浮体平台；第三是“综合技术水平第一”；第四是“跑泉气势第一”；第五是“第一个江心漂浮平台喷泉”。

学习笔记

图 3-3-6　揭阳音乐喷泉

广州塔（见图 3-3-7）又称广州新电视塔，位于中国广州市海珠区赤岗塔附近，广州塔塔身主体高 454 m，天线桅杆高 146 m，总高度 600 m，是世界上最高的广播电视观光塔。新电视塔建设工程，是广州的新地标、新形象，有助于提升广州的文化设施水平。广州塔于 2010 年加入世界高塔联盟，并作为重要一员活跃其中，积极发起、参与了多场国际交流活动，借迷人身姿和璀璨灯光向世界讲述广州故事、中国故事。

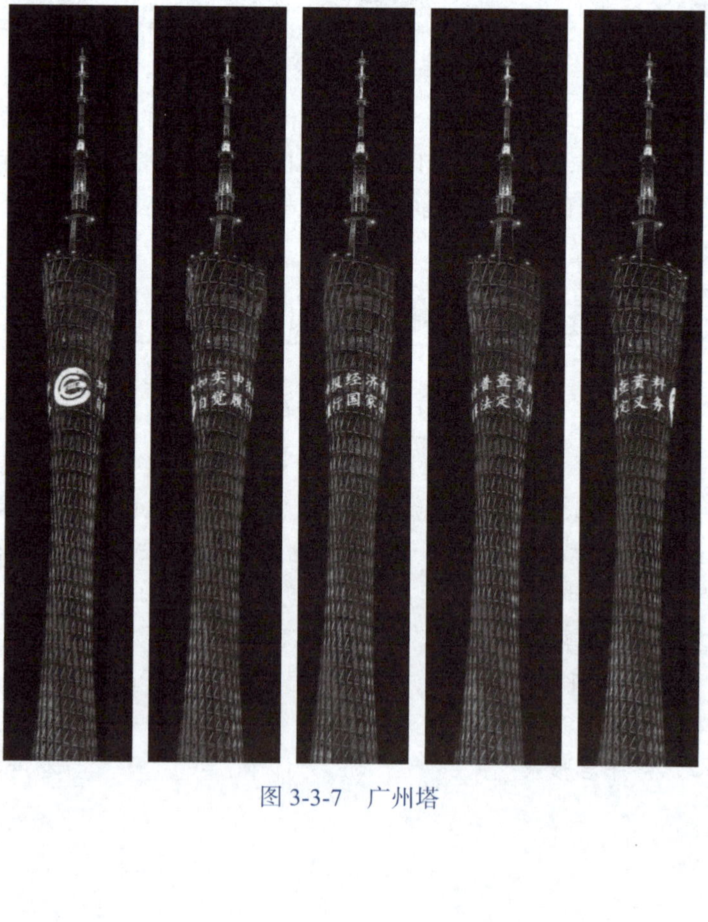

图 3-3-7　广州塔

模块四

顺序控制应用

学习笔记

引言

顺序功能图（SFC）采用IEC标准，可用于编制复杂的顺序控制（顺控）程序，是描述控制系统的控制过程、功能和特性的图形，也是设计顺序控制程序的重要工具。利用这种先进的编程方法，初学者较容易编出复杂的顺控程序，大大提高了工作效率，也为调试、试运行带来许多方便。

本模块主要介绍FX系列PLC的步进指令编程方法、SFC语言编程方法、单序列顺序控制、选择序列顺序控制、并行序列顺序控制编程方法。顺序功能图编程是“1+X”电工技师（二级）职业技能标准中“可编程控制系统编程与维护”的重要知识点和技能点。对标电工技师和《可编程控制系统集成及应用职业技能等级标准》中“控制器程序开发（中级）”工作岗位的职业技能需求和工作规范，将其岗位学习任务分解为三个项目。通过项目引导→任务驱动→“教、学、做”一体化的行动导向教学设计，使学生了解顺序功能图的组成和分类，掌握顺序功能图编程的常用方法，能熟练使用顺序功能图的其中一种编程方法编写较为复杂的顺控程序并完成硬件接线和程序调试。

思维导图

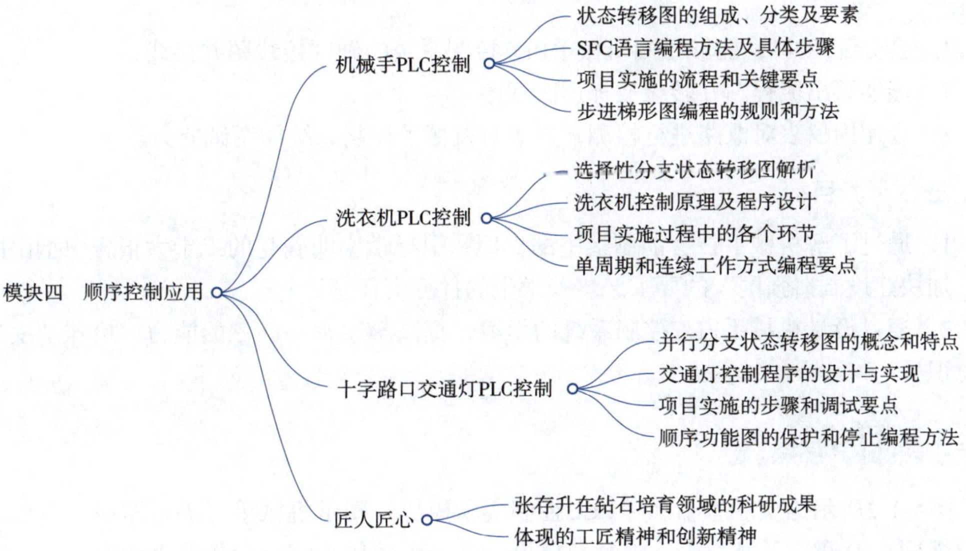

学习笔记

项目 1　机械手 PLC 控制

机械手是在机械化、自动化生产过程中发展起来的一种新型装置，其特点是可通过编程完成各种预期的作业任务，在构造和性能上兼有人和机器各自的优点，尤其体现了人的智能和适应性。首先，它可取代大部分的人工操作，减少工人的数量，降低生产成本；其次，它可以严格按照生产工艺的要求进行操作，减少了人工不可避免的误差，在对物料进行传送和装卸时，按照预先规定好的程序、时间和位置进行生产；第三，它可以对机器进行焊接和装配，焊接是一项对人体伤害比较大的工作，使用机械手臂可以改善工人的劳动条件，使工人远离劳动现场，并且可以提高劳动生产率，目前的装配生产线上也大量使用机械手臂，减轻了工人的劳动强度。

图4-1-1所示为工业生产使用的机械手实物图。

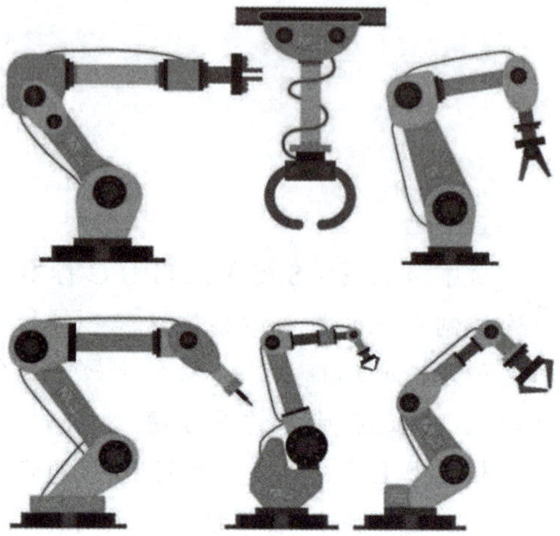

图 4-1-1　工业生产使用的机械手实物图

项目目标

一、知识目标

1. 了解状态转移图的组成和分类；
2. 掌握SFC语言的编程方法。

二、技能目标

1. 会分配I/O口，能够绘制机械手PLC控制系统的硬件接线图并接线；
2. 能够写出流程图并转化成梯形图程序；
3. 会使用仪表对电路进行检测，具备对机械手控制系统的调试能力。

三、素养目标

1. 通过了解机械手在智能制造中的作用，引导学生明确党的二十大报告中指出的关于“加快建设制造强国”的要求，培养学生的社会责任感；

2. 通过设计机械手PLC控制系统的学习，提高学生举一反三的能力，培养学生的创新意识。

项目描述

图4-1-2所示为实验室机械手PLC控制实验模块，图示机械手可进行左摆、右摆、伸出、缩回、上升、下降、手爪夹紧和放松八个自由动作。每个动作能否动作到位，都由相应的限位开关进行判断，分别是左限位开关、右限位开关、伸出限位开关、缩回限位

学习笔记

开关、上升限位开关、下降限位开关和手爪加紧限位开关。

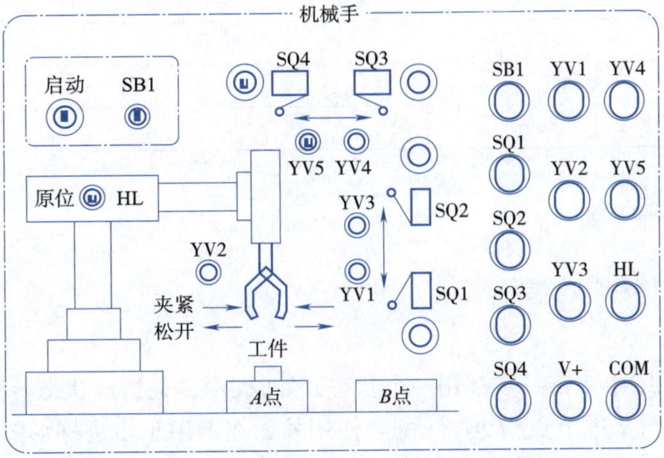

图 4-1-2　实验室机械手 PLC 控制系统实验模块

一般机械手的控制要求如下：

（1）机械手初始位置应处于手爪放松、上升、缩回、左摆状态。若机械手不在初始位置，则系统不能开始工作，需手动复位机械手。

（2）当按下启动按钮后，机械手需从左下前方的位置*A*处夹取货物至右下前方的位置*B*处。在机械手运行过程中，考虑到安全规范，按下列步骤进行动作：悬臂伸出→手臂下降→气爪将货物夹紧1 s→手臂上升→悬臂缩回→转动至右侧极限位置→悬臂伸出→手臂下降→气爪放松，将货物放到位置*B*处，1 s后，自行回到初始位置。

（3）按下停止按钮后，机械手完成此次货物搬运并停于初始位置。考虑到机械手运行过程中的突发情况，特设定一急停按钮，在任何情况下拍下急停按钮，机械手停止动作。松开急停按钮后，接急停前的动作继续进行。

一、项目分析

分析控制要求可知，机械手按任务要求顺序执行动作并不复杂，但在完成过程中需思路清晰，应注意初始状态中初始位置条件的设定、停止时如何完成当前循环后停止以及急停的处理。

二、项目引导

1．举例说明机械手在工业生产中的应用。

2．分析机械手的工作流程。

学习笔记

3．状态流程图编程法和时序控制编程法有什么区别？

知识链接

一、状态元件和状态转移图

1．状态元件

在 FX系列PLC中，每一步都用一个状态元件S表示，是构成状态转移图的基本元素。状态继电器除了与步进节点指令STL配合使用外，在不用于步进梯形图指令时，也可以作为一般的辅助继电器使用，其触点在PLC梯形图中可以无限次使用。FX系列PLC状态元件的分类、编号、数量及用途见表4-1-1。

表4-1-1　FX2N系列PLC的状态元件

类　别	编　号	数　量	用　途
初始状态	S0 ~ S9	10点	用于SFC图的初始状态
原点回归	S10 ~ S19	10点	在使用STL指令时，用于返回原点的状态
通用状态	S20 ~ S499	480点	用于SFC图的中间状态
停电保持	S500 ~ S899	400点	具有停电保持功能，停电后再启动，可继续执行
信号报警	S900 ~ S999	100点	用于信号报警和故障诊断

2．状态转移图

状态转移图是一种用状态继电器S进行表示的顺序功能图，是FX系列PLC专门用于编制顺序控制程序的一种语言。

1）状态转移图的三要素

状态转移图有步、转移方向和转移条件三个要素。

根据控制系统输出状态的变化，将一个工作周期划分为若干个相连的阶段，这些阶段称为步。步是控制过程的一个特定状态，分为初始步和工作步。初始步表示一个控制系统的初始状态，用双线框表示。一个控制系统必须有一个初始步，但可以没有具体要完成的动作。工作步完成一个或多个特定的动作，用单线框表示。

步与步之间用有向线段连接，表示状态转移的方向。当转移方向从上至下、从左至右时，箭头可以省略。

在有向线段上用一个或多个小短横线表示一个或多个转移条件。当条件满足时，可以实现由上一步转移到下一步的控制，称为步进控制，当前正在被执行的步称为活动步。

2）状态转移的实现

在状态转移图中，步与步之间的状态转移需要同时满足两个条件：一是上一步必须是活动步；二是相应的转移条件必须得到满足。当转移实现时，下一步变为活动步，而上一步变为非活动步。当步处于活动状态时，相应的动作被执行。如果该动作是保持型的，则在该步变为非活动步时，仍继续执行该动作；如果动作是非保持型的，则在该步变为非活动步时，停止执行该动作。

注意：相邻两个步不能直接相连，必须用一个转换将它们隔开；两个转换也不能直接相连，必须用一步将它们隔开。

3）状态转移图的形式

状态转移图可以分为单流程、选择性分支和并行性分支三种形式。本项目主要学习单流程状态转移图。

（1）单流程状态转移图是指状态转移只有一种顺序，编程较为简单，是状态转移图的基本形式，如图4-1-3（a）所示。

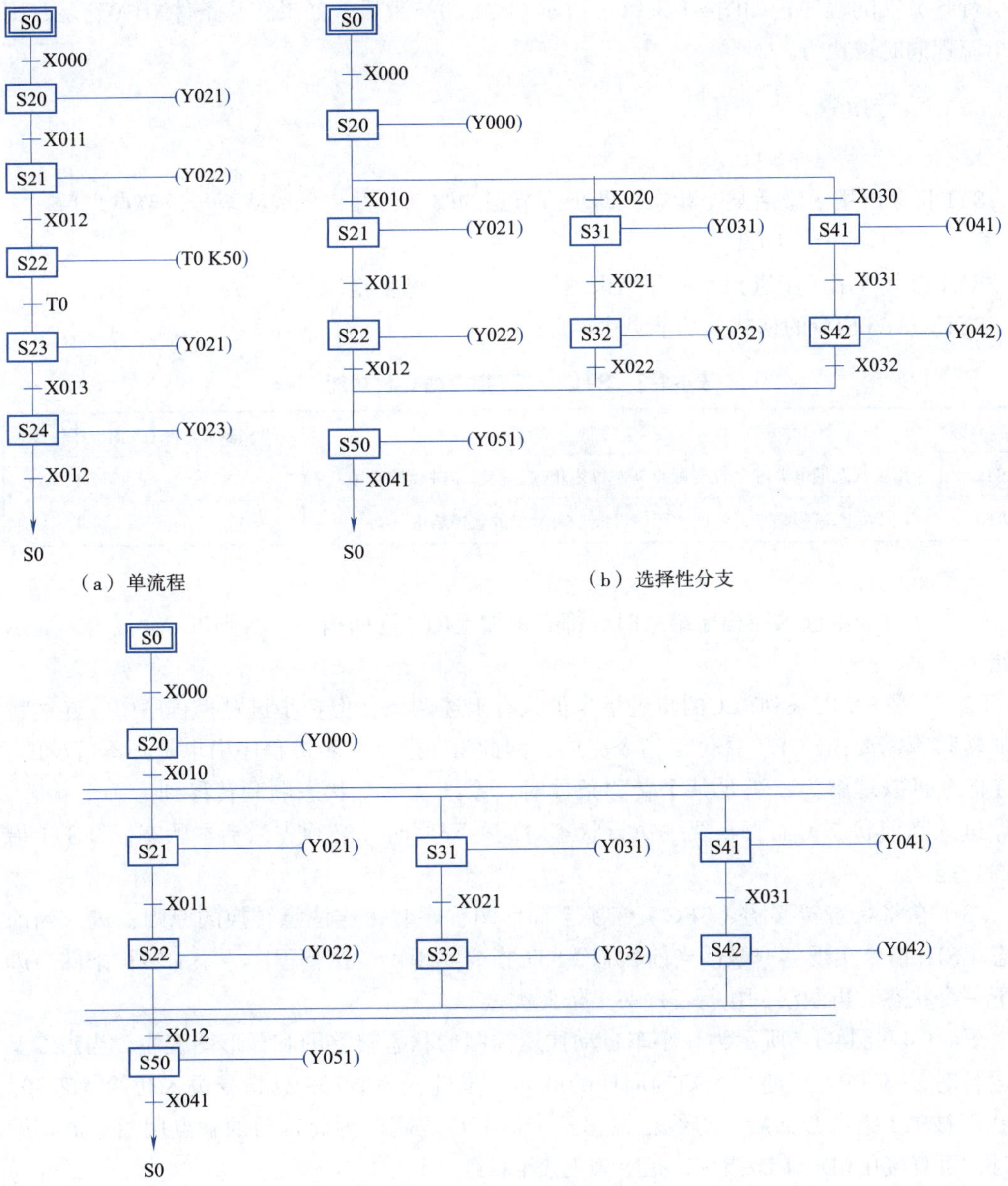

（a）单流程　　（b）选择性分支

（c）并行性分支

图4-1-3　状态转移图的形式

学习笔记

在初始状态，当转移条件X000满足，状态由S0转移到S20，使S20置1，驱动Y021，同时在下一个扫描周期使S0自动复位。当转移条件X011满足，状态由S20转移到S21，使S21置1，驱动Y022，同时在下一个扫描周期使S20自动复位，Y021失电。后面的状态转移与此类似，直到转移条件X012满足，状态转移到S0，使初始状态S0置1，为下一次启动做准备。

（2）选择性分支状态转移图由两个及以上的分支程序组成，只能选择条件满足的分支程序执行。如图4-1-3（b）所示，其中有三条分支，由转移条件X010、X020、X030决定选择哪个分支执行。

（3）并行性分支状态转移图由两个及以上的分支程序组成，当条件满足时，可以同时执行各分支的程序，如图4-1-3（c）所示。当S20被激活，如果转移条件X010满足，则三个流程同时被执行。

二、步进指令

1. 步进节点指令STL

STL指令可用于激活某个状态，即步进节点的驱动，并将母线移至步进节点之后。

2. 步进返回指令RET

RET指令可用于步进控制程序结束返回，将母线恢复至原位。

STL、RET指令的格式及功能见表4-1-2。

表4-1-2　STL、RET指令格式及功能

名　称	逻辑功能	可用软元件	程　序　步
STL	用于状态继电器S的动合触点与左母线相连，表示步进顺控开始	S	1
RET	用于状态流程结束，返回主程序母线，表示步进顺控结束	无	1

注意：

（1）在每个步进顺控程序结束时，都必须加上RET返回指令，否则PLC会报警，显示出错。

（2）三菱FX3U系列PLC的步进指令虽只有上述两条，但在步进顺控程序中，连续状态的转移都需要由SET（置位）指令完成，因此SET指令在步进程序中也是必不可少的。SET指令可以理解为：满足某个转移条件时，系统从一个状态顺利转移到另一个状态，强调进入当前状态；而真正要去执行状态对应的程序时，必须先激活本状态，即STL指令的功能。

（3）在将状态转移图（SFC）变换至梯形图程序时，应注意转换的原则：进入当前状态（SET指令实现）→激活当前状态（STL指令实现）→执行程序→添加转移条件→进入下一个状态、再激活、执行程序……依此类推。

图4-1-4和图4-1-5所示为一小车自动往返控制的状态转移图和梯形图程序，当PLC上电运行时，M8002 接通一个扫描周期的脉冲，步进程序通过SET指令进入初始状态S0。S0状态被STL指令激活后，母线已被移至步进节点之后，因此其后的触点用指令语句编写时，可直接用LD、LDI指令，指令表见表4-1-3。

学习笔记

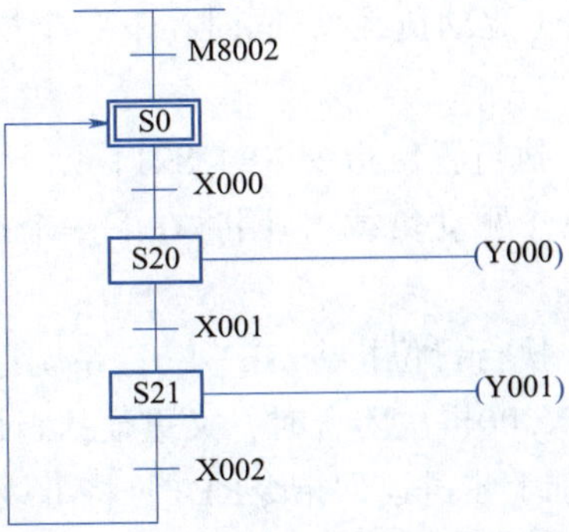

图 4-1-4　小车自动往返状态转移图

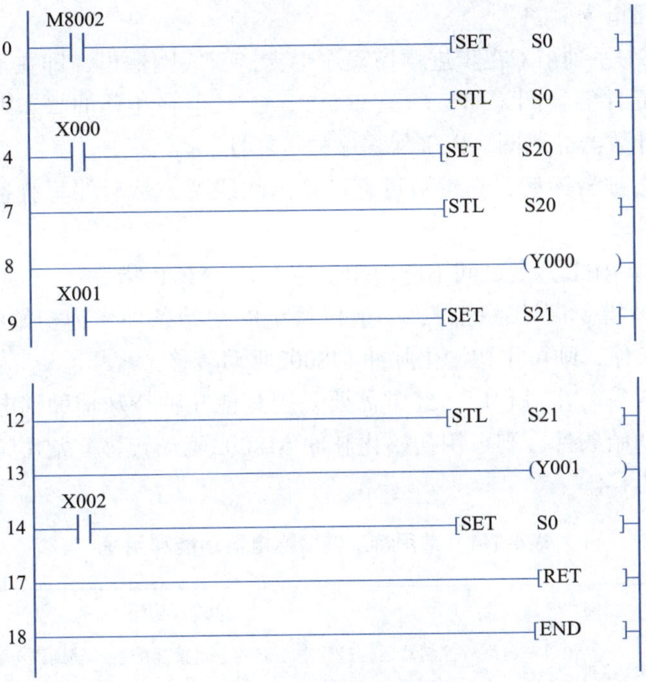

图 4-1-5　小车自动往返梯形图程序

表4-1-3　小车自动往返指令表

步　序	操 作 码	操 作 数	步　序	操 作 码	操 作 数
0	LD	M8002	9	LD	X001
1	SET	S0	10	SET	S21
3	STL	S0	12	STL	S21
4	LD	X000	13	OUT	Y001
5	SET	S20	14	LD	X002
7	STL	S20	15	SET	S0
8	OUT	Y000	17	RET	

当转移条件X000为ON时，执行置位指令 SET S20，则下一步S20变为活动步。S20的

学习笔记

STL 触点闭合，Y000线圈得电（驱动负载），同时在下一个扫描周期将 S0 步复位为不活动步。

当转移条件X001为ON时，执行置位指令 SET S21，则下一步S21变为活动步。S21的STL 触点闭合，Y001线圈得电（驱动负载），同时在下一个扫描周期将 S20 步复位为不活动步。

当转移条件X002为ON时，执行置位指令 SET S0，系统返回初始步S0。S21步复位为不活动步，Y001线圈失电；当X000再次闭合时，又重复执行以上操作。

在步进程序结束时，必须加上步进返回指令RET，将母线恢复至原位。

指令说明如下：

（1）在编写步进顺控程序时，必须使用步进节点指令STL激活当前状态，程序最后必须使用步进返回指令 RET。

（2）三菱FX3U系列PLC在步进顺控程序中支持双线圈输出，即在不同状态中可以驱动同一编号的软元件的线圈（如Y、M、S、T、C），但在相邻的状态中，最好不要使用相同的定时器或计数器的线圈，以确保程序的可靠性。

（3）当前状态被激活后，先编写可直接输出的线圈，然后编写有条件触点才能输出的线圈。

（4）在 STL 和 RET 指令之间不能使用主控 MC、MCR 指令。

（5）使用步进指令设计系统时，一般以系统的初始条件作为初始状态的转移条件，但若系统无初始条件，则可用初始化脉冲 M8002驱动转移。

（6）为了有效编写步进程序，经常需要采用其他几种特殊辅助继电器，其主要元件编号、名称以及初始条件，则可用初始化脉冲 M8002驱动转移。常用特殊辅助继电器的功能和用途见表 4-1-4。

表4-1-4 常用特殊辅助继电器功能和用途

软元件号	名　称	功能和用途
M8000	RUN 监视	可编程控制器运行过程中，需要一直接通的特殊辅助继电器，可作为驱动程序的输入条件使用，或用于显示可编程控制器的运行状态
M8002	初始脉冲	在可编程控制器由 STOP变为RUN时，仅在瞬间（一个扫描周期）接通的继电器，用于程序的初始设定或初始状态的置位
M8034	禁止输出	驱动该继电器，则将外部输出全部置于OFF状态
M8040	禁止转移	驱动该继电器，则禁止所有状态之间的转移。然而，即使在禁止转移状态下由于当前状态内的程序仍然动作，因此输出线圈等不会自动断开
M8046	STL动作	在任意状态接通时，M8046自动接通，用于避免与其他流程同时启动或作为工序的动作标志
M8047	STL 监视有效	驱动该继电器，则编程功能可自动读出正在动作的状态并加以显示

三、SFC的编辑及梯形图的转换

控制程序可以直接进行梯形图编辑，也可以应用GX Works2软件先进行状态转移图（SFC）的编辑，后进行梯形图的转换，SFC的编辑分为以下两部分：

（1）梯形图块，如图4-1-6所示，这是在SFC程序中与主母线相连的程序段。例如，在程序开始时用于激活初始状态的程序段，其编辑方法与普通梯形图编辑相同。

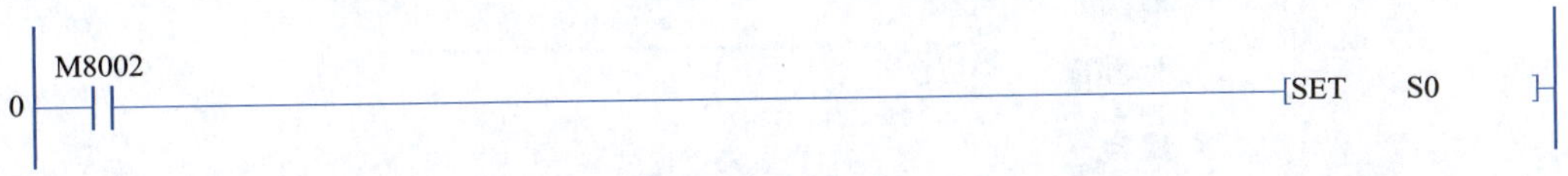

图 4-1-6　梯形图块

（2）SFC块，如图4-1-7所示，SFC 程序可用方框、连线、横线和箭头等图像表示。一个SFC块表示一个SFC流程，一般以其初始状态的状态元件命名。一个SFC程序有 24个SFC块。

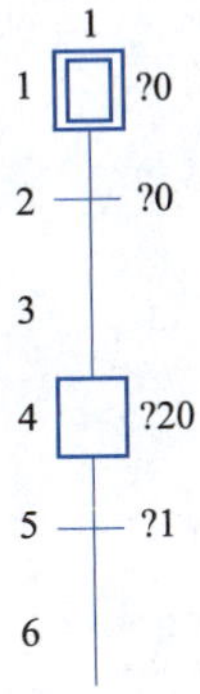

图 4-1-7　SFC 块

四、SFC语言编程步骤

下面以图4-1-5所示小车自动往返控制为例介绍单序列结构SFC程序的编辑方法。

1. 创建新工程

启动 GX Works2 编程软件，在菜单栏中选择“工程”→“新建”命令，弹出“新建”对话框，如图4-1-8所示。在“系列”下拉列表中选择FXCPU选项，在“机型”下拉列表中选择“FX3U/FX3UC”选项，在“工程类型”下拉列表中选择“简单工程”选项，在“程序语言”下拉列表中选择SFC选项，单击“确定”按钮。

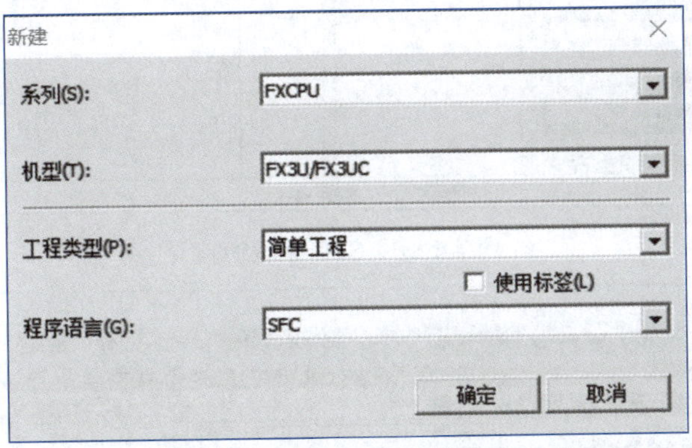

图 4-1-8　“新建”对话框

2. 启动 SFC编辑窗口

（1）在“新建”对话框进行设置并单击“确定”按钮后，弹出“块信息设置”对话框，如图 4-1-9 所示。使用 FXCPU 的情况下，需要在梯形图块中创建用于将顺序功能图初始步S0置为 ON 的梯形图，因此在“标题”文本框中输入“初始化”，在“块类型”下拉列表中选择“梯形图块”选项，单击“执行”按钮。

（2）单击“执行”按钮后出现SFC编辑窗口，如图4-1-10 所示，工程窗口中添加“000:Block启动梯形图”项。SFC编辑窗口有两个区域，一个是SFC编辑区，用于编辑SFC程序块；另一个是梯形图编辑区，用于编辑梯形图。

（3）在梯形图编辑区编辑初始状态程序块，编辑完成后按【F4】键进行转换，如图4-1-11所示。

学习笔记

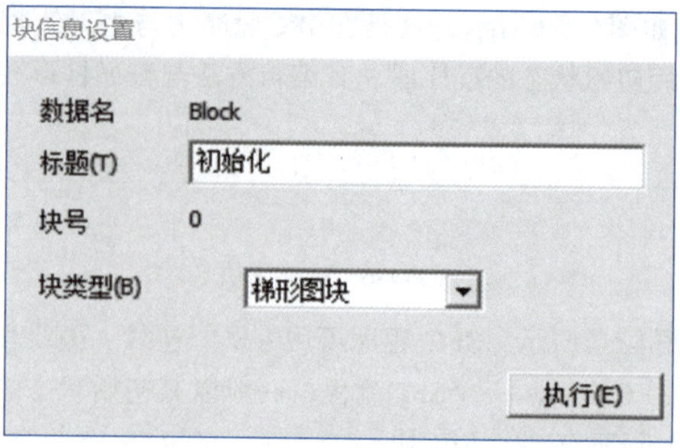

图 4-1-9 “块信息设置”对话框

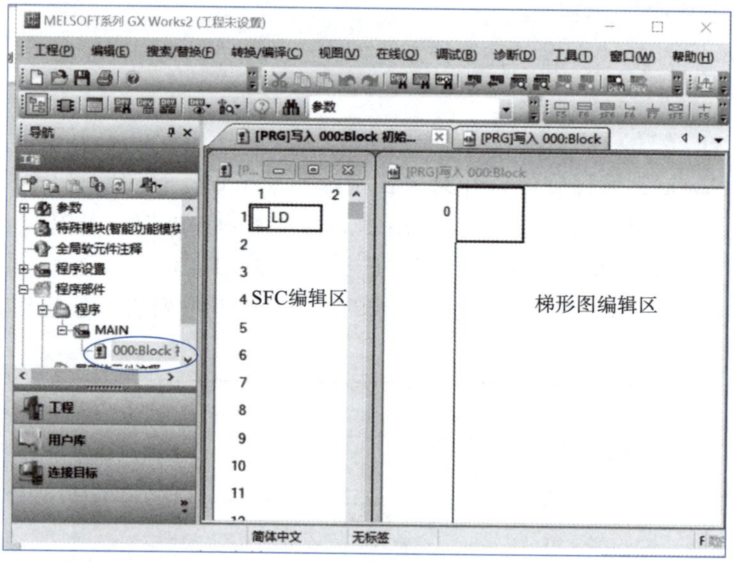

图 4-1-10 SFC 编辑窗口

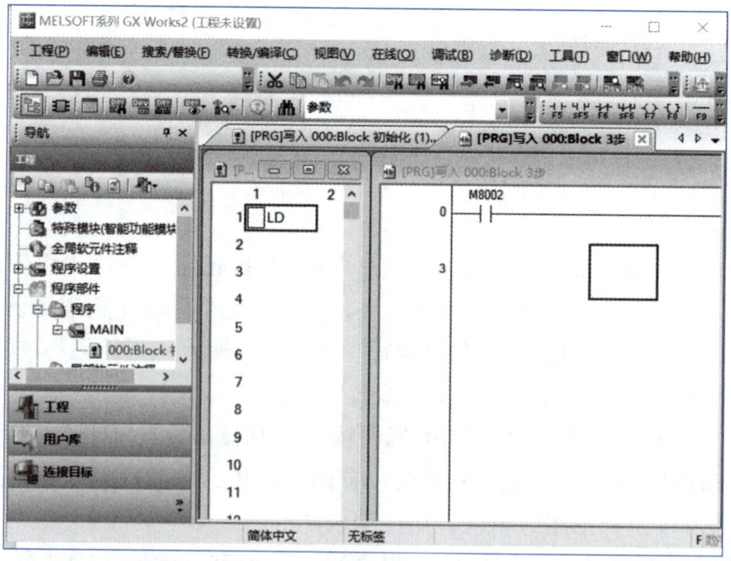

图 4-1-11 编辑初始状态程序块

学习笔记

3．创建 SFC块

（1）如图4-1-12所示，右击工程窗口的MAIN项，在弹出的快捷菜单中选择“新建数据”命令，弹出“新建数据”对话框，如图4-1-13所示进行设置。设置完成后，单击“确定”按钮，弹出图4-1-14所示的“块信息设置”对话框。

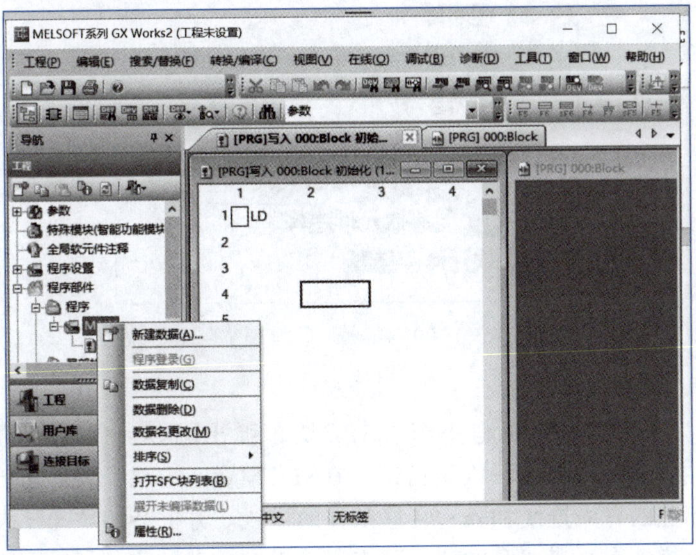

图 4-1-12　右击工程窗口的 MAIN 项

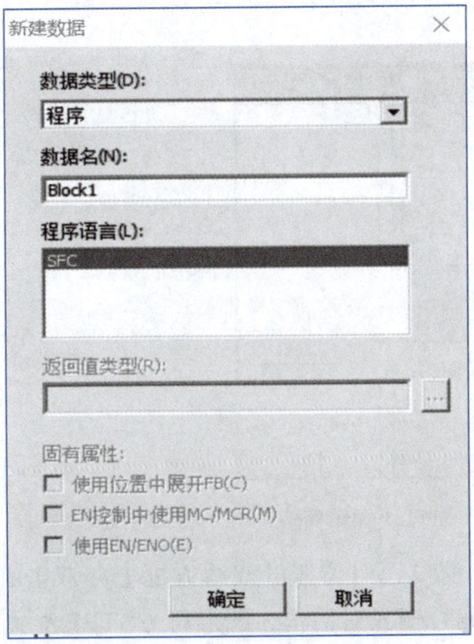

图 4-1-13　“新建数据”对话框

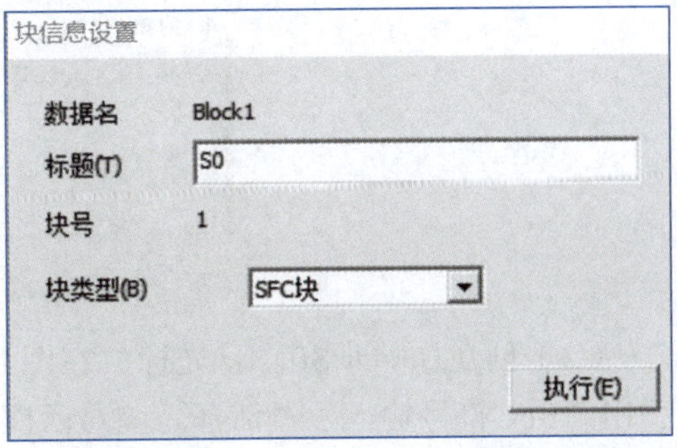

图 4-1-14　“块信息设置”对话框

（2）在图4-1-14所示的对话框中对“标题”“块类型”进行设置，将 SFC程序创建到该块中，因此“块类型”设置为“SFC块”，该块的初始步S0通过“000:Block启动梯形图”项中创建的梯形图置为ON。设置完成后，单击“执行”按钮，工程窗口中将添加“001:Block1运料小车”SFC块，如图4-1-15所示。

学习笔记

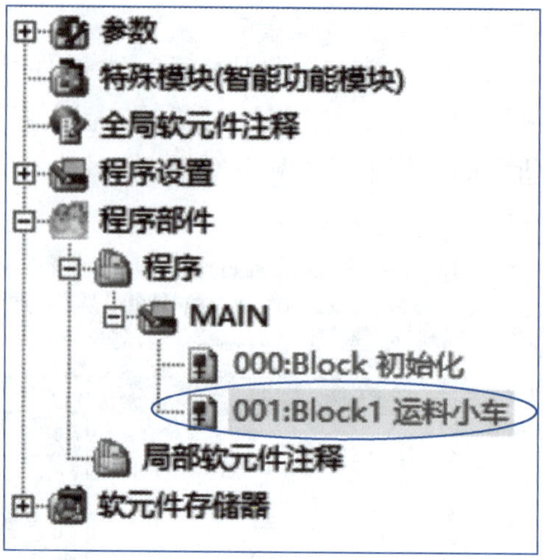

图 4-1-15 “001:Block1 运料小车”SFC 块

4．创建SFC图

（1）双击“001:Blockl运料小车”SFC块，弹出图4-1-16所示的“[PRG]写入001:Block1运料小车”的SFC块编辑窗口。在SFC编辑区出现了表示初始状态的双线方框、表示状态相连的有向连线和表示转移条件的横线。方框旁的“?0”表示初始步S0内还没有驱动输出梯形图，横线旁的“?0”表示还没有驱动转移条件。图标的左边有一列数字，为图标所在行位置编号；图标上边有一行数字，为图标所在列位置编号。例如，双线方框的位置为1（行数）×1（列数）。

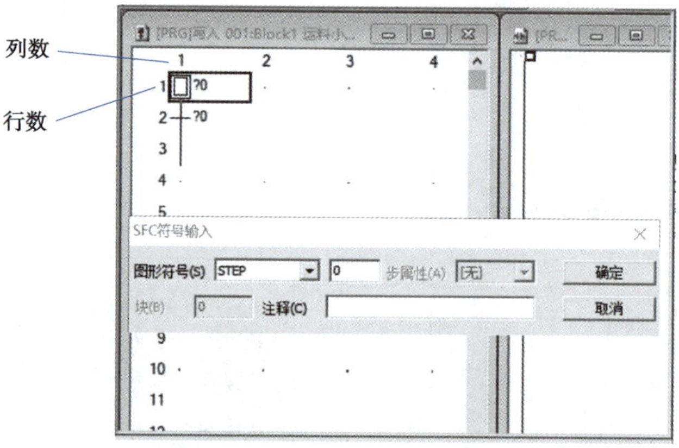

图 4-1-16 “001:Block1 运料小车”SFC 块编辑窗口

（2）创建初始步S0。将光标放在图4-1-16所示窗口1×1位置的双线方框上并双击，弹出“SFC符号输入”对话框。该对话框是SFC的编号输入对话框，图形符号STEP表示对状态框进行编号，要求编号与顺序功能图初始步状态框所用状态继电器的编号相同。现为初始步S0，则其编号为0（注意：不是S0），在“注释”文本框中输入“初始步”，单击“确定”按钮，光标将移动至下一行。

（3）创建初始步S0的转移条件。将光标放在图4-1-17所示窗口2×1位置的横线上并双击，弹出“SFC符号输入”对话框，这是对转移条件（横线）进行编号的对话框，图形符号TR表示对转移条件进行编号。

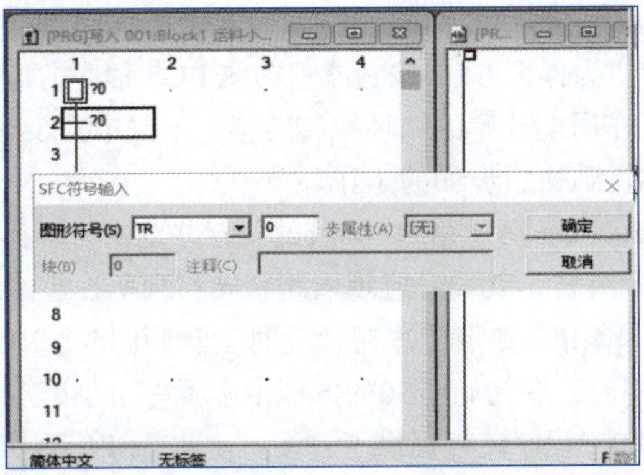

图 4-1-17　创建初始步 S0 的转移条件

（4）创建步S20。将光标放在图4-1-18所示窗口 4 × 1的位置并双击，在弹出的“SFC符号输入”对话框中，设置STEP的编号为“20”，在“注释”文本框中输入“装料”，单击“确定”按钮，光标将移动至下一行。

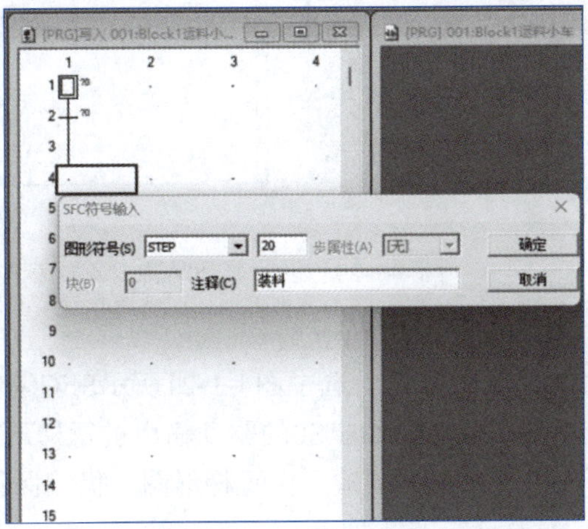

图 4-1-18　创建步 S20

（5）创建步S20的转移条件。将光标放在图4-1-19所示窗口5 × 1的位置并双击，弹出“SFC 符号输入”对话框，设置TR的编号为“1”，单击“确定”按钮，光标将移动至下一行。

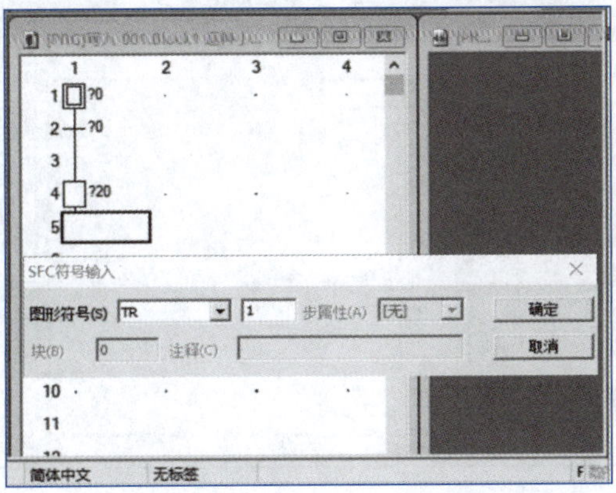

图 4-1-19　创建步 S20 的转移条件

学习笔记

（6）参考步骤（4）、步骤（5），创建步S21及其转换条件。

（7）创建循环跳转。为保证 SFC 控制流程构成 PLC 程序的循环工作，应在最后一步设置返回到初始步或工作周期开始的循环跳转转移。本例中，步S21已完成一个周期的控制流程，应编辑循环跳转到初始步S0的工作环节。

将光标放在图4-1-20（a）所示窗口10×1的位置并双击，弹出“SFC符号输入”对话框，图形符号JUMP表示跳转，其编号应填入跳转转移到所在步的编号，这里跳转到初始步S0，其编号为“0”，单击“确定”按钮，此时会看到图4-1-20（b）所示10×1位置有一右转向箭头指向0，同时，在初始步S0的方框中多了一个小黑点，说明该状态为跳转的目标状态，这也为阅读SFC程序流程提供了方便。至此，SFC程序编辑完成。

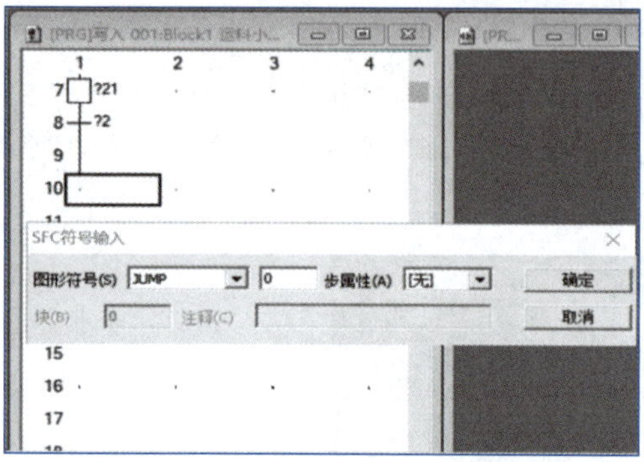

（a）

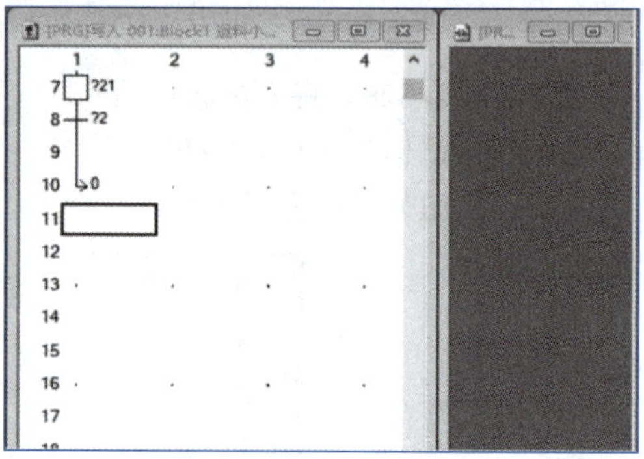

（b）

图 4-1-20　创建循环跳转

5．创建梯形图

（1）初始步S0的内置梯形图编辑。选中图4-1-21所示SFC编辑区的初始步S0，将光标移入梯形图编辑区并双击，可对初始步S0的驱动输出进行梯形图编辑。本例中S0没有对应的动作，即无内置梯形图，则无须输入内置梯形图，仍然保留“?”即可，并不影响SFC程序整体转换。

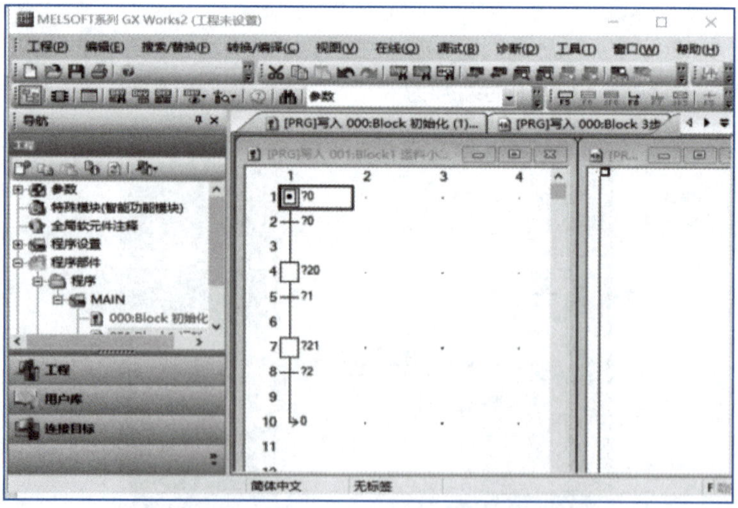

图 4-1-21　初始步 S0 的内置梯形图编辑

学习笔记

（2）初始步S0的转移条件梯形图编辑。选中图4-1-22 所示 SFC 编辑区2×1位置的横线，将光标移入梯形图编辑区并双击，输入梯形图，选择“转换”命令，此时 SFC 编辑区横线旁边的“?”消失，说明转移条件已经编辑完成。

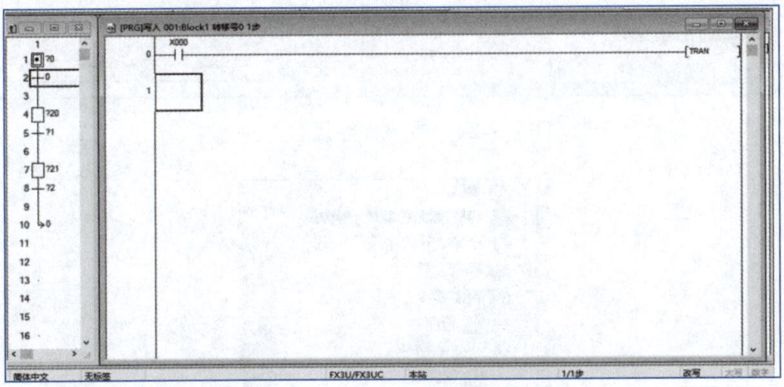

图 4-1-22　初始步 S0 的转移条件梯形图编辑

（3）参考步骤（1）、步骤（2），分别输入步S20、S21的内置梯形图及其转换条件梯形图。

6．SFC程序整体转换

上述操作是梯形图块和SFC块程序的分别编制。整体SFC及其内置梯形图块并未串接在一起，因此，需要在SFC中进行SFC程序整体转换操作，选择“转换”命令，工程窗口中“000:Block 启动梯形图”和“001:Block1 运料小车控制”SFC块由原来的红色变为黑色。

注意：如果SFC语言程序编辑完成但未进行整体转换，一旦离开SFC编辑窗口操作将不再保存。

7．SFC程序与梯形图程序之间的转换

在GX Works2软件中编辑好的SFC语言程序可以转换成步进梯形图程序，其操作顺序如图 4-1-23至图4-1-25 所示。

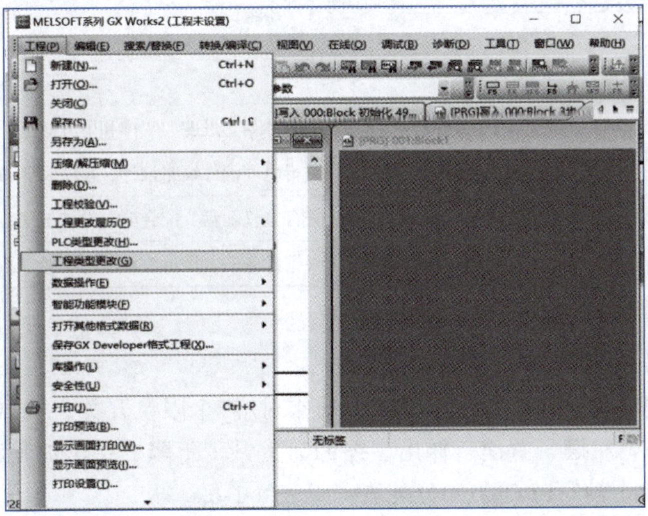

图 4-1-23　工程类型更改

学习笔记

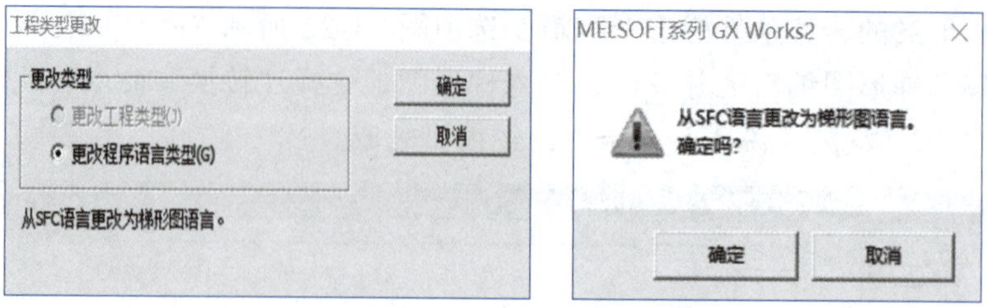

图 4-1-24　更改程序语言类型

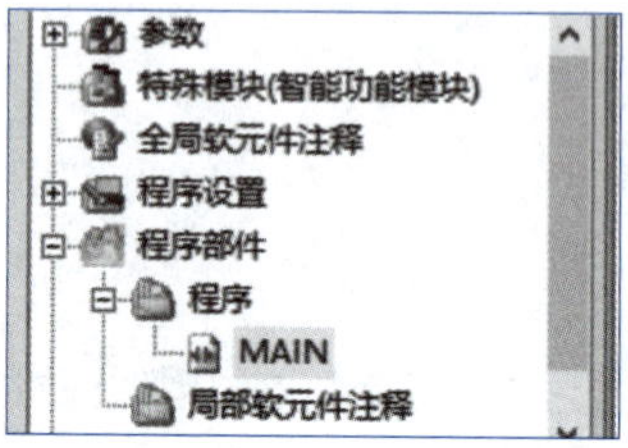

图 4-1-25　双击 MAIN 项

项目实施

根据《可编程控制系统设计师国家职业标准》，应高度重视安全、环保，坚持文明生产，按技术规范完成本项目任务。

1．任务分组

四人一组，分别担任项目经理、电气设计工程师、电气安装员和项目验收员角色，模拟真实 PLC 控制项目的实施过程。分组完成后，有序坐好，小组讨论制订组名、组训和小组 Logo，营造小组凝聚力和文化氛围，并确定任务分工，项目经理完成项目分组表的填写，见表4-1-5。

表4-1-5　项目分组表

组名			小组Logo	
组训				
团队成员	学号	角色指派	职责	
		项目经理	统筹计划、进度，安排和甲方对接，解决疑难问题	
		电气设计工程师	进行电气硬件线路设计、程序设计和编程调试	
		电气安装员	进行电气配盘，配合电气设计工程师进行调试	
		项目验收员	根据任务书、评价表对项目功能、乙方表现进行打分评价	

2．分配I/O口地址，绘制外部接线图

1）I/O口地址分配

根据控制要求，机械手PLC控制的8个动作对应7个限位开关，共11个输入点。整个机械手的8个动作（左摆、右摆、伸出、缩回、上升、下降、手爪加紧和放松）分别由8个电磁阀进行控制，填写PLC的I/O分配表，见表 4-1-6。

表4-1-6　I/O分配表

输　入		输　出	
名称	输入点编号	名称	输出点编号
SB1	X000	YV1	Y001
SB2	X001	YV2	Y002
S1	X002	YV3	Y003
S2	X003	YV4	Y004
S3	X004	YV5	Y005
S4	X005	YV6	Y006
S5	X006	YV7	Y007
S6	X007	YV8	Y010
Q7	X010		
QS	X027		

2）绘制外部接线图

根据I/O分配表，绘制外部接线图，如图4-1-26所示。

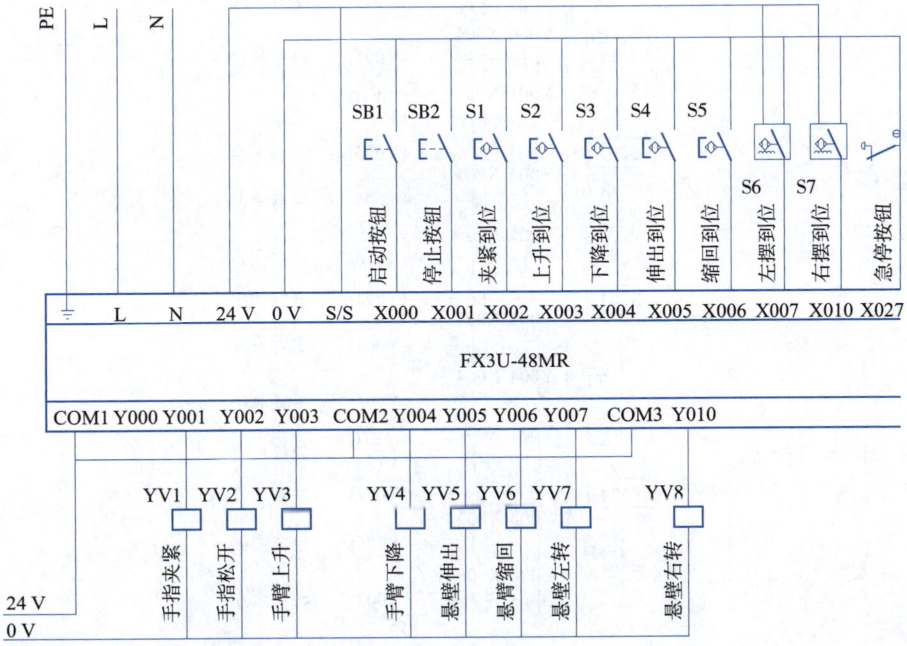

图 4-1-26　机械手 PLC 控制系统外部接线图

3．设计梯形图程序和指令表

1）设计状态转移图

机械手PLC控制系统状态转移图如图4-1-27所示。

学习笔记

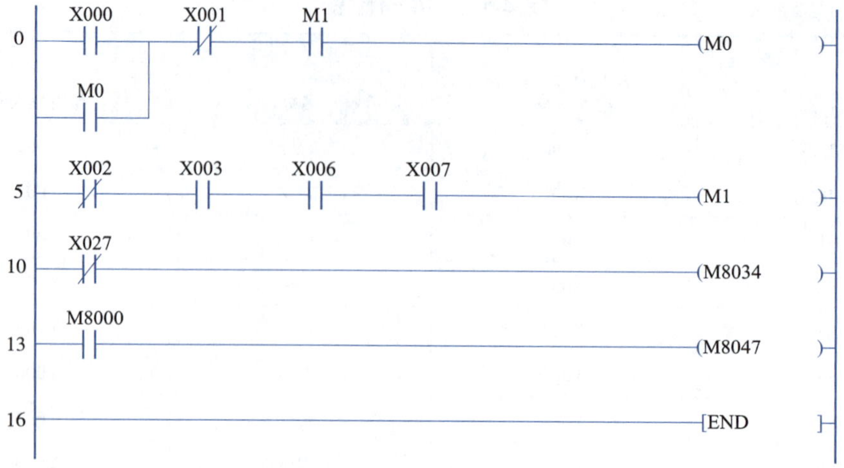

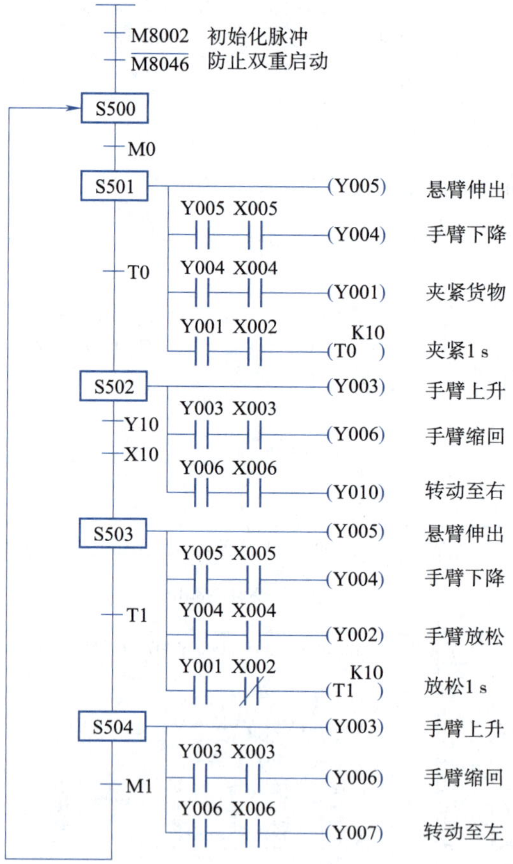

图 4-1-27　机械手 PLC 控制系统状态转移图

2）设计梯形图程序

方法一：

用梯形图编程语言编写机械手PLC控制系统梯形图程序，如图4-1-28所示。

学习笔记

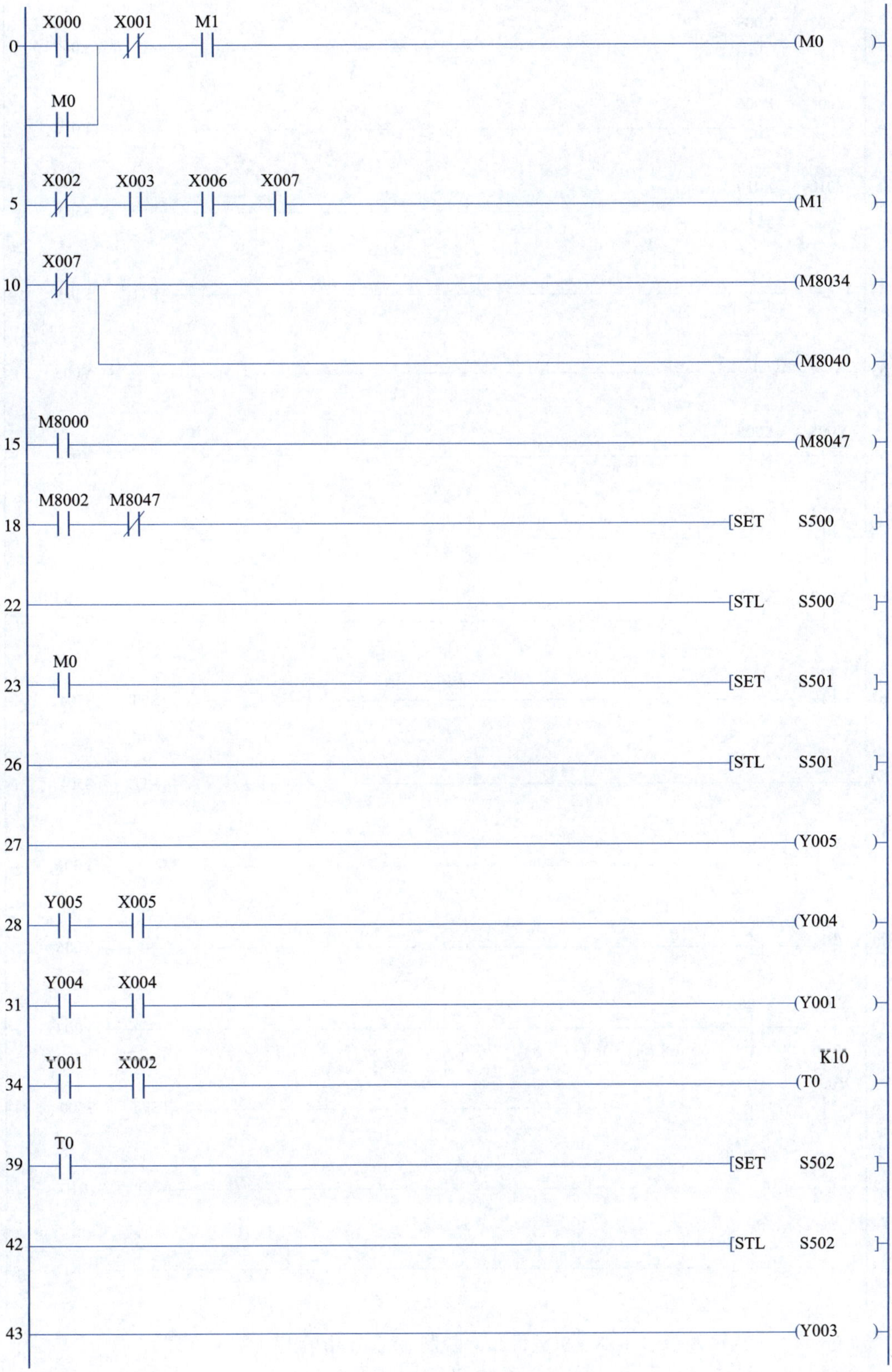

图 4-1-28　机械手 PLC 控制系统梯形图程序

学习笔记

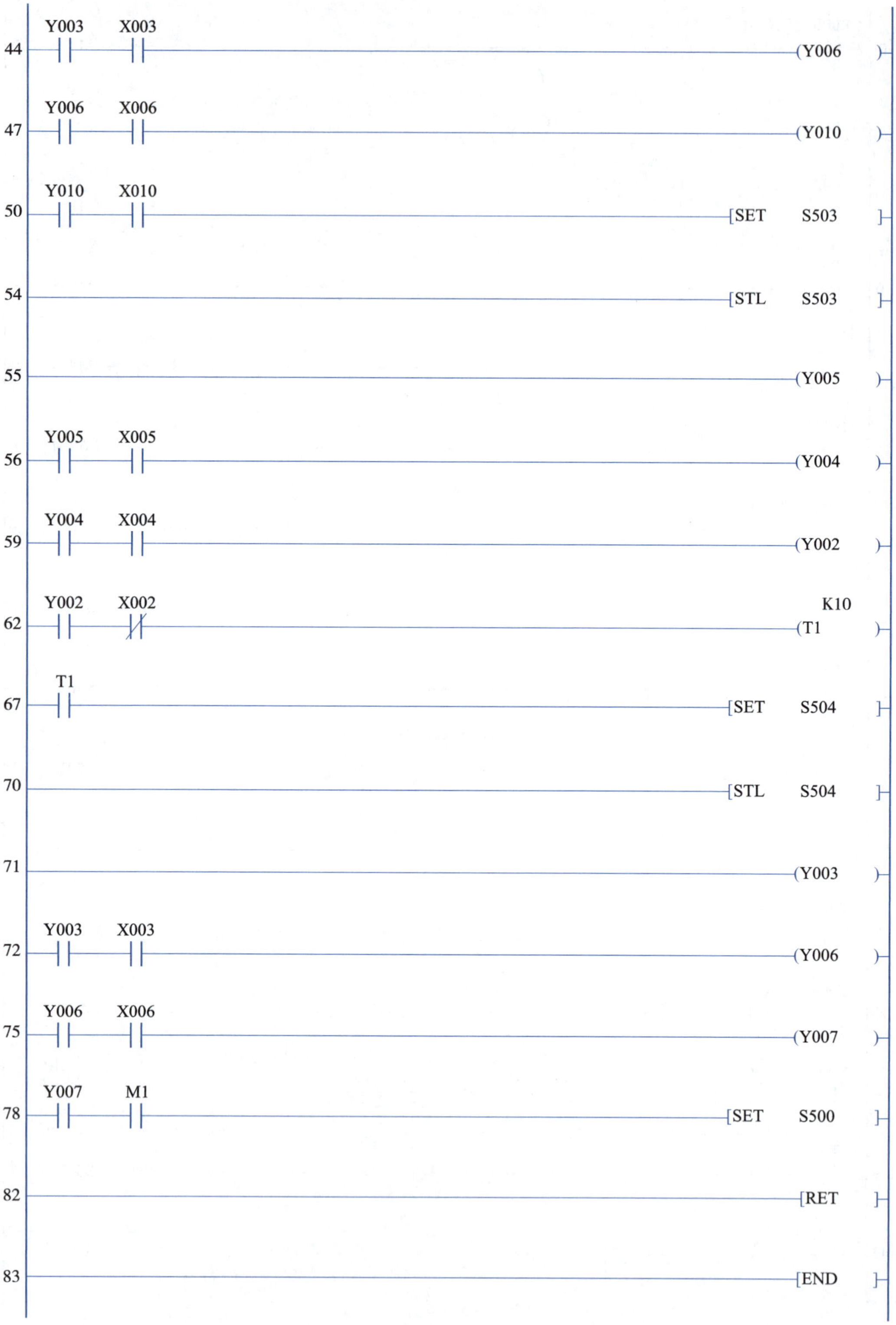

图 4-1-28　机械手 PLC 控制系统梯形图程序（续）

注意：M1为初始状态的条件；特殊辅助继电器M8034、M8040处理急停。

方法二：

用SFC编程语言编写机械手PLC控制系统梯形图程序。

学习笔记

素材

机械手PLC控制梯形图程序设计

3）根据梯形图程序编写指令表。

机械手PLC控制指令表见表4-1-7。

表4-1-7　机械手PLC控制指令表

步　序	操　作　码	操　作　数	步　序	操　作　码	操　作　数
0	LD	X000	26	STL	S501
1	OR	M0	27	OUT	Y005
2	ANI	X001	28	LD	Y005
3	AND	M1	29	AND	X005
4	OUT	M0	30	OUT	Y004
5	LDI	X002	31	LD	Y004
6	AND	X003	32	AND	X004
7	AND	X006	33	OUT	Y001
8	AND	X007	34	LD	Y001
9	OUT	M1	35	AND	X002
10	LDI	X027	36	OUT	T0 K10
11	OUT	M8034	39	LD	T0
13	OUT	M8040	40	SET	S502
15	LD	M8000	42	STL	S502
16	OUT	M8047	43	OUT	Y003
18	LD	M8002	44	LD	Y003
19	ANI	M8046	45	AND	X003
20	SET	S500	46	OUT	Y006
22	STL	S500	47	LD	Y006
23	LD	M0	48	AND	X006
24	SET	S501	49	OUT	Y010

学习笔记

续表

步　序	操作码	操作数	步　序	操作码	操作数
50	LD	Y010	68	SET	S504
51	AND	X010	70	STL	S504
52	SET	S503	71	OUT	Y003
54	STL	S503	72	LD	Y003
55	OUT	Y005	73	AND	X003
56	LD	Y005	74	OUT	Y006
57	AND	X005	75	LD	Y006
58	OUT	Y004	76	AND	X006
59	LD	Y004	77	OUT	Y007
60	AND	X004	78	LD	Y007
61	OUT	Y002	79	AND	M1
62	LD	Y002	80	SET	S500
63	ANI	X002	82	RET	
64	OUT	T1 K10	83	END	
67	LD	T1			

4．安装调试系统

1）物料和工具领取

根据实验室配置，填写表4-1-8，按量领取物料和工具。

表4-1-8　领料表

序　号	物料或工具名称	型号与规格	数　量	备　注
1				
2				
3				
4				
5				
6				

2）安装电路

（1）根据外部接线图安装电路。

（2）检查电源是否已经切断，PLC的“STOP/RUN”开关是否置于STOP。

（3）对照设计的PLC安装接线图安装电路，注意用电安全和电路安装规范。

（4）安装完成后，对电路进行检测。用万用表检查同节点的接线端子之间是否完全导通，检查各接线端子是否有差错。

3）联机调试

（1）通电前进行安全检查。

（2）记录调试系统注意事项。

学习笔记

（3）根据项目控制要求调试运行程序。

注意：通电前应进行安全检查，准确无误后才能通电。

项目评价

完成项目实施后根据学生自评、小组互评和教师评价填写项目实施评价表，见表4-1-9。

表4-1-9　项目实施评价表

评价目标	评价内容及标准	配分	学生自评	小组互评	教师评价
知识目标	了解状态转移图的组成	5分			
	了解状态转移的分类	5分			
	掌握SFC语言的编程方法	5分			
技能目标	元器件选择不合适，每处扣1分，最多扣5分	5分			
	I/O分配不合理，每处扣1分，最多扣10分	10分			
	元器件图形、文字符号错误或不符合国家标准，每处扣1分，最多扣4分	20分			
	接线错误、漏接线，每处扣1分，最多扣4分				
	导线选择不符合规范，每处扣1分，最多扣4分				
	元器件检测是否规范，不规范每处扣1分，最多扣4分				
	仪表使用是否安全正确，每处扣1分，最多扣4分				
	程序编写不符合规范，每处扣1分，最多扣10分	20分			
	编写的程序不能达到控制要求，每处扣2分，最多扣10分				
	输入程序，不能将程序输入到PLC或程序输入错误，最多扣5分	10分			
	调试过程不符合操作规程，每处扣1分，最多扣5分				
职业素养	工具使用：工具使用适合相关操作，使用方法正确、规范，每处扣1分，最多扣3分	10分			
	操作规范：电路连接、设备调试符合工艺要求和规范，每处扣1分，最多扣7分				
	物品摆放：工具、文字书写工具等摆放在指定位置，整齐、有序、便于使用，每处扣1分，最多扣5分	10分			
	工作态度：积极完成工作任务、不怕困难，始终保持工作热情，与同伴相互合作、沟通，分工明确、协调配合，共同完成工作任务。每处扣1分，最多扣5分				
小计					
合计 =（自评30% + 互评30% + 师评40%）					

注：违反安全操作规程，造成安全事故，本项目不得分。

项目拓展

一、能力测试：机械手PLC控制拓展任务

图4-1-2中，在右限位增加一个光电检测，检测B点是否有工件，若无工件，则下降；

学习笔记

若有工件，则不下降，试在本项目基础上设计其程序。

二、学海领航：步进梯形图编程规则

（1）初始步可由其他步驱动，但运行开始时必须用其他方法预先做好驱动，否则状态流程不可能向下进行。一般用系统的初始条件驱动，若无初始条件，可用M8002或M8000（PLC 从STOP→RUN切换时的初始化脉冲）进行驱动。

（2）编程时必须使用 STL 指令对应顺序功能图中的每步。

（3）步进梯形图编程顺序：先进行驱动处理，后进行转移处理，二者不能颠倒。驱动处理是该步的输出处理，转移处理是根据转移方向和转移条件实现下一步的状态转移。

（4）驱动负载使用OUT指令。当同一负载需要连续多步驱动时可使用多重输出，也可使用SET指令将负载置位，等到负载不需要驱动时再用 RST指令将其复位。

（5）STL触点可以直接驱动也可以通过其他触点（如Y、M、S、T、C等元件的线圈和应用指令）驱动。与 STL 触点相连的触点应使用 LD 或LDI指令，STL触点的右边不能使用MPS 指令。在转移条件对应的电路中，不能使用ANB、ORB、MPS、MRD、MPP指令。

（6）各STL触点的驱动电路一般放在一起，最后一个 STL电路结束时，一定要使用步进返回指令RET使其返回主母线。

（7）由于CPU 只执行活动步对应的电路块，因此应避免重复驱动同一编程元件的一个线圈，如图4-1-29所示，S30和S32驱动的是同一线圈。但是，同一元件的线圈不能在可能同时为活动步的STL内出现，在有并行序列的SFC中，应特别注意这一问题。另外，相邻步不能重复使用同一个定时器T或计数器C，因为指令会互相影响，使定时器或计数器无法复位。对于分隔的两个状态，如图4-1-30所示的S30和S32，可以使用同个定时器 T2。

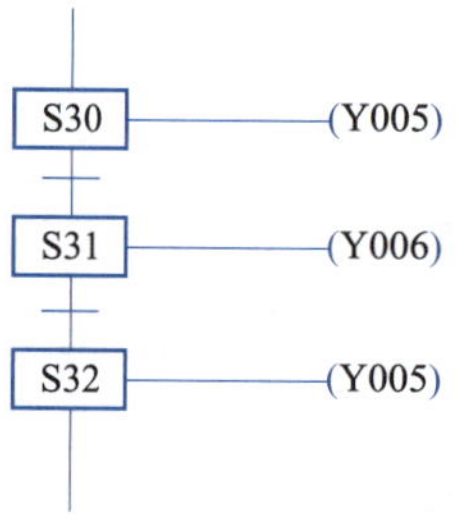

图 4-1-29　双线圈

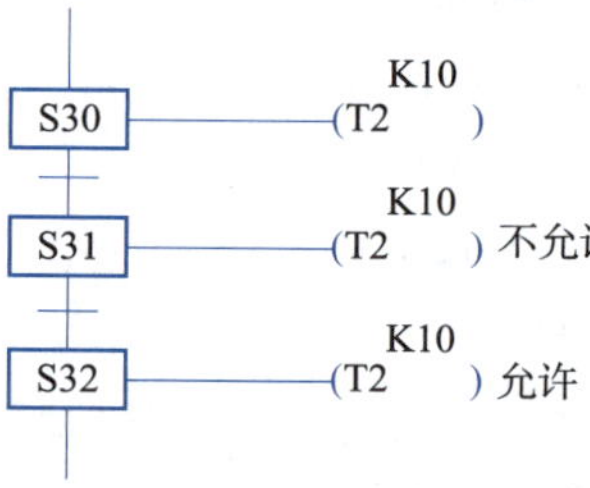

图 4-1-30　相邻步定时器

（8）在步活动状态的转移过程中，相邻两步的状态继电器会同时处于ON状态，并持续一个扫描周期，此时可能会引发瞬时的双线圈问题。为了避免不能同时接通的两个输出（如图4-1-31所示控制电动机正反转的接触器线圈 Y001、Y002）同时动作，除了在梯形图中设置软件互锁电路外，还应在PLC外部设置由常闭触点组成的硬件互锁电路。

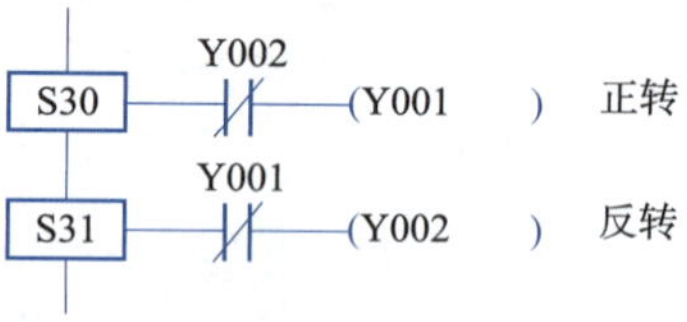

图 4-1-31　正反转软件互锁控制

（9）SET指令和OUT指令均可用于步活动状态的转移，可将原来活动步对应的状态继电器复位，将后续步置为活动步，此外还具有自保持功能。SET 指令一般用于驱动相邻的状态转移，而OUT指令用于顺序功能图中的闭环和跳转。

（10）并行分支和选择分支中分支处的支路数不能超过8。

学习笔记

项目2　洗衣机PLC控制

电气时代的许多发明给人们的生活带来了便利，电灯照亮了黑夜、电视带来了欢乐、风扇吹出了清风，洗衣机也是人们日常生活中常见也不可或缺的家用电器。

1858年，一个叫汉密尔顿·史密斯的美国人制成了世界上第一台洗衣机。这台洗衣机的主件是一只圆桶，桶内装有一根带有桨状叶子的直轴，通过手摇曲柄带动桶内的直轴转动达到洗衣效果。不过与其说是洗衣机，它更像是一台手动搅拌衣物机。1910年，世界上第一台电动洗衣机在美国芝加哥试制成功，标志着洗衣这项劳动正式进入自动化阶段。

在洗衣机控制方面，在PLC问世之前，控制领域中是继电器占主导地位。但继电器控制领域有着十分明显的缺点：体积大、耗电多、可靠性差、寿命短、运行速度慢、适应性差，尤其当生产工艺发生变化时，就必须重新设计、重新安装，造成时间和资金的严重浪费。随着PLC技术的发展，使用PLC作为控制器可以满足人们对洗衣机自动化的要求，PLC是整体模块，集中了驱动电路、检测电路和保护电路以及通信联网功能。因此在运用中，硬件也相对简单，提高控制系统的可靠性。另外它的编程语言也相对简单，因此在本项目中采用了PLC实现洗衣机的工作过程。

项目目标

一、知识目标

1. 能够描述选择性分支状态转移图；
2. 能够描述洗衣机PLC控制系统的控制原理；
3. 能够描述洗衣机PLC控制系统的设计方法和步骤。

二、技能目标

1. 会分配I/O口，能够绘制洗衣机PLC控制系统的硬件接线图并接线；
2. 能够写出流程图并转化成梯形图程序；
3. 会使用仪表对电路进行检测，具备对洗衣机PLC控制系统的调试能力。

三、素养目标

1. 通过项目实践，培养学生的工匠精神和精益求精的工作态度，为将来在职业生涯中追求卓越打下基础；

2. 在项目实施过程中，注重培养学生的规范操作习惯和严谨的工作态度，鼓励他们追求技术上的极致和完美。

项目描述

设计一个用PLC控制的洗衣机系统，控制要求如下：

（1）按下启动按钮SB0，洗衣机进入待机状态，指示灯L0亮。在待机状态下，洗衣机共有三种洗涤模式，分别为标准洗、快速洗和强力洗。

学习笔记

（2）在待机状态下，按下标准洗按钮SB1，进水阀打开进水，15 s后关闭进水阀，开始洗涤，洗涤20 s后，打开排水阀排水，排水3 s后，进行脱水（排水阀继续打开），脱水10 s后，清洗完成，洗衣机返回待机状态，洗衣机待机指示灯L0亮。

（3）在待机状态下，按下快速洗按钮SB2，进水阀打开进水，10 s后关闭进水阀，开始洗涤，洗涤10 s后，打开排水阀排水，排水2 s后，进行脱水（排水阀继续打开），脱水5 s后，清洗完成，洗衣机返回待机状态，洗衣机待机指示灯L0亮。

（4）在待机状态下，按下强力洗按钮SB3，进水阀打开进水，20 s后关闭进水阀，开始洗涤，洗涤30 s后，打开排水阀排水，排水4 s后，进行脱水（排水阀继续打开），脱水15 s后，清洗完成，洗衣机返回待机状态，洗衣机待机指示灯L0亮。

一、项目分析

分析控制要求可知，洗衣机进入待机状态后，会根据人们选择的模式执行不同时间要求的进水、洗涤、排水和脱水工作，完成洗涤后统一指示灯亮2 s，再回到待机状态。

二、项目引导

1．说出日常的洗衣机模式有哪些。

____

____

____

____

2．说出不同洗衣模式有什么不同之处。

____

____

____

____

3．选择性分支状态转移图和单流程状态转移图有什么区别?

____

____

____

____

知识链接

一、选择性分支程序

由两个或两个以上的分支流程组成，但根据控制要求只能从中选择满足分支条件执行的程序，称为选择性分支程序。图4-2-1所示为具有三个支路的选择性流程程序的状态转移图。

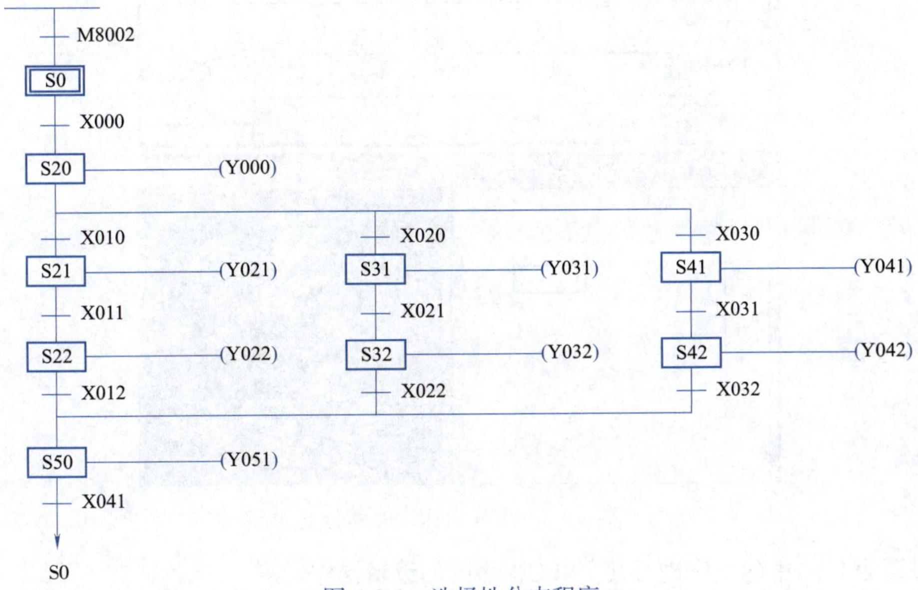

图 4-2-1　选择性分支程序

该程序特点如下：

（1）从三个流程中选择执行哪个流程由转移条件X000、X010、X020决定。

（2）分支转移条件X000、X010、X020不能同时接通，哪个先接通，就执行哪条分支。

（3）当S20已动作时，一旦 X000 接通，程序向S21转移，此时S20复位。因此，在S20再次动作前，即使X010或X020接通，S31或S41也不会动作。

（4）汇合状态S50可由S22、S32、S42中任意一个驱动。

二、选择性分支SFC编程

1. SFC块程序框架的编辑

进入SFC编辑窗口（见图4-2-2），将光标放在4×1位置，单击按钮，输入编号“20”，“生产状态”输入“S20”；将光标放在5×1位置，单击按钮，图形符号为“--D”，输入编号为“1”，生成选择性序列分支，如图4-2-3所示。

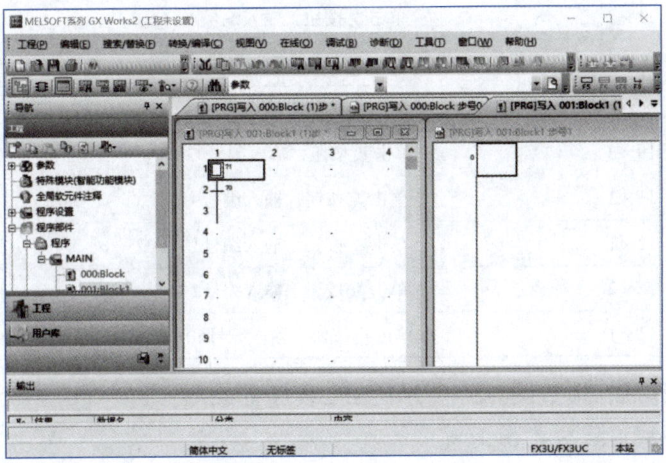

图 4-2-2　FSC 编辑窗口

学习笔记

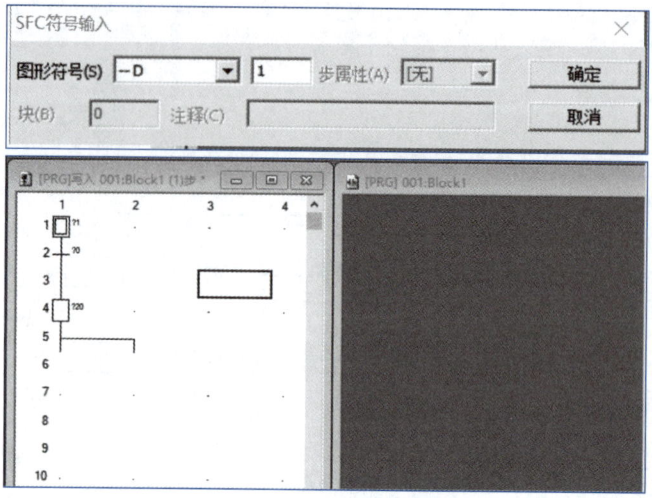

图 4-2-3　生成选择性序列分支

按照表4-2-1中的步序进行其余SFC程序图的编辑操作。

表4-2-1　选择性分支编辑指令表

步　序	光标位置	操　作	图形结果
1	6×1	单击按钮，输入编号1	生成横线 1
2	6×2	单击按钮，输入编号2	生成横线 2
3	6×3	单击按钮，输入编号3	生成横线 3
4	7×1	单击按钮，输入编号21	生成状态框21
5	8×1	单击按钮，输入编号4	生成横线4
6	10×2	单击按钮，输入编号22	生成状态框22
7	11×2	单击按钮，输入编号7	生成横线7
8	7×2	单击按钮，输入编号31	生成状态框31
9	8×2	单击按钮，输入编号5	生成横线5
10	10×2	单击按钮，输入编号32	生成状态框32
11	11×2	单击按钮，输入编号8	生成横线8
12	7×3	单击按钮，输入编号41	生成状态框41
13	8×3	单击按钮，输入编号6	生成横线6
14	10×3	单击按钮，输入编号42	生成状态框42
15	11×3	单击按钮，输入编号9	生成横线9
16	12×1	单击按钮，输入编号1	选择分支合并
17	12×2	单击按钮，输入编号2	选择分支合并
18	13×1	单击按钮，输入编号50	生成状态框50

完成上述操作后，形成图4-2-4所示的SFC程序框架图。

2. SFC程序块内置梯形图编辑

对每个状态框和转换条件横线进行内置梯形图输入，具体操作步骤可参考本模块项目1。

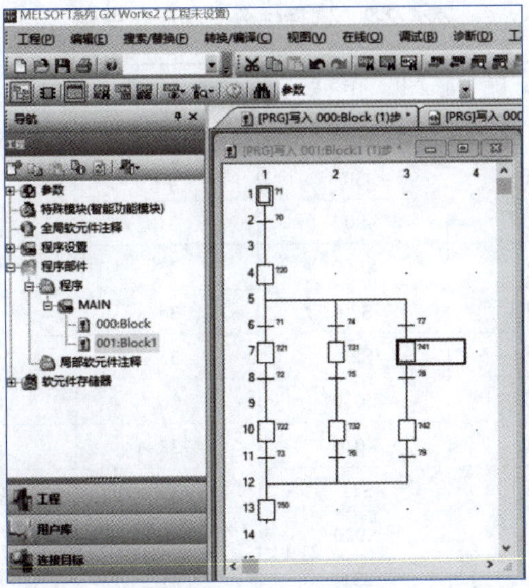

图 4-2-4　SFC 程序框图

3．SFC程序整体转换

按【F4】键进行程序转换，转换后的梯形图及指令表见图4-2-5和表4-2-2。

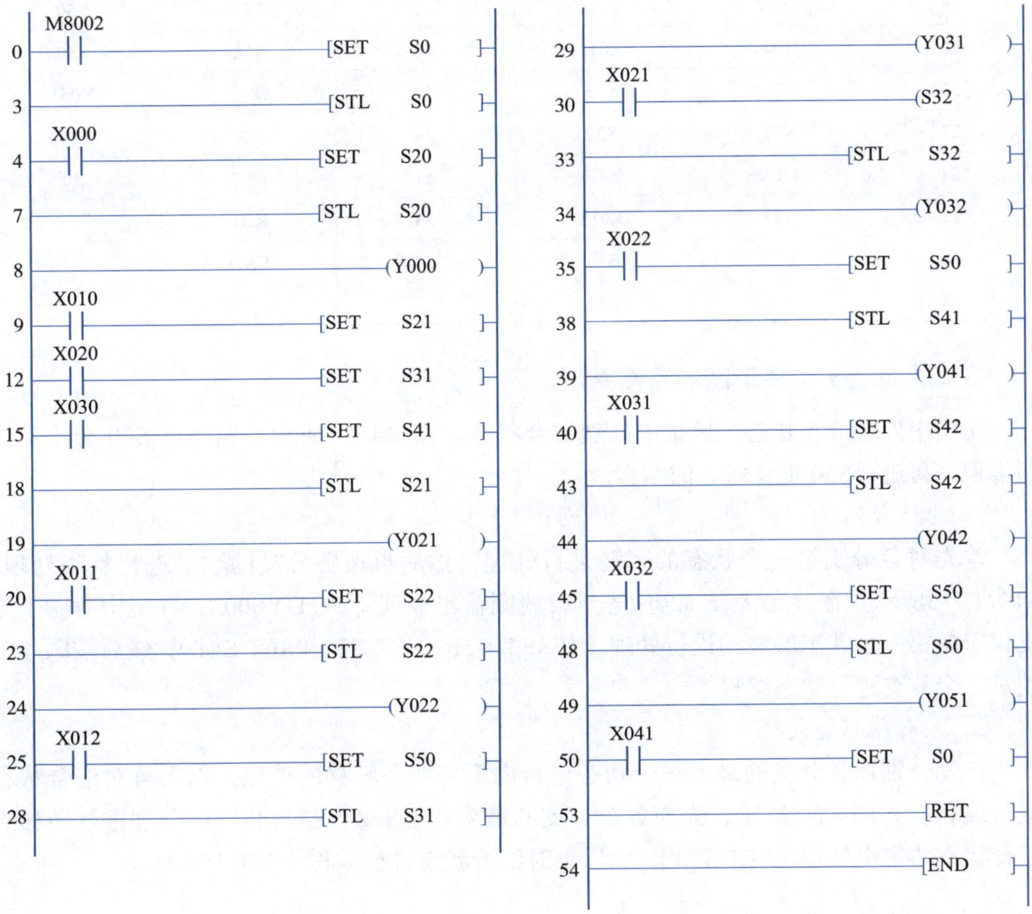

图 4-2-5　选择性分支程序对应梯形图

学习笔记

表4-2-2　选择性分支程序指令表

步　序	操　作　码	操　作　数	步　序	操　作　码	操　作　数
0	LD	M8002	29	OUT	Y031
1	SET	S0	30	LD	X021
3	STL	S0	31	OUT	S32
4	LD	X000	33	STL	S32
5	SET	S20	34	OUT	Y032
7	STL	S20	35	LD	X022
8	OUT	Y000	36	SET	S50
9	LD	X010	38	STL	S41
10	SET	S21	39	OUT	Y041
12	LD	X020	40	LD	X031
13	SET	S31	41	SET	S42
15	LD	X030	43	STL	S42
16	SET	S41	44	OUT	Y042
18	STL	S21	45	LD	X032
19	OUT	Y021	46	SET	S50
20	LD	X011	48	STL	S50
21	SET	S22	49	OUT	Y051
23	STL	S22	50	LD	X041
24	OUT	Y022	51	SET	S0
25	LD	X012	53	RET	
26	SET	S50	54	END	
28	STL	S31			

三、选择性分支梯形图的编程原则

先集中处理分支状态，后集中处理汇合状态。如图4-2-1所示，先进行 S20 分支状态的编程，再进行S50 汇合状态的编程。

1．分支状态的处理

首先对各分支第一个状态的跳转进行处理，然后再按各分支的顺序进行状态处理。如图4-2-5所示，在分支状态 S20中先进行线圈输出处理（OUT Y000），并集中对三个分支相应的第一个状态的驱动进行处理（如SET S21、SET S31和SET S41），然后按顺序分别对三个分支进行状态编程。

2．汇合状态的处理

首先分别在各分支的最后一个状态进行向汇合状态转移的处理，然后再对汇合状态进行编程。如图4-2-5所示，先在各个分支的最末状态S22、S32和S42中分别进行转移到汇合状态的集中处理（SET S50），然后再对汇合状态进行编程（STL S50）。

学习笔记

注意：

（1）在分支与汇合的转移处理程序中，不能使用MPS、MRD、MPP、AMB和ORB指令。

（2）一条选择性分支或并行性分支的回路数不能超过8条；有多条选择性分支或并行性分支时，每个初始状态的回路总数不超过16条。

项目实施

根据《可编程控制系统设计师国家职业标准》，应高度重视安全、环保，坚持文明生产，按技术规范完成本项目任务。

1．任务分组

四人一组，分别担任项目经理、电气设计工程师、电气安装员和项目验收员角色，模拟真实 PLC 控制项目的实施过程。分组完成后，有序坐好，小组讨论制订组名、组训和小组 Logo，营造小组凝聚力和文化氛围，并确定任务分工，项目经理完成项目分组表的填写，见表4-2-3。

表4-2-3　项目分组表

<table>
<tr><td>组名</td><td colspan="2"></td><td rowspan="2">小组Logo</td><td rowspan="2"></td></tr>
<tr><td>组训</td><td colspan="2"></td></tr>
<tr><td>团队成员</td><td>学号</td><td>角色指派</td><td colspan="2">职责</td></tr>
<tr><td></td><td></td><td>项目经理</td><td colspan="2">统筹计划、进度，安排和甲方对接，解决疑难问题</td></tr>
<tr><td></td><td></td><td>电气设计工程师</td><td colspan="2">进行电气硬件线路设计、程序设计和编程调试</td></tr>
<tr><td></td><td></td><td>电气安装员</td><td colspan="2">进行电气配盘，配合电气设计工程师进行调试</td></tr>
<tr><td></td><td></td><td>项目验收员</td><td colspan="2">根据任务书、评价表对项目功能、乙方表现进行打分评价</td></tr>
</table>

2．分配I/O口地址，绘制外部接线图

1）I/O口地址分配

根据控制要求，有四个输入设备分别对应启动和洗涤模式选择。洗衣机的运行过程分别有待机、进水、洗涤、排水和脱水工作，由1个指示灯、3个电磁阀和1个接触器进行控制，填写PLC的I/O分配表，见表4-2-4。

表4-2-4　I/O分配表

输　入		输　出	
名称	输入点编号	名称	输出点编号

素材

洗衣机PLC控制I/O分配表

学习笔记

2）绘制外部接线图

根据I/O分配表，绘制外部接线图。

素材

洗衣机PLC控制外部接线图

3．设计梯形图程序和指令表

1）设计状态转移图

素材

洗衣机PLC控制状态转移图

2）设计梯形图程序

注意：

（1）初始状态S0应预先驱动，否则程序不能向下执行，驱动初始状态通常用控制系统的初始条件，若无初始条件，可用特殊辅助继电器M8002或M8000进行驱动。

（2）同一编号的定时器不应在相邻的步程序中使用，不是相邻的步程序则可以使用。

素材

洗衣机PLC控制梯形图程序

3）根据梯形图程序编写指令表

学习笔记

素材

洗衣机PLC控制指令表

4．安装调试系统

1）物料和工具领取

根据实验室配置，填写表4-2-5，按量领取物料和工具。

表4-2-5　领料表

序　号	物料或工具名称	型号与规格	数　量	备　注
1				
2				
3				
4				
5				
6				

2）安装电路

（1）根据外部接线图安装电路。

（2）检查电源是否已经切断，PLC的“STOP/RUN”开关是否置于STOP。

（3）对照设计的PLC安装接线图安装电路，注意用电安全和电路安装规范。

（4）安装完成后，对电路进行检测。用万用表检查同节点的接线端子之间是否完全导通，检查各接线端子是否有差错。

3）联机调试

（1）通电前进行安全检查。

（2）记录调试系统注意事项。

（3）根据项目控制要求调试运行程序。

注意：通电前应进行安全检查，准确无误后才能通电。

项目评价

完成项目实施后根据学生自评、小组互评和教师评价填写项目实施评价表，见表4-2-6。

学习笔记

表4-2-6　项目实施评价表

评价目标	评价内容及标准	配分	学生自评	小组互评	教师评价
知识目标	会描述选择性分支状态转移图	5分			
	会描述洗衣机PLC控制系统的控制原理	5分			
	会描述洗衣机PLC控制系统设计的方法和步骤	5分			
技能目标	元器件选择不合适，每处扣1分，最多扣5分	5分			
	I/O分配不合理，每处扣1分，最多扣10分	10分			
	元器件图形、文字符号错误或不符合国家标准，每处扣1分，最多扣4分	20分			
	接线错误、漏接线，每处扣1分，最多扣4分				
	导线选择不符合规范，每处扣1分，最多扣4分				
	元器件检测是否规范，不规范每处扣1分，最多扣4分				
	仪表使用是否安全正确，每处扣1分，最多扣4分				
	程序编写不符合规范，每处扣1分，最多扣10分	20分			
	编写的程序不能达到控制要求，每处扣2分，最多扣10分				
	输入程序，不能将程序输入到PLC或程序输入错误，最多扣5分	10分			
	调试过程不符合操作规程，每处扣1分，最多扣5分				
职业素养	工具使用：工具使用适合相关操作，使用方法正确、规范，每处扣1分，最多扣3分	10分			
	操作规范：电路连接、设备调试符合工艺要求和规范，每处扣1分，最多扣7分				
	物品摆放：工具、文字书写工具等摆放在指定位置，整齐、有序、便于使用，每处扣1分，最多扣5分	10分			
	工作态度：积极完成工作任务、不怕困难，始终保持工作热情，与同伴相互合作、沟通，分工明确、协调配合，共同完成工作任务。每处扣1分，最多扣5分				
小计					
合计 =（自评30% + 互评30% + 师评40%）					

注：违反安全操作规程，造成安全事故，本项目不得分。

项目拓展

一、能力测试：自动门PLC控制

自动门的普及和应用，改变了人们的防护意识，提升了人们的安全观念。自动门除可美化出入口环境外，由于自动门在通电后可以实现无人看管，同时又能节约空调能源、防风、防尘、减小噪声，于是迅速在国内外的建筑市场上得到大范围的普及。同时也几乎成为了银行、写字楼、酒店等办公娱乐场所装修必不可少的一项配置，如图4-2-6所示。

图 4-2-6　公共场所自动门

自动门PLC控制示意图如图4-2-7所示，人靠近自动门时，红外感应器X000为ON，Y000驱动电动机高速开门，碰到开门减速开关X001时，变为低速开门，碰到极限开关X002时电动机停止转动，开始延时。若在0.5 s内红外感应器检测到无人，Y002驱动电动机高速关门，碰到关门减速开关X003时，改为低速关门，碰到极限开关X004时电动机停止转动。在关门期间若感应器检测到有人，停止关门，延时0.5 s后自动转换为高速开门。试用PLC控制自动门，试用选择序列的顺序功能图进行编程。

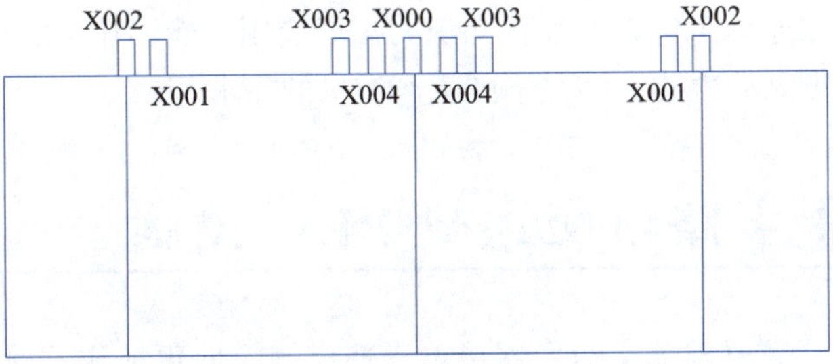

图 4-2-7　自动门 PLC 控制示意图

二、学海领航：单周期和连续工作方式的编程

在顺序控制中，单周期和连续工作方式是极为重要的编程模式，对二者的深入理解有助于拓宽 PLC 技术应用的边界。

在单周期工作方式下，设备按照预定顺序依次执行各个动作，完成一个完整的工作周期后便停止运行。这种方式适用于只需要按特定顺序执行一次任务的场景，如特定零件的一次性加工流程。在编程实现时，通过对各个步骤的状态进行细致编码，使用状态继电器（如三菱PLC中的S元件）精准标识每个阶段。当一个步骤执行完毕，利用相应的转移条件触发并激活下一个状态，直至整个周期结束。例如，在一个简单的物料搬运系统中，首先控制机械手臂下降抓取物料，此时处于一个特定状态，当检测到抓取到位的传感器信号时，作为转移条件，驱动机械手臂上升并移动到指定位置放置物料，进入下一个状态，完成一次搬运任务后停止。这种编程方式逻辑清晰，易于理解和维护，对于初学者掌握顺序控制的基本原理十分有帮助。

而连续工作方式则更进一步，设备在完成一个工作周期后，会自动进入下一个周期，持续不断地重复执行任务。这在大规模生产、自动化流水线中应用广泛，如汽车零部件的连续组装过程。编程时，除了要设置好每个周期内各个步骤的执行逻辑，还需巧妙设

学习笔记

计循环机制。可以借助计数器或特殊的循环指令实现。例如，利用计数器记录工作周期的次数，当达到预设的生产数量后停止循环；或者通过特定的标志位，在一个周期结束时，自动触发下一个周期的开始。在连续工作模式下，对系统的稳定性和可靠性要求更高，因为设备会长时间不间断运行。所以，在编程过程中需要充分考虑异常情况的处理，如设备故障检测与报警、物料供应中断的应对措施等。

也可以将单周期和连续工作方式进行灵活组合。例如，在某些生产场景中，可能需要先进行几次单周期操作，对设备进行调试或特定样本的生产，然后切换到连续工作模式进行大规模生产。这就要求在编程时设置相应的模式选择开关，通过对开关信号的检测，决定设备执行单周期还是连续工作流程。

另外，在实际应用中，不同工作方式下的速度控制也是一个重要的拓展点。根据生产需求，可能需要在单周期时以较慢速度运行，便于观察和调试；而在连续工作时，为提高生产效率，加快运行速度，可以通过调整 PLC 输出脉冲的频率或者控制电动机的转速实现，并且要确保在速度变化时，设备的动作顺序和稳定性不受影响。

同时，结合通信技术，可以实现远程监控和控制不同工作方式下的 PLC 设备。例如，通过工业以太网，工程师在办公室就能实时查看设备处于单周期还是连续工作状态，甚至可以远程修改工作模式、调整运行参数，极大地提高了生产管理的便捷性和效率。

通过对单周期和连续工作方式编程知识的拓展应用，能够让 PLC 在更复杂、多样化的工业环境中发挥更大的效能，满足不同生产场景的需求。

项目 3　十字路口交通灯 PLC 控制

建设交通强国，需要推动交通发展由追求速度规模向更加注重质量效益转变，由各种交通方式相对独立发展向更加注重一体化融合发展转变，由依靠传统要素驱动向更加注重创新驱动转变。这包括完善综合运输大通道、综合交通枢纽和物流网络，加快城市群和都市圈轨道交通网络化，提高农村和边境地区交通通达深度，从而构建安全、便捷、高效、绿色、经济的现代化综合交通体系，打造一流设施、一流技术、一流管理、一流服务，建成人民满意、保障有力、世界前列的交通强国。常见的现代智慧城市交通管理如图4-3-1所示。

图 4-3-1　智慧城市交通管理

学习笔记

项目目标

一、知识目标

1. 能够分析十字路口交通灯PLC控制系统的控制要求；
2. 掌握并行分支状态转移图的基本概念，了解并行性分支的特点；
3. 掌握分支与汇合两个状态的编程原则和方法。

二、技能目标

1. 能够根据系统控制要求进行I/O分配，绘制外部接线图；
2. 能够熟练绘制状态转移图（SFC），并运用SFC编程语言完成系统程序的编写；
3. 能够配合 PLC 实验模块完成设计系统的安装、调试与监控。

三、素养目标

1. 在项目实施过程中，培养学生的工匠精神和社会责任感；
2. 培养学生技能服务生活、科技创造美好的职业情怀。

项目描述

交通信号灯的出现，使交通得以有效管制，对于疏导交通流量、提高道路通行能力、减少交通事故有明显效果。为了实现交通道路的管理，力求交通管理的先进性、科学化，使用PLC实现交通管制的控制系统，能够有效地疏导交通，并提高交通路口的通行能力。

使用PLC设计交通灯控制系统，图4-3-2所示为十字路口交通灯实验模块。

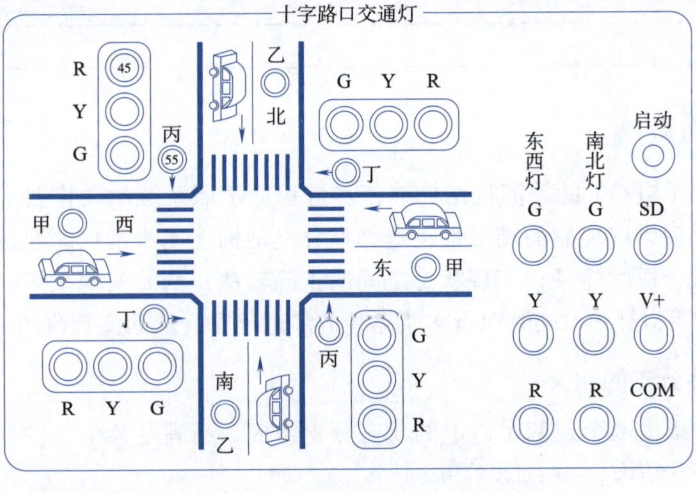

图 4-3-2　十字路口交通灯实验模块

合上启动开关SD，交通信号灯控制系统开始工作，工作过程如下：

（1）南北红灯亮20 s，同时东西绿灯亮15 s，然后绿灯闪烁3次（周期1 s）后熄灭；东西黄灯亮2 s，然后熄灭，东西红灯亮，同时南北红灯熄灭，绿灯亮。

（2）东西红灯亮20 s，同时南北绿灯亮15 s，然后绿灯闪烁3次（周期1 s）后熄灭；

学习笔记

南北黄灯亮2 s，然后熄灭，南北红灯亮，同时东西红灯熄灭，绿灯亮。依此循环。

（3）当断开开关 SD后，系统循环一个周期后停止。

一、项目分析

本项目的控制过程按照时间顺序（时序）进行，通过对控制要求分析可知，东西方向和南北方向可看作两条同时进行的支路，因此可采用并行性分支结构的状态转移图完成本任务。

二、项目引导

1．简述十字路口交通灯PLC控制系统的控制要求。

____

2．分析十字路口交通灯PLC控制系统的工作流程。

____

3．什么是并行性分支，并行性分支的特点有哪些？

____

知识链接

状态转移图（SFC）的单流程结构能使步进程序按照系统的动作要求，一步一步顺序执行，从而实现系统控制的连贯性；选择性分支结构能使步进程序通过对不同条件的判断选择一条最合适的途径，实现状态之间的正确转移，从而实现系统的可选择性；并行性分支结构则可以让PLC同时执行多条路径的步进程序，从而实现更为复杂的控制。

一、并行性分支的定义

并行性分支指由两个或两个以上的状态分支组成，当满足某个条件后使多个分支流程同时执行的分支结构。

二、并行性分支的特点

图4-3-3所示为具有三个支路的并行性分支程序的状态转移图。

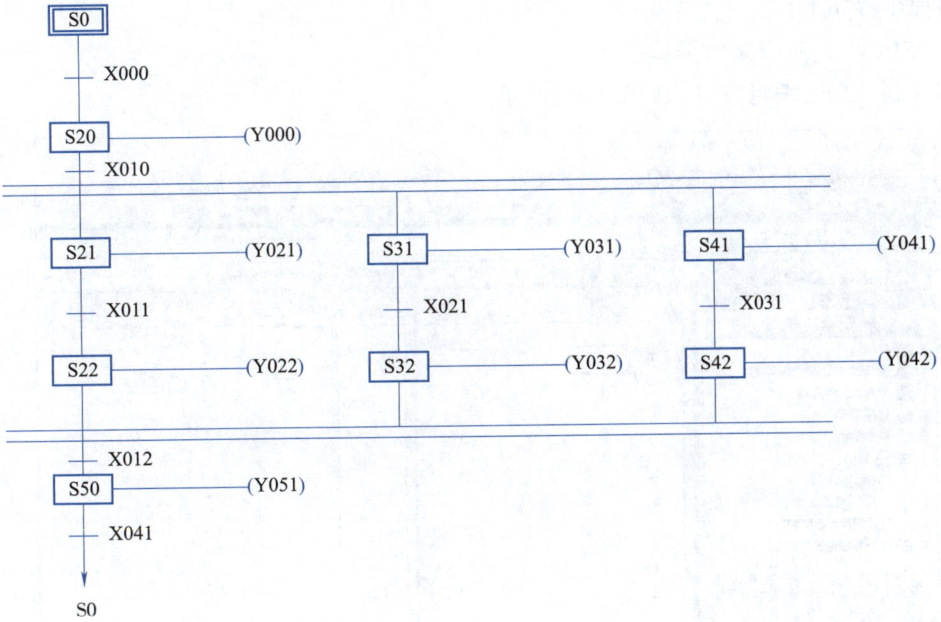

图 4-3-3 并行性分支程序

该程序特点如下：

（1）若S20已动作，则只要分支转移条件X000成立，三个流程（S21、S22，S31、S32，S41、S42）同时并列执行，没有先后之分。

（2）当各流程的动作全部结束时（先执行完的流程要等待全部流程动作完成），一旦X012为ON，则汇合状态S50动作，S22、S32、S42全部复位。若其中一个流程未执行完毕，则S50不会动作。另外，并行性流程在同一时间可能有两个或两个以上的状态处于"激活"状态。

三、并行性分支的编程

并行性分支的编程与选择性分支的编程相同，先进行驱动处理，然后进行转移处理，所有转移的转移处理按顺序执行。根据并行性分支的编程方法，首先对S20进行驱动处理（OUT Y000），然后按第一分支（S21、S22）→第二分支（S31、S32）→第三分支（S41、S42）的顺序进行处理。并行性分支程序的指令表见表4-3-1。

表4-3-1 并行性分支程序指令表

步 序	操 作 码	操 作 数	备 注
0	STL	S20	
1	OUT	Y000	驱动处理
2	LD	X000	转移条件
3	SET	S21	转移到第1分支
4	SET	S31	转移到第2分支
5	SET	S41	转移到第3分支

并行性汇合的编程与选择性汇合的编程相同，先进行汇合前状态的驱动处理，然后按顺序向汇合状态进行转移处理。根据并行性汇合的编程方法，首先对S21、S22、S31、S32、S41、S42进行驱动处理，然后按S22、S32、S42的顺序向S20转移。并行性分支

学习笔记

SFC编程步骤如下：

1. SFC块程序框架的编辑

（1）进入SFC编辑窗口，如图4-3-4所示。

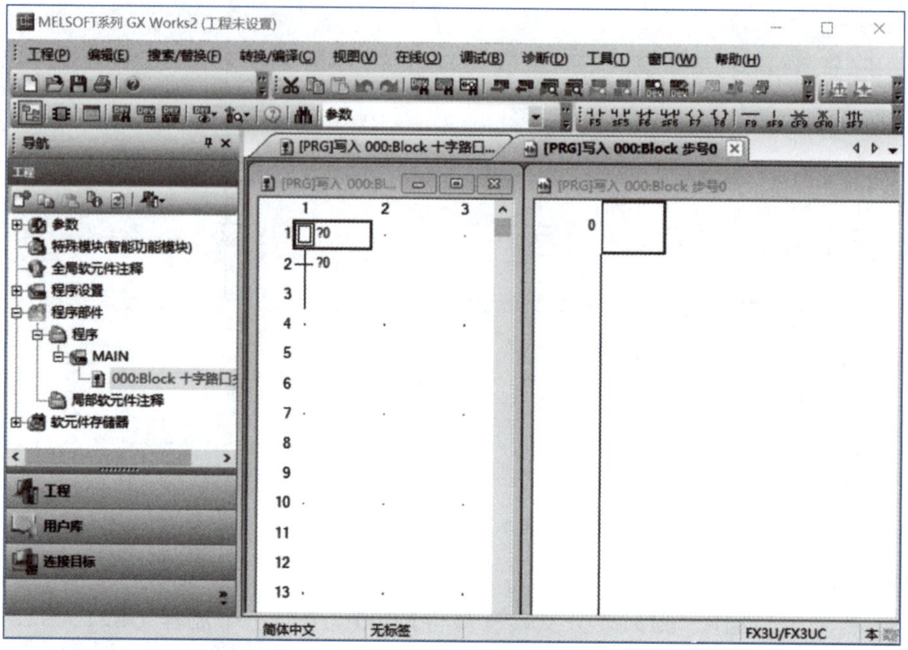

图 4-3-4　SFC 编辑窗口

（2）将光标放在4×1位置，单击按钮，输入编号“20”，生成状态框“S20”；将光标放在 5 × 1 位置，单击按钮，图形符号为“==D”，输入编号为“1”，生成并行性序列分支，如图4-3-5所示。

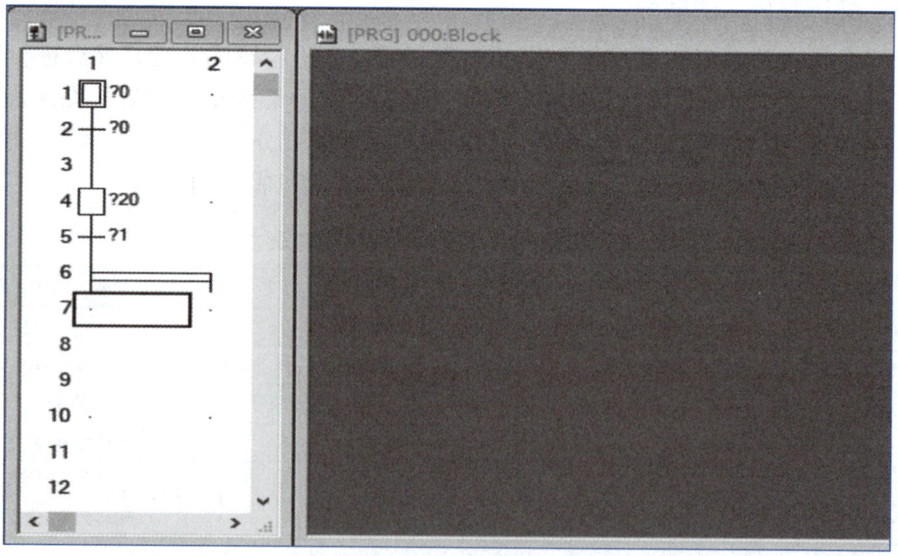

图 4-3-5　生成并行性序列分支

按照表4-3-2中的步序进行其余SFC程序图的编辑操作。

学习笔记

表4-3-2　并行性分支编辑指令表

步　序	光标位置	操　作	图形结果
1	7×1	单击按钮，输入编号21	生成状态框21
2	7×2	单击按钮，输入编号31	生成状态框31
3	7×3	单击按钮，输入编号41	生成状态框41
4	8×1	单击按钮，输入编号2	生成横线 2
5	10×1	单击按钮，输入编号 22	生成状态框22
6	8×2	单击按钮，输入编号3	生成横线3
7	10×2	单击按钮，输入编号 32	生成状态框32
8	8×3	单击按钮，输入编号4	生成横线4
9	10×3	单击按钮，输入编号 42	生成状态框42
10	11×1	单击按钮，输入编号1	生成并列分支1
10	11×2	单击按钮，输入编号2	生成并列分支2
11	12×1	单击按钮，输入编号5	生成横线5
12	13×1	单击按钮，输入编号 23	生成状态框23

完成上述操作后，形成图4-3-6所示的SFC程序框架图。

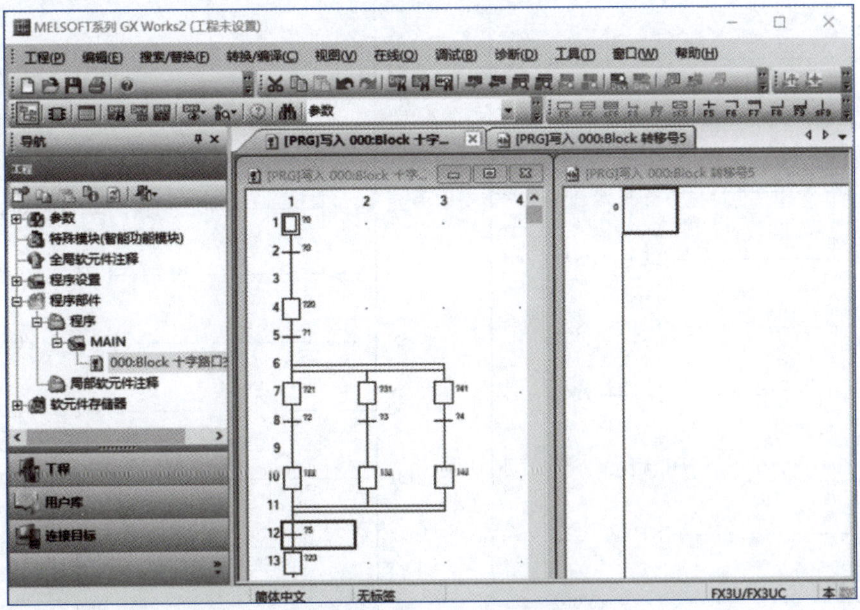

图 4-3-6　SFC 程序框架图

2．SFC程序块内置梯形图编辑

对每个状态框和转换条件横线进行内置梯形图输入，具体操作步骤可参考本模块项目1。

3．SFC程序整体转换

按【F4】键进行程序的转换。

学习笔记

四、并行性分支梯形图的编程原则

先处理分支状态，后集中处理汇合状态。如图4-3-7所示，先进行S20分支状态的编程，再进行S23汇合状态的编程。

1．分支状态的处理

处理并行分支状态时，先对各分支进行集中转移处理，然后再分别按顺序对各分支进行编程。

在图4-3-7中，在分支状态S20中先进行驱动处理（OUT Y000），并集中进行三个分支的状态转移处理（SET S21、SET S31和SET S41），然后按顺序分别对三个分支进行编程。

2．汇合状态的处理

处理并行汇合状态时，先使用STL指令将处于各分支最后的状态分别激活，再集中进行向汇合状态的转移处理，以保证每个分支在任务执行完毕后才能向汇合状态转移，然后再对汇合状态进行编程。

在图4-3-7中，先利用步进节点指令STL S22、STL S32、STL S42将处于各分支最后的状态激活，再通过转移条件X004，集中转移到并行分支的汇合状态S23，最后进行输出（OUT Y007）等其他处理。

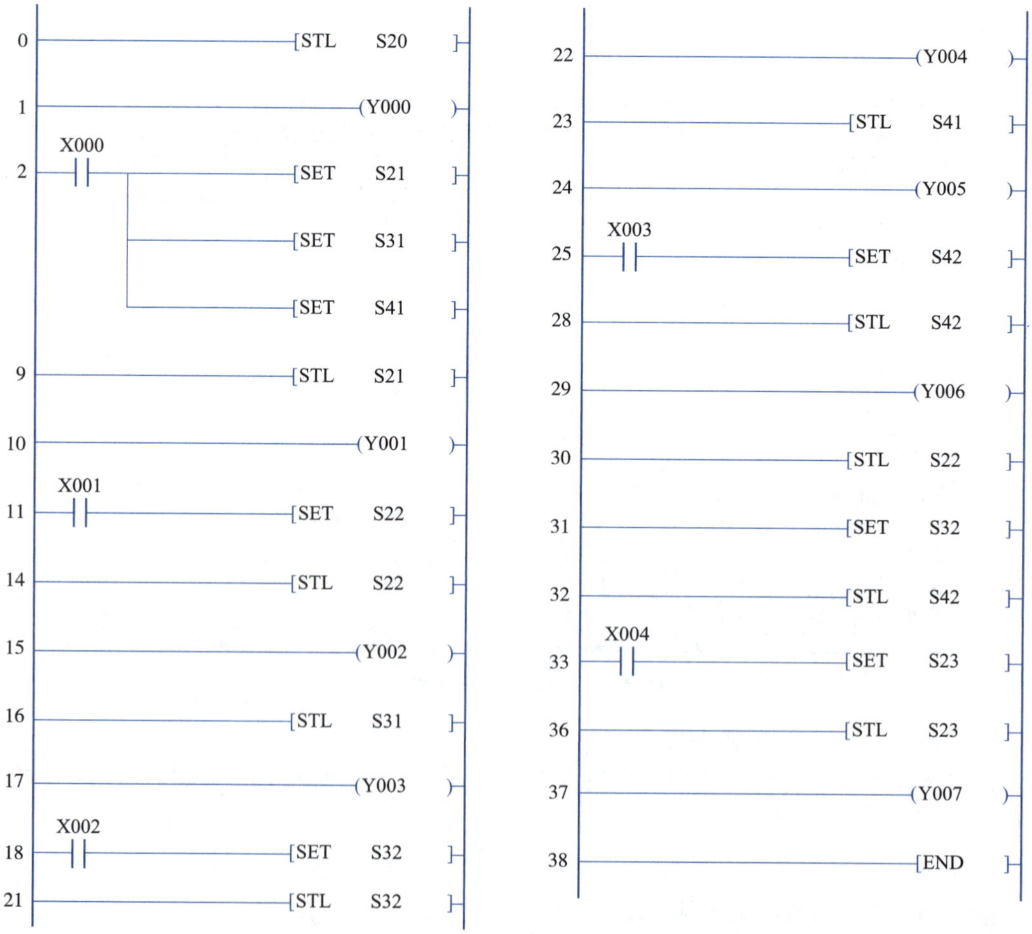

图 4-3-7　并行性分支程序对应梯形图

学习笔记

项目实施

根据《可编程控制系统设计师国家职业标准》，应高度重视安全、环保，坚持文明生产，按技术规范完成本项目任务。

1．任务分组

四人一组，分别担任项目经理、电气设计工程师、电气安装员和项目验收员角色，模拟真实 PLC 控制项目的实施过程。分组完成后，有序坐好，小组讨论制订组名、组训和小组 Logo，营造小组凝聚力和文化氛围，并确定任务分工，项目经理完成项目分组表的填写，见表4-3-3。

表4-3-3　项目分组表

组名		小组Logo	
组训			
团队成员	学号	角色指派	职责
		项目经理	统筹计划、进度，安排和甲方对接，解决疑难问题
		电气设计工程师	进行电气硬件线路设计、程序设计和编程调试
		电气安装员	进行电气配盘，配合电气设计工程师进行调试
		项目验收员	根据任务书、评价表对项目功能、乙方表现进行打分评价

2．分配I/O口地址，绘制外部接线图

1）I/O口地址分配

根据控制要求，填写PLC的I/O分配表，见表4-3-4。

表4-3-4　I/O分配表

输　入		输　出	
名称	输入点编号	名称	输出点编号
启动按钮SB1	X001	东西绿灯HL1、HL2	Y001
停止按钮SB2	X002	东西黄灯HL3、HL4	Y002
		东西红灯HL5、HL6	Y003
		南北绿灯HL7、H8	Y004
		南北黄灯HL9、HL10	Y005
		南北红灯HL11、HL12	Y006

2）绘制外部接线图

根据I/O分配表，绘制外部接线图。

素材

十字路口交通灯PLC控制I/O分配表

素材

十字路口交通灯PLC控制外部接线图

学习笔记

3．设计梯形图程序和指令表

1）设计状态转移图

素材

十字楼口交通灯PLC控制状态转移图

2）设计梯形图程序

方法一：

用梯形图编程语言编写程序。

素材

十字路口交通灯PLC控制梯形图程序

方法二：

用SFC编程语言设计程序。

学习笔记

素材

SFC语言设计十字路口交通灯PLC控制程序编写

3）根据梯形图程序编写指令表

素材

十字路口交通信号灯PLC控制指令表

4．安装调试系统

1）物料和工具领取

根据实验室配置，填写表4-3-5，按量领取物料和工具。

表4-3-5　领料表

序　号	物料或工具名称	型号与规格	数　量	备　注
1				
2				
3				
4				
5				
6				

2）安装电路

（1）根据外部接线图安装电路。

（2）检查电源是否已经切断，PLC的“STOP/RUN”开关是否置于STOP。

（3）对照设计的PLC安装接线图安装电路，注意用电安全和电路安装规范。

（4）安装完成后，对电路进行检测。用万用表检查同节点的接线端子之间是否完全

学习笔记

导通，检查各接线端子是否有差错。

3）联机调试

（1）通电前进行安全检查。

（2）记录调试系统注意事项。

（3）根据项目控制要求调试运行程序。

注意： 通电前应进行安全检查，准确无误后才能通电。

项目评价

完成项目实施后根据学生自评、小组互评和教师评价填写项目实施评价表，见表4-3-6。

表4-3-6　项目实施评价表

评价目标	评价内容及标准	配分	学生自评	小组互评	教师评价
知识目标	会分析十字路口交通灯PLC控制系统的控制要求	5分			
	能说明并行性分支状态转移图的基本概念	5分			
	能说出编程的原则和方法	5分			
技能目标	元器件选择不合适，每处扣1分，最多扣5分	5分			
	I/O分配不合理，每处扣1分，最多扣10分	10分			
	元器件图形、文字符号错误或不符合国家标准，每处扣1分，最多扣4分	20分			
	接线错误、漏接线，每处扣1分，最多扣4分				
	导线选择不符合规范，每处扣1分，最多扣4分				
	元器件检测是否规范，不规范每处扣1分，最多扣4分				
	仪表使用是否安全正确，每处扣1分，最多扣4分				
	程序编写不符合规范，每处扣1分，最多扣10分	20分			
	编写的程序不能达到控制要求，每处扣2分，最多扣10分				
	输入程序，不能将程序输入到PLC或程序输入错误，最多扣5分	10分			
	调试过程不符合操作规程，每处扣1分，最多扣5分				
职业素养	工具使用：工具使用适合相关操作，使用方法正确、规范，每处扣1分，最多扣3分	10分			
	操作规范：电路连接、设备调试符合工艺要求和规范，每处扣1分，最多扣7分				
	物品摆放：工具、文字书写工具等摆放在指定位置，整齐、有序、便于使用，每处扣1分，最多扣5分	10分			
	工作态度：积极完成工作任务、不怕困难，始终保持工作热情，与同伴相互合作、沟通，分工明确、协调配合，共同完成工作任务。每处扣1分，最多扣5分				
小计					
合计 =（自评30% + 互评30% + 师评40%）					

注：违反安全操作规程，造成安全事故，本项目不得分。

学习笔记

项目拓展

一、能力测试：双头钻床的PLC控制系统

设计一个用 PLC 控制的双头钻床的控制系统，其工作示意图如图4-3-8所示。

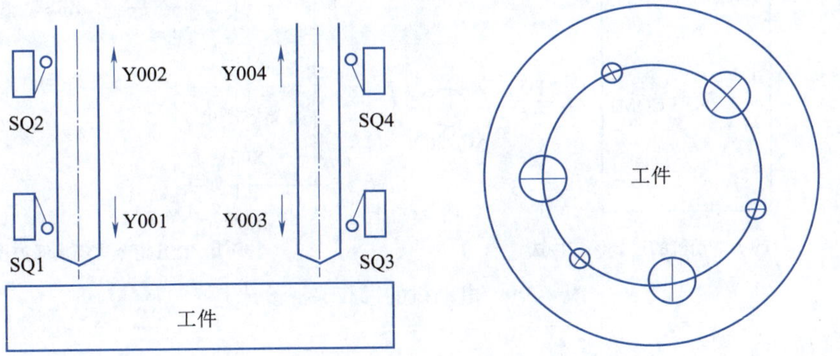

图 4-3-8　双头钻床的工作示意图

控制要求如下：

（1）双头钻床用于加工圆盘状零件上均匀分布的六个孔。操作人员将工件放好后，按下启动按钮，工件被夹紧，夹紧时压力继电器为 ON，此时两个钻头同时开始向下进给。大钻头钻到设定深度（SQ1）时，钻头上升，升到设定起始位置（SQ2）时，停止上升；小钻头钻到设定深度（SQ3）时，钻头上升，升到设定起始位置（SQ4）时，停止上升。两个钻头都到位后，工件旋转120°，旋转到位时SQ5为 ON，然后开始钻第二对孔。三对孔都钻完后，工件松开，松开到位时，限位开关SQ6为 ON，系统返回初始位置。

（2）具有手动和自动运行功能。

（3）具有急停功能。

（4）用步进指令或SFC语言对其进行编程。

二、学海领航：顺序功能图的过载保护和停止编程

1．顺序功能图中电动机的过载保护设计

如果将电动机热继电器的触点直接接在接触器的线圈电路中，则与程序控制无关。若需要过载保护参与程序控制，可将热继电器的常闭触点接入输入继电器X004端口，如图4-3-9（a）所示。

利用输出禁止辅助继电器M8034，在程序最上面添加图4-3-9（b）所示的一行程序。当电动机过载时，热继电器的常闭触点FR断开，与之相连接的X004 失电，X004的常闭触点恢复闭合，M8034得电，禁止所有输出继电器Y，此时程序虽然运行，但输出端口Y全部关断（OFF），故障排除后，M8034断电，输出端口Y开启（ON）。

还可以利用区间复位指令ZRST。如图4-3-9（c）所示，将过载保护开关 X004与紧急停止按钮X003并联，发生过载时，X004失电，其常闭触点恢复闭合，执行区间复位指令ZRST，状态继电器S20～S22全部复位，程序被终止。故障排除后，程序重新运行。

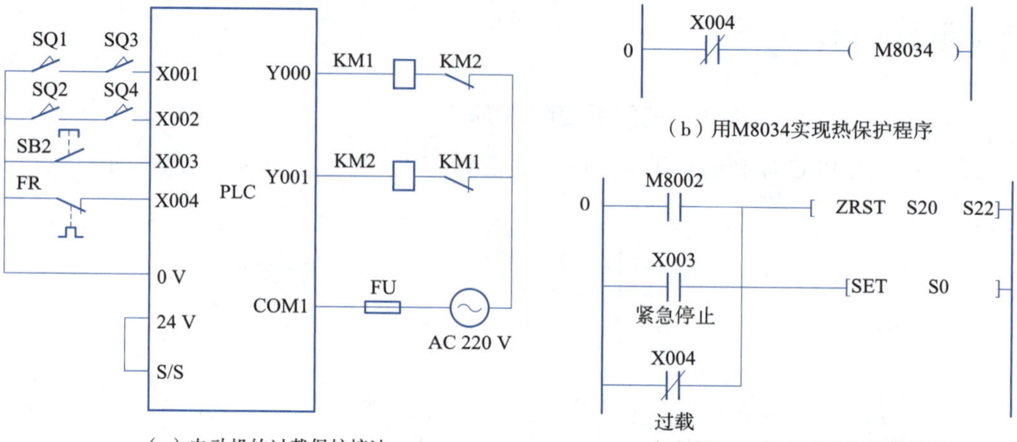

（a）电动机的过载保护接法

（b）用M8034实现热保护程序

（c）用ZRST指令实现热保护程序

图 4-3-9　电动机的过载保护设计

2．顺序功能图中的停止设计

顺序控制过程是一个状态接着一个状态顺序依次进行的过程，在不同情况下，停止的方式可能不一样，根据具体的工艺要求，停止按钮的设置也可能不止一个，且含义和作用也不一样。下面介绍在顺序功能图中不同的停止方法。

1）用区间复位指令ZRST实现紧急停止控制

如图4-3-9（c）所示，按下紧急停止按钮X003，执行区间复位指令ZRST，不管程序执行到哪步，马上对系统运行过程进行急停控制，同时 X003 将初始步 S0 置位。若不同时将 S0 置位，则程序不处在待机状态，就不能按启动按钮重新启动。

2）用特殊辅助继电器 M8031、M8032实现停止控制

特殊辅助继电器M8031和M8032 得电时，可以将Y、M、S、T、C的ON/OFF影像存储器和T、C、D的当前值全部清零。区别在于M8031是将非停电保持存储器全部清零，M8032是将停电保持存储器全部清零。

如图4-3-10所示，运行中停止须按停止按钮X001，由于有停电保持元件，需同时用M8031和M8032清零。运行停止后再启动，要先按X002进行复位，再按X000才能启动运行。运行中突然发生停电，运行中的状态与数据都会保持；重新送电后，会在停电时的状态下继续运行。

3）按下停止按钮完成一周期的工作后停止

在连续循环方式的运行过程中，按下停止按钮X001，不管系统正在哪个状态工作，都需要完成本周期全部工作任务并回到原点后，才允许停止运行。因此，需要用SET指令将停止信号X001保持住。如图4-3-11所示，由于停止时已置位M0，因此，不管停止时系统正在哪个状态工作，都将继续执行顺序流程中剩余的任务，直到执行完最后一步S40，如果在最后一步S40时，M0为1，系统转移到S0停止运行，在S0步，用RST指令复位停止保持信号M0；如果在最后一步S40时，没有检测到停止保持信号M0，则转移到S20步继续下一个周期的运行。

学习笔记

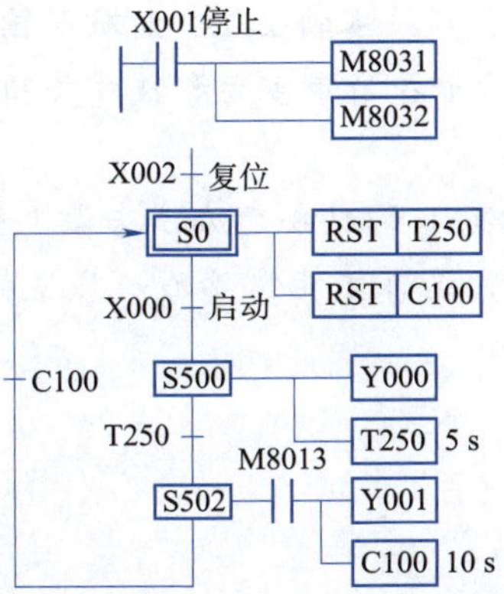

图 4-3-10　用 M8031、M8032 实现停止控制

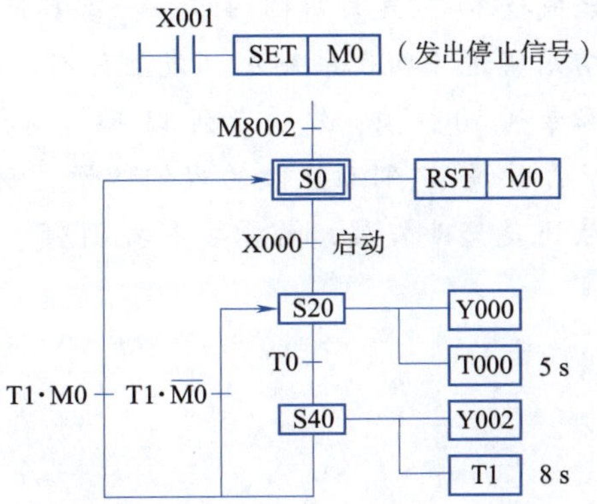

图 4-3-11　完成一周期工作后停止

匠人匠心——科技创新、自强不息

张存升的故事

张存升是河南省力量钻石股份有限公司的总工程师、研发中心主任。工作 20 年来，他扎根于车间生产和研发一线，勤于钻研，精益求精，带领科研团队攻克钻石培育的多项技术难关。张存升说，钻石的原石是金刚石，是自然界中天然存在的最坚硬的物质之一，但于自己而言，最牢不可破的不是金刚石，而是自己对超硬材料领域的热爱。正是这份热爱，让张存升从一名普通的技术员一步步成长为行业的翘楚、领域里的标杆。

70 本工作笔记铸造扎实基本功。看工艺、记参数、分析结果、制定方案、研究工序、制作产品……这样的日子，张存升坚持了 20 年。实力铸造，非一朝一夕之功。2005 年，从河南工业大学超硬材料及制品专业毕业后，张存升就进入超硬材料行业，从事金刚石技术研发工作。“我是从操作工开始干起的，大学毕业后先开了半年机，随后从工艺员、技术员、实验员、技术部长，一步一步才到了总工程师。”在张存升看来，从事技术研发工作不仅要有充足的理论知识，还要有扎实的实战经验。几年下来，张存升积累了三厚摞密密麻麻的笔记本。“这些都是我参加工作以来的记录，里面主要是一些实验数据和实验总结，大概有六七十本。”凭借着执着和努力，张存升从一名操作工一步步迈向拥有技术研发大权的总工程师。“行业一直在进步，技术一直在更新，如果不想被淘汰，就必须不断学习，不断积累经验。”

3 万小时实验“换来”钻石技术。张存升带领研发团队，从结构、材料、性能到工艺的各个方面不断试错、摸索设计，经过超万小时的实验，上百次的改进，最终，张存升带领团队实现了由最初生产的 10 分量级到如今的 30 克拉量级大单晶的合成，并根据其合成特点，发明设计了一种全新合成结构，最长合成时间达 7 天以上，保温性能得到显著提升，产品品质可以完全替代天然钻石。无色宝石级大单晶的研发成功，使这项技术在获得国家专利的同时，也使张存升所在的力量钻石一举成为国内首个完全自主研发的企业，并于 2015 年全面推广实现了产业化，形成年产 30 万克拉规模，产品远销印度、欧美等国家。

持续创新，培育核心竞争力。2018 年，张存升参与承担“C 芯片超精加工用特种金

学习笔记

刚石合成技术”，是目前国内唯一一家具备该项产品生产技术的企业，打破了国外垄断，年新增销售达 1 000 余万元。截至目前，张存升先后承担省市重大科技攻关项目 5 项，获国家专利 50 余项，发明专利 11 项，省科技成果 8 项。

张存升说：“别人能做的我们能做，别人不能做的我们更要想办法去做！无论是个人发展还是产业发展，都需要科技引领、创新驱动，这样才能像钻石一样发掘出更多切面。”

模块五

FX 系列 PLC 功能指令应用

学习笔记

引言

PLC 的基本指令主要用于逻辑功能处理，步进顺控指令用于顺序逻辑控制系统。但在工业自动化控制领域中，许多场合需要数据运算和特殊处理。因此，现代 PLC 中引入了功能指令（又称应用指令）。功能指令主要用于数据的传送、运算、变换及程序控制等功能。功能指令的出现大大拓宽了 PLC 的应用范围，也给用户编制程序带来了极大的方便。

PLC 功能指令有一百多条，本模块主要介绍常用的传送指令、比较指令、运算指令、数据处理指令等，其余指令读者可参阅 FX 系列 PLC 编程手册。功能指令是“1+X”、电工技师（二级）职业技能标准中“可编程控制系统编程与维护”的重要知识点和技能点。对标电工技师和《可编程控制系统集成及应用职业技能等级标准》中“控制器程序开发（中级）”工作岗位的职业技能需求和工作规范，将其岗位学习任务分解为 3 个项目，让学生了解功能指令的通用格式和数据结构，掌握常用功能指令的功能和使用方法，能使用功能指令编写简单程序并完成硬件接线和程序调试。

思维导图

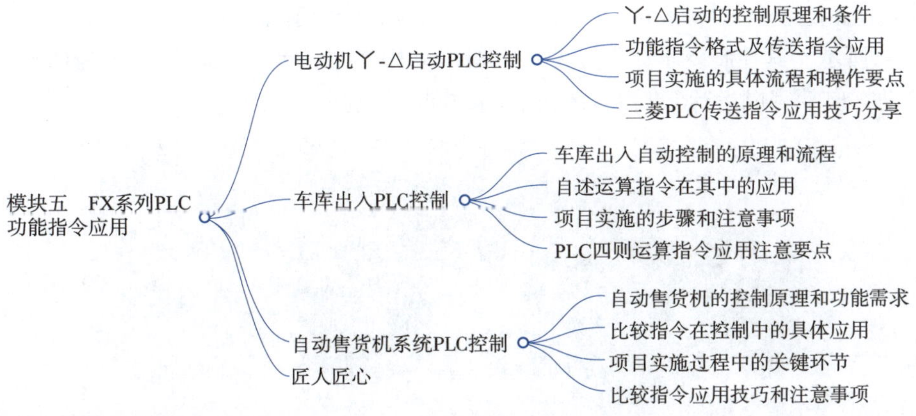

项目 1　电动机Y-△启动 PLC 控制

异步电动机的Y-△启动控制是一种常用的降压启动方法，通过在启动过程中改变电动机定子绕组的连接方式降低启动电流，从而避免过大的电流冲击电网。在Y-△启动过

学习笔记

程中，电动机首先以星形（Y形）连接启动，当转速上升到接近额定转速时，再转换为三角形（△形）连接，进入全电压正常运行状态。PLC可以用于实现Y-△启动控制的自动化，通过梯形图程序控制接触器的切换，确保电动机在正确的时刻以正确的方式进行启动和运行。PLC的软件设计中可以使用基本指令和软元件，也可以用功能指令实现控制功能，并用PLC内的定时器控制Y-△切换时间。

项目目标

一、知识目标

1. 了解电动机Y-△启动PLC控制原理；
2. 了解功能指令的组成部分；
3. 了解传送指令的基本原理。

二、技能目标

1. 会分配I/O口，能够绘制电动机Y-△启动PLC控制的硬件接线图并接线；
2. 能够写出控制梯形图程序；
3. 会调试并优化控制程序。

三、素养目标

1. 通过了解电动机Y-△启动PLC控制的应用，引导学生探索电动机降压启动的实际应用，使学生注重生产实践；

2. 通过学习，培养学生严谨细致、精益求精的工作态度。

项目描述

某高速路隧道全长1 000 m，三车道，单向行驶，安装射流风机两台，每台功率10 kW，如图5-1-1所示。其控制要求如下：两台风机均采用Y-△启动，启动时间均为10 s；1号风机先启动，启动完成运行5 s后2号风机启动，同时停止。

图 5-1-1　射流风机

一、项目分析

按照控制要求，两台风机均采用Y-△降压启动，两台风机启动时间间隔为5 s，属于顺序控制，即按下启动按钮，1号风机Y形连接降压启动，经过设定启动时间（10 s）后风机转换为△形全压运行，再延时5 s，2号风机Y形连接降压启动，经过设定的启动时间（10 s）后风机转换为△形全压运行。

本项目使用 PLC 控制两台风机的Y-△降压启动，并应用传送功能指令编写PLC控制程序。

二、项目引导

1. 分析Y-△降压启动的工作原理。

____

____

____

____

2. 顺序启动的特点是什么？

____

____

____

____

知识链接

一、三相异步电动机采用Y-△降压启动的相关条件

当负载对电动机启动力矩无严格要求又要限制电动机启动电流，电动机满足 380 V/△接线条件且正常运行时，定子绕组接成三角形才能采用Y-△启动方法，具体条件如下：

1. 电动机的额定容量

三相异步电动机的额定容量为7.5 kW以上。

2. 满足经验公式

$$I_{st}/I_N<0.75+S_T/4P_N$$

式中　S_T——公用变压器容量，kVA；

P_N——电动机额定功率，kW；

I_{st}/I_N——电动机启动电流和额定电流之比。

3. 电动机绕组的外接端子

Y-△降压启动的电动机三相绕组共有六个外接端子：U1-U2、V1-V2、W1-W2。Y形启动：U2-V2-W2相连，U1、V1、W1三端接三相交流电压380 V，此时每相绕组电压为220 V，较直接加380 V启动电流大为降低，避免了过大的启动电流对电网造成的冲击。此时的转矩相对较小，但电动机可达到一定的转速。△运行：经Y形启动的电动机运行一段时间达到一定转速后，电器开关将六个接线端子转换为△连接：U1-W2、V1-U2、W1-V2，并再次接到380 V电源时每相绕组电压为380 V，转矩和转速大大提高，电动机进入额定条件下运行。

学习笔记

二、功能指令的格式构成

功能指令的表示格式与基本指令不同。功能指令用编号FNC00～FNC294表示，并给出对应的助记符（大多用英文名称或缩写表示）。例如，FNC45的助记符是MEAN（平均），当使用简易编程器时输入FNC45，若采用智能编程器或在计算机上编程时可输入助记符 MEAN。

FX2N系列PLC的功能指令由功能号、助记符和操作数三部分组成。图5-1-2所示为一个计算平均值指令，包括三个操作数，[S]表示源操作数，[D]表示目标操作数，如果使用变址功能，则可表示为[S·]和[D·]。当源或目标操作数不止一个时，用[S1·]、[S2·]、[D1·]、[D2·]表示。用n和m表示其他操作数，它们常用于表示常数K和H，或作为源和目标操作数的补充说明，当这样的操作数较多时可用n1、n2和m1、m2等表示。

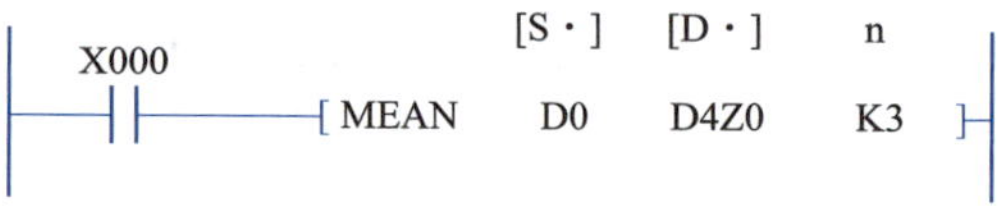

图 5-1-2　功能指令表示格式

图5-1-2中的源操作数为DO、D1、D2，目标操作数为D4Z0（Z0为变址寄存器），K3表示有三个数，即源操作数［S·］中的D0、D1、D2。当X000接通时，执行的操作为[（D0）+（D1）+（D2）]÷3→（D4Z0），如果Z0的内容为20，则运算结果送入D24 中。

功能指令的指令段通常占一个程序步，16位操作数占两步，32位操作数占四步。

功能指令有连续执行和脉冲执行两种类型。如图5-1-3所示，传送指令助记符 MOV后面的P表示脉冲执行，即该指令仅在 X000接通（ON）时执行（将D10中的数据送到 D12中）一次；如果没有P则表示连续执行，即该指令在X000接通（ON）的每个扫描周期都要被执行。

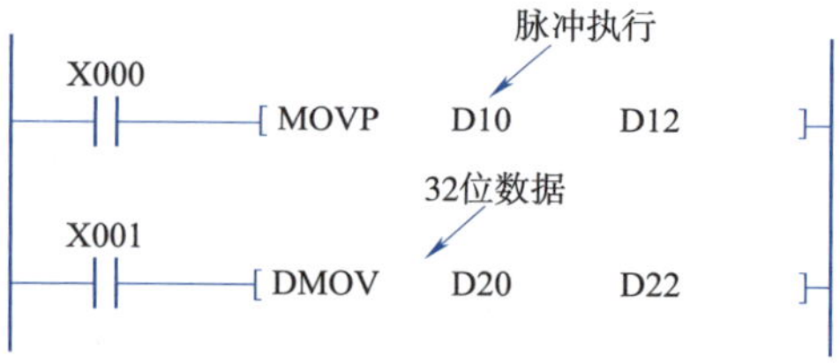

图 5-1-3　功能指令的执行方式与数据长度的表示

功能指令可处理16位数据或32位数据。处理32位数据的指令是在助记符前加D标志，无此标志即为处理16位数据的指令。注意32位计数器（C200～C255）的一个软元件为32位，不可作为处理16位数据指令的操作数使用。如图5-1-3 所示，若 MOV 指令前面带有D，则当X001接通时，执行D21 D20→D23 D22（32 位）。在使用 32 位数据时建议使用首编号为偶数的操作数，不容易出错。

X、Y、M、S等只处理 ON/OFF 信息的软元件称为位元件；而T、C、D 等处理数值的软元件则称为字元件，一个字元件由16 位二进制数组成。

位元件可以通过组合使用，四个位元件为一个单元，通用表示方法是由K*n*加起始的软元件号组成，*n*为单元数。例如，K2M0表示M7～M0组成两个位元件组（K2表示2个单元），它是一个8位数据，M0为最低位。又如，K1X0相当于X003～X000，K4Y0相当于

学习笔记

Y017 ~ Y000。如果将16位数据传送到不足16位的位元件组合（*n*<4）时，只传送低位数据，多出的高位数据不传送，32位数据传送同理。被组合的元件首位可以任意选择，但为避免混乱，建议采用编号以0结尾的元件，如 S10、X000、X020 等。

在FX系列PLC内部，数据以二进制补码的形式存储，所有四则运算都使用二进制数。二进制补码的最高位为符号位，正数的符号位为0，负数的符号位为1。FX 系列 PLC 可实现二进制码与 BCD 码的相互转换。

三、数据传送指令MOV

MOV指令的编号为FNC12，该指令的功能是将源操作数的数据传送到指定的目标操作数中。如图5-1-4所示，当X001为ON时，则将[S·]中的数据K100传送到目标操作元件[D·]即D10中。在指令执行时，常数 K100 会自动转换为二进制数。当X001为OFF时，则指令不执行，数据保持不变。

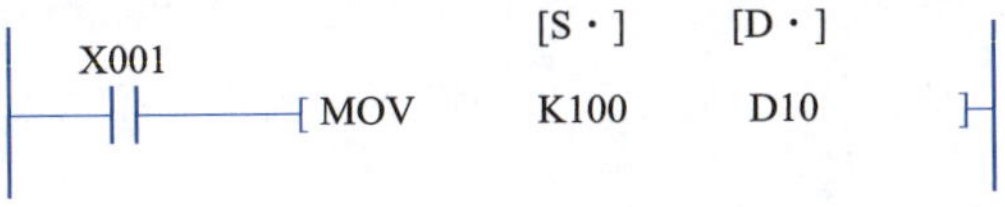

图 5-1-4　数据传送指令的使用

应用数据传送指令时应注意：

源操作数可取所有数据类型，目标操作数可以是K*n*Y、K*n*M、K*n*S、T、C、D、V、Z。

16位运算时占5个程序步，32位运算时则占9个程序步。但对于 MOV 驱动 K*n*Y，则比较特别，如图5-1-5所示。

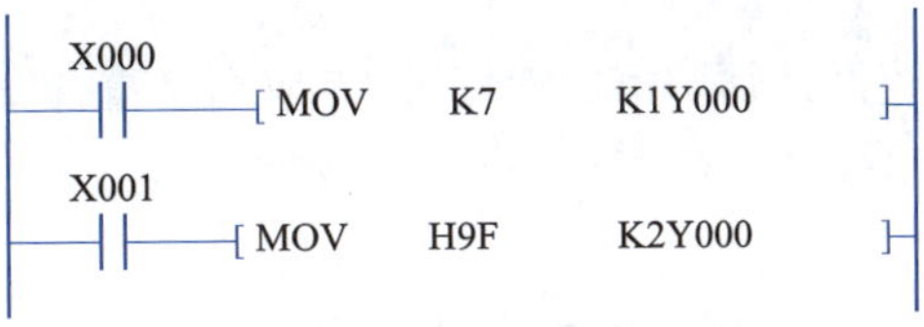

图 5-1-5　MOV 驱动 K*n*Y

对于语句MOV K7 K1Y000，PLC 先把 K7变成二进制数0111，然后传给Y003 ~ Y000，所以Y003是OFF，Y002、Y001、Y000是ON。同样，对于语句MOV H9F K2Y000，PLC 先把H9F变成二进制数10011111，然后传给Y007 ~ Y000，所以Y007、Y004 ~ Y000是ON，其他是OFF。

四、块传送指令BMOV

BMOV指令的编号为FNC15，该指令的功能是将源操作数指定元件开始的*n*个数据组成数据块传送到指定的目标操作数中，如图5-1-6 所示。

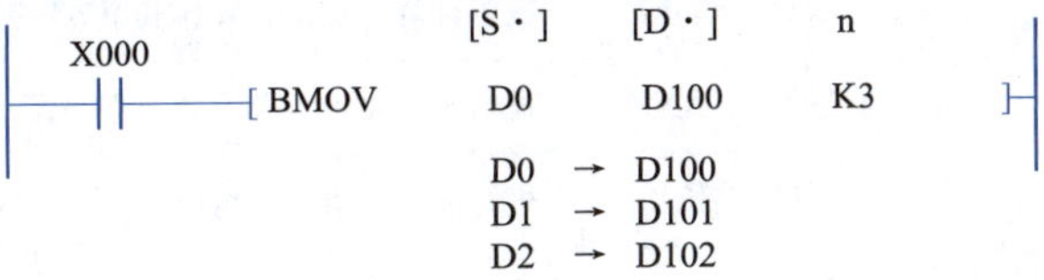

图 5-1-6　块传送指令的使用

学习笔记

使用块传送指令时应注意：

源操作数可取 K*n*X、K*n*Y、K*n*M、K*n*S、T、C、D和文件寄存器，目标操作数可取K*n*T、K*n*M、K*n*S、T、C和D。

只有16位运算，占7个程序步。

如果元件号超出允许范围，数据则仅传送到允许范围内的元件。

五、多点传送指令FMOV

FMOV 指令的编号为FNC16，该指令的功能是将源操作数中的数据传送到指定目标操作数开始的*n*个元件中，传送后*n*个元件中的数据完全相同。如图5-1-7所示，当X000为ON 时，将K1传送到 D0～D9中。

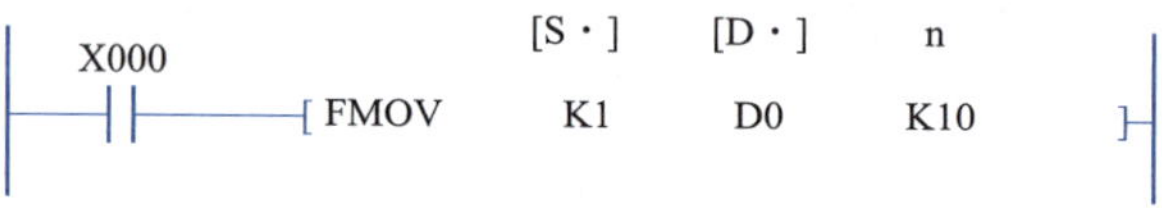

图 5-1-7　块传送指令的使用

使用多点传送指令时应注意：

源操作数可取所有的数据类型，目标操作数可取 K*n*X、K*n*M、K*n*S、T、C 和 D，$n \leqslant 512$。

16 位运算占7个程序步，32位运算则占13个程序步。

如果元件号超出允许范围，数据仅送到允许范围内的元件中。

项目实施

根据《可编程控制系统设计师国家职业标准》，应高度重视安全、环保，坚持文明生产，按技术规范完成本项目任务。

1．任务分组

四人一组，分别担任项目经理、电气设计工程师、电气安装员和项目验收员角色，模拟真实 PLC 控制项目的实施过程。分组完成后，有序坐好，小组讨论制订组名、组训和小组 Logo，营造小组凝聚力和文化氛围，并确定任务分工，项目经理完成项目分组表的填写，见表5-1-1。

表5-1-1　项目分组表

组名			小组Logo	
组训				
团队成员	学号	角色指派	职责	
		项目经理	统筹计划、进度，安排和甲方对接，解决疑难问题	
		电气设计工程师	进行电气硬件线路设计、程序设计和编程调试	
		电气安装员	进行电气配盘，配合电气设计工程师进行调试	
		项目验收员	根据任务书、评价表对项目功能、乙方表现进行打分评价	

学习笔记

2. 分配I/O口地址，绘制外部接线图

1）I/O口地址分配

根据控制要求，两台风机的PLC控制中，有2个输入控制元件，6个输出元件，填写PLC的I/O分配表，见表5-1-2。

表5-1-2　I/O分配表

输入		输出	
名称	输入点编号	名称	输出点编号
启动按钮SB1	X000	1号风机电源接触器KM1	Y000
启动按钮SB2	X001	1号风机Y连接接触器KM2	Y001
		1号风机△连接接触器KM3	Y002
		2号风机电源接触器KM4	Y003
		2号风机Y连接接触器KM5	Y004
		2号风机△连接接触器KM6	Y005

2）绘制外部接线图

根据I/O分配表，绘制外部接线图，如图5-1-8所示。

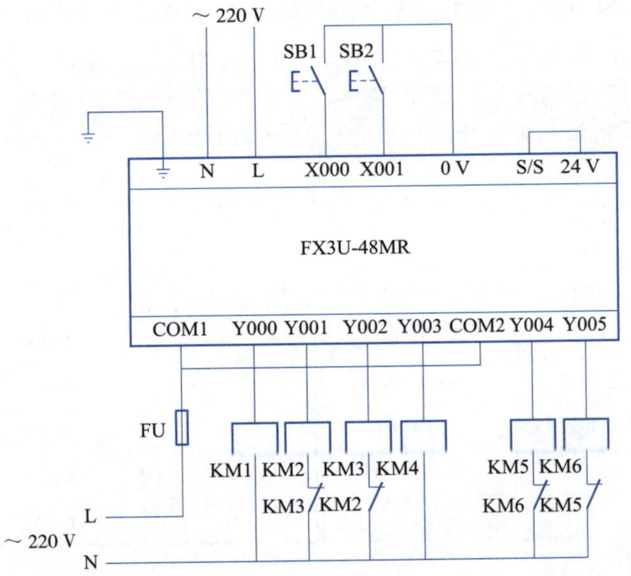

图 5-1-8　两台风机Y-△启动 PLC 控制电路外部接线图

3. 设计梯形图程序和指令表

1）设计程序

用梯形图编写两台风机Y-△启动PLC控制程序，如图5-1-9所示。

学习笔记

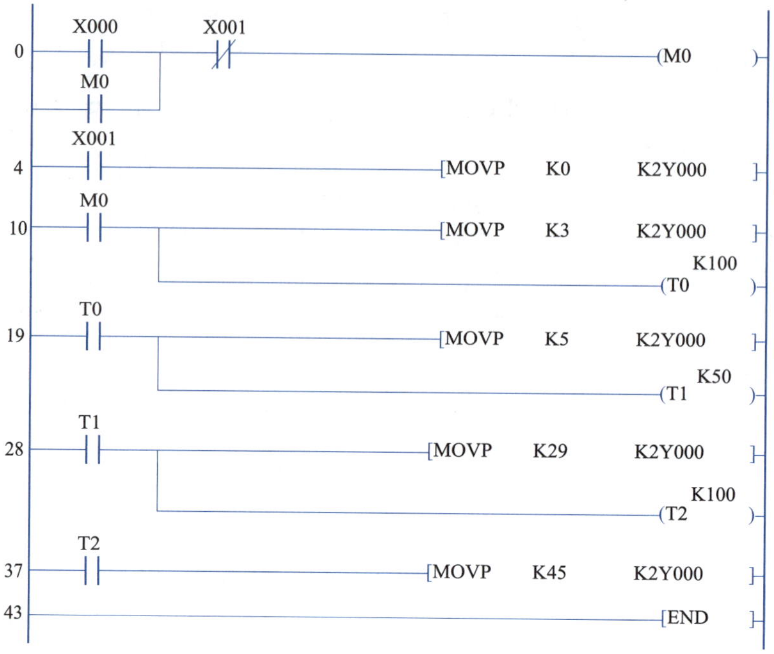

图 5-1-9　两台风机Y-△启动 PLC 控制梯形图程序

2）根据梯形图程序编写指令表

两台风机Y-△启动PLC控制指令表见表5-1-3。

表5-1-3　两台风机Y-△启动PLC控制指令表

步　序	操 作 码	操 作 数	步　序	操 作 码	操 作 数
0	LD	X000	19	LD	T0
1	OR	M0	20	MOVP	K5 K2Y000
2	ANI	X001	25	OUT	T1 K50
3	OUT	M0	28	LD	T1
4	LD	X001	29	MOVP	K29 K2Y000
5	MOVP	K0 K2Y000	34	OUT	T2 K100
10	LD	M0	37	LD	T2
11	MOV	K3 K2Y000	38	MOV	K45 K2Y000
16	OUT	T0 K100	43	END	

4．安装调试系统

1）物料和工具领取

根据实验室配置，填写表5-1-4，按量领取物料和工具。

表5-1-4　领料表

序　号	物料或工具名称	型号与规格	数　量	备　注
1				
2				

学习笔记

续表

序　号	物料或工具名称	型号与规格	数　量	备　注
3				
4				
5				
6				

2）安装电路

（1）根据外部接线图安装电路。

（2）检查电源是否已经切断，PLC 的“STOP/RUN”开关是否置于STOP。

（3）对照设计的 PLC 安装接线图安装电路，注意用电安全和电路安装规范。

（4）安装完成后，对电路进行检测。用万用表检查同节点的接线端子之间是否完全导通，检查各接线端子是否有差错。

3）联机调试

（1）通电前进行安全检查。

（2）记录调试系统注意事项。

（3）根据项目控制要求调试运行程序。

注意：通电前应进行安全检查，准确无误后才能通电。

项目评价

完成项目实施后根据学生自评、小组互评和教师评价填写项目实施评价表，见表5-1-5。

表5-1-5　项目实施评价表

评价目标	评价内容及标准	配分	学生自评	小组互评	教师评价
知识目标	理解电动机Y-△启动PLC控制电路的控制原理	5分			
	认识传送指令的组成	5分			
	掌握传送指令的基本应用方法	5分			
技能目标	元器件选择不合适，每处扣1分，最多扣5分	5分			
	I/O分配不合理，每处扣1分，最多扣10分	10分			
	元器件图形、文字符号错误或不符合国家标准，每处扣1分，最多扣4分	20分			
	接线错误、漏接线，每处扣1分，最多扣4分				
	导线选择不符合规范，每处扣1分，最多扣4分				
	元器件检测是否规范，不规范每处扣1分，最多扣4分				
	仪表使用是否安全正确，每处扣1分，最多扣4分				
	程序编写不符合规范，每处扣1分，最多扣10分	20分			
	编写的程序不能达到控制要求，每处扣2分，最多扣10分				
	输入程序，不能将程序输入到PLC或程序输入错误，最多扣5分	10分			
	调试过程不符合操作规程，每处扣1分，最多扣5分				

学习笔记

续表

评价目标	评价内容及标准	配分	学生自评	小组互评	教师评价
职业素养	工具使用：工具使用适合相关操作，使用方法正确、规范，每处扣1分，最多扣3分	10分			
	操作规范：电路连接、设备调试符合工艺要求和规范，每处扣1分，最多扣7分				
	物品摆放：工具、文字书写工具等摆放在指定位置，整齐、有序、便于使用，每处扣1分，最多扣5分	10分			
	工作态度：积极完成工作任务、不怕困难，始终保持工作热情，与同伴相互合作、沟通，分工明确、协调配合，共同完成工作任务。每处扣1分，最多扣5分				
小计					
合计 =（自评30% + 互评30% + 师评40%）					

备注：违反安全操作规程，造成安全事故，本项目不得分。

项目拓展

一、能力测试：四台风机的PLC控制

若考虑白天车流量大，晚上车流量较小，造成隧道白天空气较浑浊的情况，拟在隧道增加两台射流风机，又考虑到节能，所以白天四台风机工作，晚上两台风机工作，试设计控制程序。

二、学海领航：三菱PLC传送指令应用技巧

三菱PLC的传送指令主要用于数据传送，包括多种不同类型的传送指令，如数据传送指令MOV、块传送指令BMOV、多点传送指令FMOV、数位传送指令SMOV等。

1. 数据传送指令MOV

数据传送指令MOV用于将源操作数的数据传送到目标操作数中。在使用MOV指令时，需要注意将输入法切换到英文、半角输入模式。此外，如果在结构化工程模式下编写程序，可以通过按【Ctrl+F1】组合键获取该指令的使用规则。在编写程序的过程中，建议经常转换/编译，以减少出错的可能性。需要注意的是，ST语言不能计算32位的数据，需要新建标签并用32位的数据类型标识，然后再用DMOV指令读写标签中的数据。

2. 块传送指令BMOV

块传送指令BMOV用于将一个数据块从一个存储区一次性传送到另一个存储区。在使用BMOV指令时需要注意的是，在FX3U-4AD模拟量模块手册中，通过指令MOV H0 U1\G0可以将四个通道的模拟量输入读取到D100～D103寄存器中。

3. 多点传送指令FMOV

多点传送指令FMOV用于将一个数据一次性传送到多个连续的数据寄存器中。在使用FMOV指令时，可以在左母线右侧输入LD X000，然后在X000触点的右侧直接输入FMOV K6 D0 K3，表示将十进制6传送至以D0为首的三个寄存器中。

学习笔记

4．数位传送指令SMOV

数位传送指令SMOV用于将一个数据传送至多位元件中。在使用SMOV指令时，需要注意源与目标应具有相同的位数。

项目 2　车库出入 PLC 控制

PLC在车库出入控制系统中扮演着重要角色，负责执行各种控制任务，如车辆检测、门控、车道板的移动等。车库出入PLC控制的主要功能如下：

（1）车辆检测和门控。车库出入PLC控制系统的一个关键功能是检测车辆的到来和离开，并自动控制车库门的开启和关闭。例如，当车辆入库经过入门传感器时，入门传感器开关闭合，车库门电动机正转，车库门上升；当车库门上升到上限位开关处时，电动机停转。

（2）车道板的移动。对于立体车库，PLC还需要控制车道板的移动。例如，如果需要在5号车位存取车，则需要将1、2、3、4号车库的载车板向右依次移动，当检测移动到位后，控制5号车位下降。

（3）安全保障。为了确保安全性，车库出入PLC控制系统还包括多种安全保障措施。例如，系统配有光、电检测及多重安全系统，以防异常情况发生。通过光电检测、软硬件信号连锁、限位、防坠保护、过载保护等装置，确保整个系统的安全、平稳运行。

（4）车库出入PLC控制的硬件组成。立体车库PLC控制系统的硬件组成包括车库传动部件、车库的结构框架、车库控制部件、载车板与车库防护部件。

项目目标

一、知识目标

1．了解车库出入PLC控制原理；

2．掌握算术运算指令的基本原理。

二、技能目标

1．会分配I/O口，能够绘制车库出入PLC控制的硬件接线图并接线；

2．能够写出控制梯形图程序；

3．会调试并优化控制程序。

三、素养目标

1．通过了解车库出入PLC控制的应用，引导学生探索实际生产中PLC算术运算指令的应用，使学生注重生产实践；

2．通过学习，培养学生严谨细致、精益求精的工作态度。

项目描述

某车库有停车位100个，汽车出入采用自动控制，如图5-2-1所示。

学习笔记

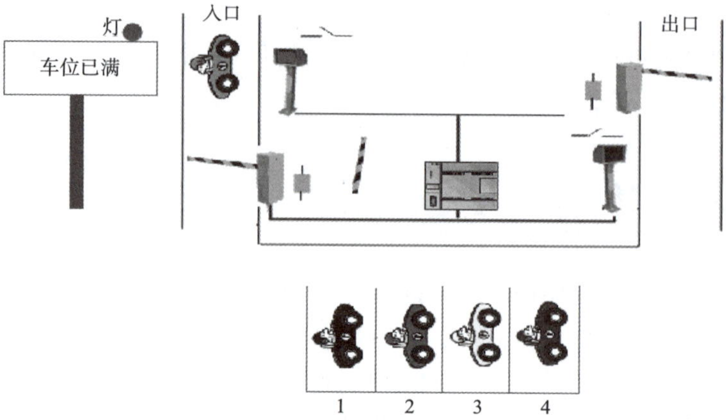

图 5-2-1　自动车库

其控制要求如下：

当入口检测到有汽车入库时，如果车库有空位，则自动升降杆抬起，汽车可以进入车库，汽车入库后延时2 s，升降杆自动落下，车库停车数量加1。

当出口检测到有汽车出库时，则自动升降杆抬起，汽车可以出库，汽车出库后延时2 s，升降杆自动落下，车库停车数量减1。

当车库停车数量达到100辆时，车库入口“车位已满”灯亮，车库入口升降杆不能自动抬起，汽车不能再进入车库。

一、项目分析

按照控制要求，车库进出数量可用计数器进行计数，或者用加减法计算进出的车辆数，并把实时数据用数据寄存器进行存储，当停车数量达到100台时，显示车位已满，入口自动升降杆不能抬起，汽车不能再进入车库。

本项目要求采用加减功能指令或加1减1指令进行编程。

二、项目引导

1．搜索相关资料了解PLC控制车库的特点。

2．根据控制要求分析PLC控制车库所需的PLC软元件有哪些。

知识链接

四则运算指令是PLC编程中的基本指令，用于执行加、减、乘、除等数学运算。这些指令通常用于处理模拟量的输入和输出，以及在自动化过程中进行数据处理和决策。

一、加法指令ADD

ADD指令的编号为FNC20，该指令的功能是将[S1·]和[S2·]指定的元件中的二进制数相加，并把结果存入[D·]指定的目标元件中。如图5-2-2所示，当X000为ON时，执行（D10）+（D12）→（D14）。

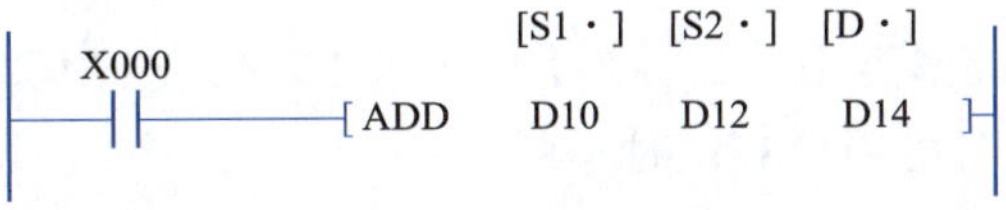

图 5-2-2　加法指令的使用

二、减法指令SUB

SUB 指令的编号为FNC21，该指令的功能是将[S1·]指定元件中的内容以二进制形式减去[S2·]指定元件的内容，并把结果存入由[D·]指定的目标元件中。如图5-2-3所示，当X000为 ON 时，执行（D10）-（D12）→（D14）。

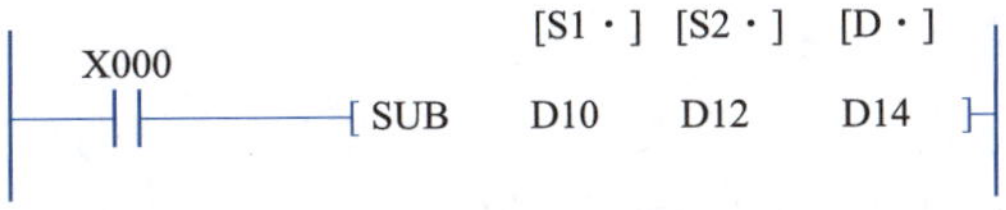

图 5-2-3　减法指令的使用

使用加法和减法指令时应注意：

源操作数可取所有数据类型，目标操作数可取 K*n*Y、K*n*M、K*n*S、T、C、D、V和Z。

16位运算占7个程序步，32位运算占13个程序步。

数据为有符号二进制数，最高位为符号位（0为正，1为负）。

加法指令有三个标志：零标志（M8020）、借位标志（M8021）和进位标志（M8022）。当运算结果超过32767（16位运算）或2147483647（32位运算），则进位标志置1；当运算结果小于-32767（16位运算）或-2147483647（32位运算），则借位标志置1。

三、乘法指令MUL

MUL指令的编号为FNC22，其数据均为有符号数。该指令的功能如图5-2-4所示，当X000为ON时，将二进制16位数[S1·]、[S2·]相乘，并把结果存入由[D·]指定的目标元件中，D为32位，即（D0）×（D2）→（D5，D4）（16 位乘法）。

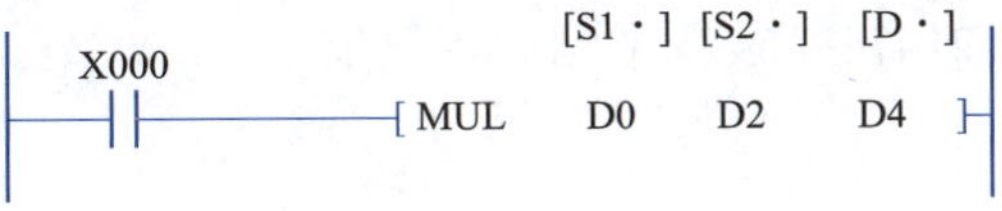

图 5-2-4　乘法指令的使用

四、除法指令DIV

DIV 指令的编号为FNC23，该指令的功能是将源操作数[S1·]指定为被除数，源操作数[S2·]指定为除数，将除得的结果存入由[D·]指定的目标操作数中，余数送到[D·]的下一个元件中。如图5-2-5所示，当X000为ON时，（D0）÷（D2）→商（D4）和余数（D5）

学习笔记

（16 位除法）。

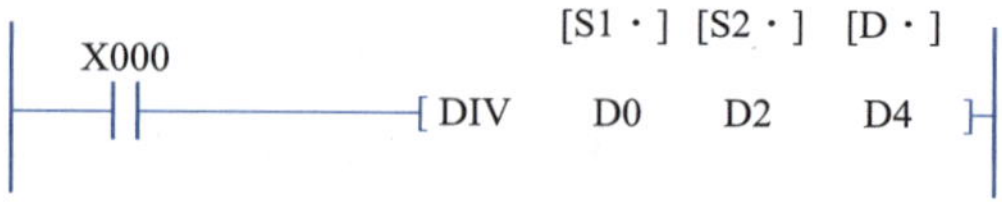

图 5-2-5　除法指令的使用

使用乘法和除法指令时应注意：

源操作数可取所有数据类型，目标操作数可取K*n*Y、K*n*M、K*n*S、T、C、D、V和Z，注意Z只有16 位乘法时可用，32位时不可用。

16位运算占7个程序步，32位运算占13个程序步。

32位乘法运算中，如用位元件作目标，则只能得到乘积的低 32 位，高 32 位将丢失，这种情况下应先将数据移入字元件再运算；除法运算中将位元件指定为[D·]，则无法得到余数，除数为0时发生运算错误。

积、商和余数的最高位为符号位。

五、加1和减1指令INC、DEC

加1指令INC的编号为FNC24；减1指令DEC的编号为FNC25。INC和DEC指令的功能分别是当条件满足时将指定目标操作数的内容加1或减1。如图5-2-6所示，当X000为ON时，（D10）+1→（D10）；当X001为ON时，（D11）-1→（D11）。若指令是连续指令，则每个扫描周期均作一次加1或减1运算。

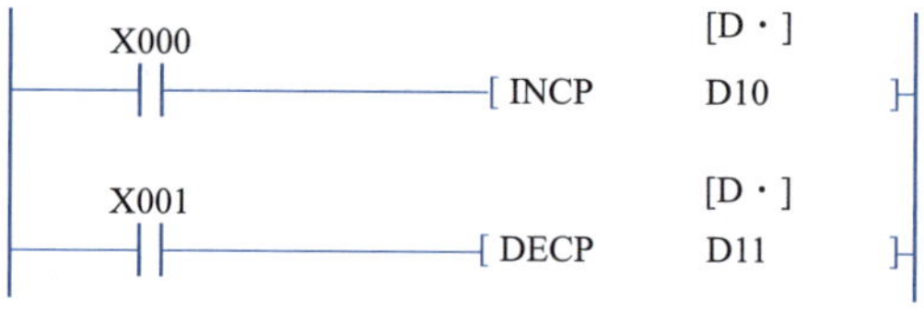

图 5-2-6　加 1 和减 1 指令的使用

使用加1和减1指令时应注意：

指令的目标操作数可为 K*n*Y、K*n*M、K*n*S、T、C、D、V、Z。

16位运算占3个程序步，32位运算占5个程序步。

在INC 运算时，若数据为16位，则由+32767再加1变为-32768，但标志不置位；同样，当32位运算由 +2147483647再加1变为-2147483648时，标志也不置位。

在DEC运算时，16位运算由-32768减1变为+32767，标志不置位；32位运算由-2147483648 减1变为+2147483647，标志也不置位。

项目实施

根据《可编程控制系统设计师国家职业标准》，应高度重视安全、环保，坚持文明生产，按技术规范完成本项目任务。

1．任务分组

四人一组，分别担任项目经理、电气设计工程师、电气安装员和项目验收员角色，模拟真实 PLC 控制项目的实施过程。分组完成后，有序坐好，小组讨论制订组名、组训和小组 Logo，营造小组凝聚力和文化氛围，并确定任务分工，项目经理完成项目分组表的填写，见表5-2-1。

学习笔记

表5-2-1　项目分组表

组名		小组Logo	
组训			
团队成员	学号	角色指派	职责
		项目经理	统筹计划、进度，安排和甲方对接，解决疑难问题
		电气设计工程师	进行电气硬件线路设计、程序设计和编程调试
		电气安装员	进行电气配盘，配合电气设计工程师进行调试
		项目验收员	根据任务书、评价表对项目功能、乙方表现进行打分评价

2．分配I/O口地址，绘制外部接线图

1）I/O口地址分配

根据控制要求，在车库出入PLC控制中，有________个输入信号，________个输出信号，填写PLC的I/O分配表，见表5-2-2。

表5-2-2　I/O分配表

输　入		输　出	
名 称	输入点编号	名 称	输出点编号

素材
车库出入PLC控制I/O分配表

2）绘制外部接线图

根据I/O分配表，绘制外部接线图。

素材
车库出入PLC控制外部接线图

学习笔记

3．设计梯形图程序和指令表

1）设计程序

素材

车库出入PLC控制梯形图程序

2）根据梯形图程序编写指令表

素材

车库出入PLC控制指令表

4．安装调试系统

1）物料和工具领取

根据实验室配置，填写表5-2-3，按量领取物料和工具。

表5-2-3　领料表

序　号	物料或工具名称	型号与规格	数　量	备　注
1				
2				
3				
4				
5				
6				

2）安装电路

（1）根据外部接线图安装电路。

（2）检查电源是否已经切断，PLC 的“STOP/RUN”开关是否置于STOP。

（3）对照设计的 PLC 安装接线图安装电路，注意用电安全和电路安装规范。

（4）安装完成后，对电路进行检测。用万用表检查同节点的接线端子之间是否完全导通，检查各接线端子是否有差错。

3）联机调试

（1）通电前进行安全检查。

（2）记录调试系统注意事项。

（3）根据项目控制要求调试运行程序。

注意：通电前应进行安全检查，准确无误后才能通电。

项目评价

完成项目实施后根据学生自评、小组互评和教师评价填写项目实施评价表，见表5-2-4。

表5-2-4　项目实施评价表

评价目标	评价内容及标准	配分	学生自评	小组互评	教师评价
知识目标	理解车库出入PLC控制原理	5分			
	认识算术运算指令的组成	5分			
	认识算术运算指令的基本应用方法	5分			
技能目标	元器件选择不合适，每处扣1分，最多扣5分	5分			
	I/O分配不合理，每处扣1分，最多扣10分	10分			
	元器件图形、文字符号错误或不符合国家标准，每处扣1分，最多扣4分	20分			
	接线错误、漏接线，每处扣1分，最多扣4分				
	导线选择不符合规范，每处扣1分，最多扣4分				
	元器件检测是否规范，不规范每处扣1分，最多扣4分				
	仪表使用是否安全正确，每处扣1分，最多扣4分				
	程序编写不符合规范，每处扣1分，最多扣10分	20分			
	编写的程序不能达到控制要求，每处扣2分，最多扣10分				
	输入程序，不能将程序输入到PLC或程序输入错误，最多扣5分	10分			
	调试过程不符合操作规程，每处扣1分，最多扣5分				
职业素养	工具使用：工具使用适合相关操作，使用方法正确、规范，每处扣1分，最多扣3分	10分			
	操作规范：电路连接、设备调试符合工艺要求和规范，每处扣1分，最多扣7分				
	物品摆放：工具、文字书写工具等摆放在指定位置，整齐、有序、便于使用，每处扣1分，最多扣5分	10分			

注：违反安全操作规程，造成安全事故，本项目不得分。

学习笔记

项目拓展

一、能力测试：自动车库PLC控制拓展任务

若车库入口处要求显示剩余车位数，试设计控制程序。

二、学海领航：PLC四则运算指令的应用注意事项

三菱PLC提供了四则运算指令，包括加法、减法、乘法和除法。这些指令用于计算数学表达式，并将结果存储在特定的目标元件中。三菱PLC的整数四则运算指令较为简单，而实数四则运算则采用浮点运算，这是一种高准确度的运算。具体来说，加法指令将指定元件中的二进制数相加，结果送到指定目标元件中；减法指令将指定元件中的二进制数相减，结果送到指定目标元件中；乘法指令将指定元件中的二进制数相乘，结果送到指定目标元件中；除法指令将指定元件中的二进制数相除，商送到指定目标元件D中，余数送到D的下一个目标元件中。

尽管三菱PLC的四则运算指令相对直接，但在使用时应注意以下事项：

1. 注意指令的适用范围

不同的三菱PLC系列可能对应不同的脉冲输出口和当前值寄存器的编号。因此，在使用四则运算指令时，需要确保所使用的PLC型号支持相应的运算指令，并且熟悉其对应的脉冲输出口和寄存器编号。

2. 注意脉冲输出的稳定性

在执行四则运算指令时，特别是涉及步进电动机和步进驱动器的控制时，需要注意脉冲输出的稳定性和精度。例如，在执行PLSY指令时，需要保证频率设定在允许的范围内，并且在脉冲输出过程中尽量避免改变输出频率，以防止电动机运行不稳定或丢失脉冲。

3. 注意加减速时间的设定

在进行定位控制时需要注意，PLSR脉冲指令可以设置加减速时间，但这个时间不能单独控制。如果需要精确控制加减速过程，可能需要结合使用其他的运动控制指令。

4. 注意寄存器内容的保护

在执行四则运算指令时，特别是在涉及数据传递和计算的过程中，需要注意保护寄存器的内容，避免在执行程序时不小心修改了重要的数据寄存器，导致程序出错或系统不稳定。

项目3 自动售货机系统PLC控制

PLC作为一种工业控制设备，因其编程简单、维护便利等特点，被广泛应用于自动售货机控制系统中。PLC在自动售货机系统中的应用包括以下几个方面：

（1）存货管理。PLC可以监测并管理售货机中的存货量，记录每个产品的库存情况，并根据销售情况自动更新库存数据。当某个产品的库存低于预设阈值时，PLC可以发出警报或通知操作人员进行补货。这种方法可以减少库存积压，提高运营效率，确保及时

学习笔记

补货，避免缺货现象。

（2）支付系统。PLC可以与售货机的支付系统集成，包括硬币器、纸币器、刷卡系统等，记录和统计销售数据，便于后续的分析和管理。

（3）产品选择和出货控制。PLC可以通过按钮、触摸屏或键盘等输入设备接收用户的产品选择指令。一旦收到指令，PLC会相应地控制售货机的电动机或其他执行机构，将选定的产品从相应的货道中出货，并更新库存数据。

（4）温度和环境监测。对于售卖需要保持特定温度的产品（如饮料、冷冻食品等），PLC可以监测和控制售货机内部的温度。

（5）异常检测和故障报警。PLC可以监测售货机的各种状态，如门的开闭状态、货道是否堵塞等。一旦发现异常情况，PLC会发出警报或通知相关人员进行检查和维修。

（6）远程监控和管理。通过网络通信接口，PLC可以实现对售货机的远程监控和管理。这意味着操作人员可以在任何地方监控售货机的运行状况并进行远程控制。

项目目标

一、知识目标

1. 了解自动售货机系统PLC控制原理；
2. 掌握比较指令的基本原理。

二、技能目标

1. 会分配I/O口，能够绘制自动售货机PLC控制的硬件接线图并接线；
2. 能够写出控制梯形图程序；
3. 会调试并优化控制程序。

三、素养目标

1. 通过了解自动售货机系统PLC控制的应用，引导学生探索实际生产中PLC比较和算术运算指令的应用，使学生注重生产实践；
2. 通过学习，培养安全用电、规范操作与专注细致的职业素养。

项目描述

某自动售货机（见图5-3-1）的控制要求如下：

（1）此自动售货机可投入5角、1元硬币，投币口为光电开关。

（2）当投入的硬币总值大于或等于2元时，汽水指示灯亮，此时按下汽水选择按钮，则汽水口出汽水，10 s后自动停止。

（3）不找零，不结余，下一名顾客投币又重新开始。

（4）为了防止有人故意拖延时间，影响他人购买，整个购买过程为60 s，从第一个硬币投入开始计时，60 s后投币自动清零，终止操作，不退款，不找零。

学习笔记

图 5-3-1　自动售货机

一、项目分析

根据控制要求，自动售货机应具备支付功能、产品选择和出货控制功能，要求能够计算投入的硬币总值，当投入达到相应饮料的价格时对应指示灯点亮并能够选择该饮料，整个购买过程不能超过60 s。

本项目要求采用功能指令进行编程，根据分析要求可以使用加法指令实现投币总值的计算，用比较功能指令比较投入的钱币是否达到饮料的价格，当达到相应价格时对应的饮料可以选择。

二、项目引导

1．查找相关资料简述自动售货机的工作原理。

2．用什么方法计算投币总值？

3．系统如何知道投币总值是否满足饮料价格？

学习笔记

知识链接

PLC比较指令是一种基本指令，用于比较两个值的大小或相等关系。这些指令可以根据比较的数据类型和运算关系分为不同的类别，包括字节比较、整数比较、双字整数比较、实数比较等数值比较和字符串比较。其中，根据比较运算关系的不同，数值比较可以分为等于、大于、大于或等于、小于、小于或等于和不等于共六种，而字符串比较只有等于和不包括两种。

一、比较指令CMP

CMP指令的编号为FNC10，该指令的功能是将源操作数[S1·]和源操作数[S2·]的数据进行比较，比较结果用目标操作数[D·]的状态表示。如图5-3-2 所示，当程序运行时，把常数 K100与C0的当前值进行比较，比较的结果送入M0 ~ M2中。当[S1·]>[S2·]时，M0为ON；当[S1·]=[S2·]时，M1为ON；当[S1·]<[S2·]时，M2为ON。

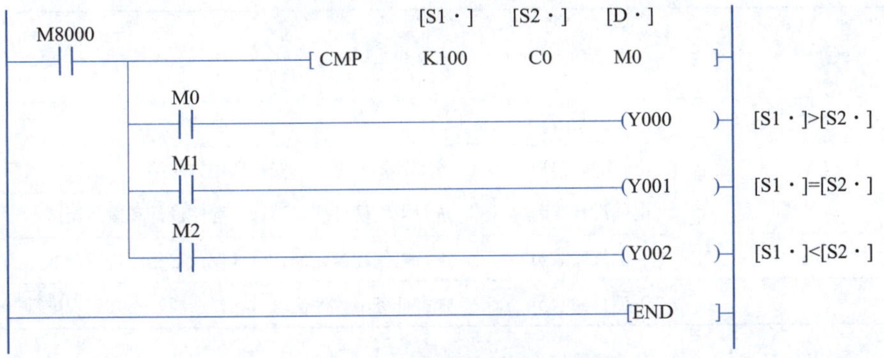

图 5-3-2　比较指令的使用

二、区间比较指令

ZCP指令的编号为FNC11，该指令的功能是将源操作数[S·]与[S1·]和[S2·]的内容进行比较，并将比较结果送入目标操作数[D·]中，如图5-3-3所示。当程序运行时，把D0当前值与K100和 K120 相比较，将结果送入M0、M1、M2中。当[S·]<[S1·]，M0为ON；当[S1·]≤[S·]≤[S2·]时，M1为ON；当[S2·]<[S·]时，M2为ON。

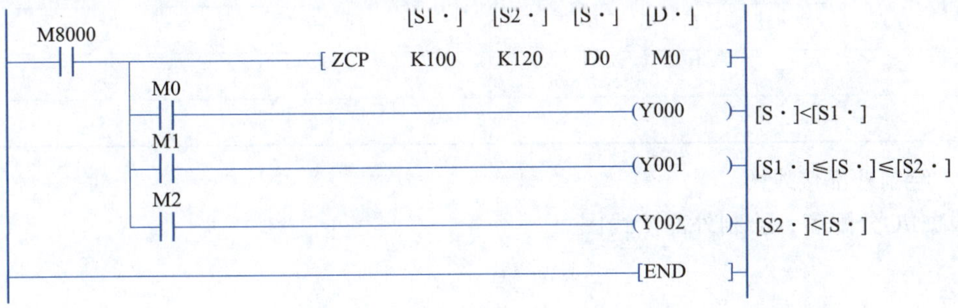

图 5-3-3　区间比较指令的使用

使用比较指令时应注意：

[S1·]、[S2·]可取K、D、C等任意数据寄存器，目标操作数[D·]可取 Y、M和 S。

学习笔记

使用ZCP指令时，[S2·]的数值不能小于[S1·]的数值。

所有的源数据都将被看成二进制数值进行处理。

项目实施

根据《可编程控制系统设计师国家职业标准》，应高度重视安全、环保，坚持文明生产，按技术规范完成本项目任务。

1．任务分组

四人一组，分别担任项目经理、电气设计工程师、电气安装员和项目验收员角色，模拟真实 PLC 控制项目的实施过程。分组完成后，有序坐好，小组讨论制订组名、组训和小组 Logo，营造小组凝聚力和文化氛围，并确定任务分工，项目经理完成项目分组表的填写，见表5-3-1。

表5-3-1　项目分组表

组名		小组Logo	
组训			
团队成员	学号	角色指派	职责
		项目经理	统筹计划、进度，安排和甲方对接，解决疑难问题
		电气设计工程师	进行电气硬件线路设计、程序设计和编程调试
		电气安装员	进行电气配盘，配合电气设计工程师进行调试
		项目验收员	根据任务书、评价表对项目功能、乙方表现进行打分评价

2．分配I/O口地址，绘制外部接线图

1）I/O口地址分配

根据控制要求，在自动售货机PLC控制中，有________个输入信号，________个输出信号，填写PLC的I/O分配表，见表5-3-2。

素材

自动售货机PLC控制I/O分配表

表5-3-2　I/O分配表

输入		输出	
名称	输入点编号	名称	输出点编号

2）绘制外部接线图

根据I/O分配表，绘制外部接线图。

素材

自动售货机PLC控制外部接线图

学习笔记

3. 设计梯形图程序和指令表

1）设计程序

素材

自动售货机
PLC控制
梯形图程序

2）根据梯形图程序编写指令表

素材

自动售货机
PLC控制
指令表

4. 安装调试系统

1）物料和工具领取

根据实验室配置，填写表5-3-3，按量领取物料和工具。

表5-3-3　领料表

序　号	物料或工具名称	型号与规格	数　量	备　注
1				
2				
3				
4				
5				
6				

2）安装电路

（1）根据外部接线图安装电路。

（2）检查电源是否已经切断，PLC 的“STOP/RUN”开关是否置于STOP。

（3）对照设计的 PLC 安装接线图安装电路，注意用电安全和电路安装规范。

学习笔记

（4）安装完成后，对电路进行检测。用万用表检查同节点的接线端子之间是否完全导通，检查各接线端子是否有差错。

3）联机调试

（1）通电前进行安全检查。

（2）记录调试系统注意事项。

（3）根据项目控制要求调试运行程序。

注意：通电前应进行安全检查，准确无误后才能通电。

项目评价

完成项目实施后根据学生自评、小组互评和教师评价填写项目实施评价表，见表5-3-4。

表5-3-4　项目实施评价表

评价目标	评价内容及标准	配分	学生自评	小组互评	教师评价
知识目标	理解自动售货机PLC系统控制原理	5分			
	认识比较指令的组成	5分			
	认识比较指令的基本应用方法	5分			
技能目标	元器件选择不合适，每处扣1分，最多扣5分	5分			
	I/O分配不合理，每处扣1分，最多扣10分	10分			
	元器件图形、文字符号错误或不符合国家标准，每处扣1分，最多扣4分	20分			
	接线错误、漏接线，每处扣1分，最多扣4分				
	导线选择不符合规范，每处扣1分，最多扣4分				
	元器件检测是否规范，不规范每处扣1分，最多扣4分				
	仪表使用是否安全正确，每处扣1分，最多扣4分				
	程序编写不符合规范，每处扣1分，最多扣10分	20分			
	编写的程序不能达到控制要求，每处扣2分，最多扣10分				
	输入程序，不能将程序输入到PLC或程序输入错误，最多扣5分	10分			
	调试过程不符合操作规程，每处扣1分，最多扣5分				
职业素养	工具使用：工具使用适合相关操作，使用方法正确、规范，每处扣1分，最多扣3分	10分			
	操作规范：电路连接、设备调试符合工艺要求和规范，每处扣1分，最多扣7分				
	物品摆放：工具、文字书写工具等摆放在指定位置、整齐、有序、便于使用，每处扣1分，最多扣5分	10分			
	工作态度：积极完成工作任务、不怕困难，始终保持工作热情，与同伴相互合作、沟通，分工明确、协调配合，共同完成工作任务。每处扣1分，最多扣5分				
小计					
合计 =（自评30% + 互评30% + 师评40%）					

注：违反安全操作规程，造成安全事故，本项目不得分。

学习笔记

项目拓展

一、能力测试：区间比较指令的应用

如果自动售货机可以售卖汽水和咖啡，汽水2元，咖啡5元，当投币小于2元时，汽水和咖啡指示灯不亮；当投币大于或等于2元且小于或等于5元时，汽水指示灯亮，可以选择购买汽水；当投币大于或等于5元时，汽水和咖啡指示灯同亮，可以选择购买汽水或咖啡。要求不退款，不找零。试应用区间比较指令设计控制程序。

二、学海领航：比较指令的应用技巧和注意事项

比较指令的应用技巧：

（1）使用CMP指令进行数据比较时，要注意输出继电器如果不复位，会一直保持原来的状态。

（2）在使用ZCP指令时，应确保S1的值大于S2，以正确定义比较区间。

（3）利用触点比较指令可以控制复杂的逻辑关系和循环控制。

比较指令的注意事项：

（1）在编写程序时，需要根据实际应用场景选择合适的比较指令。

（2）注意数据类型的匹配，确保比较操作的准确性。

（3）在使用区间比较指令时，确保区间设置的逻辑正确性。

通过这些技巧和注意事项，可以更加灵活和高效地使用三菱PLC的比较功能指令，以满足各种工业自动化的需求。

匠人匠心——刻苦钻研、精雕细琢

董礼涛的故事

董礼涛，一位杰出的中国共产党党员，以其卓越的技能和对国家的忠诚贡献，荣获全国劳动模范、中华技能大奖等多项国家级荣誉。他的事迹激励着无数人，也让他成为产业工人的楷模。

董礼涛的故事始于 1989 年，当时他作为一名普通的铣工学徒踏入车间。尽管工作环境艰苦，但他对铣工技艺产生了浓厚的兴趣，并决心投身于这一行业。他的努力和坚持使他迅速成长为技术能手，27 岁便成为公司最年轻的高级技师。

在 30 多年的职业生涯中，董礼涛取得了 20 余项国家专利，完成了 300 余项技术创新，为公司创造了超过 8 000 万元的价值。他参与制造的国产首台 30 MW 燃压机组和秦山核电站 65 万千瓦核电汽轮机等项目，都是中国装备制造业的骄傲。

董礼涛不仅在技术上取得了卓越成就，更在精神上展现了工匠精神的典范。他坚信工匠精神应是每个产业工人的职业素养和自我约束。

董礼涛的团队是以他的名字命名的国家级铣工技能大师工作室，不断探索新技术，如 3D 打印增材制造技术，为公司节省了大量成本，并提高了工艺分析效率。

在董礼涛的带领下，工作室的伙伴们以开放的心态，勇于创新，不断推动中国制造

学习笔记

业的发展。他们的目标是将中国从制造大国转变为制造强国，这是所有中国产业工人的共同梦想。

董礼涛的事迹被编入纪录片《共和国的建设者》，成为年轻一代学习的榜样。他的故事告诉我们，无论时代如何变迁，对工作的热爱、对国家的忠诚和对技术的执着追求，始终是推动国家发展的重要力量。董礼涛正以他的行动和精神，激励着更多的产业工人为实现“中国创造”而努力奋斗。

模块六

PLC应用实例

学习笔记

引言

随着工业4.0和智能制造的不断发展，PLC将在工业自动化控制中发挥更加重要的作用。通过与其他先进技术（如物联网、大数据、人工智能等）的深度融合，PLC将实现更加智能化、网络化和远程化的控制功能，为工业自动化的发展注入新的动力。同时，随着技术的不断进步和成本的降低，PLC的应用范围也将不断扩大，为更多领域的自动化控制提供有力支持。

本模块介绍FX系列PLC的三个应用实例，均应用了PLC抗干扰能力强、可靠性高、编程简单、易于维护和扩展的特点，通过结合其他设备或仪器，实现对机械设备或生产过程的灵活控制，使生产效率提高，如通过PLC的精确控制，传送带可以根据生产需求实时调整速度，实现快速响应和高效生产等。此外，PLC的引入还降低了人工操作的复杂性和劳动强度，提高了生产线的安全性和稳定性。在3个项目中，引导学生一步一步探讨PLC的技术原理、实现方式及实践意义。

思维导图

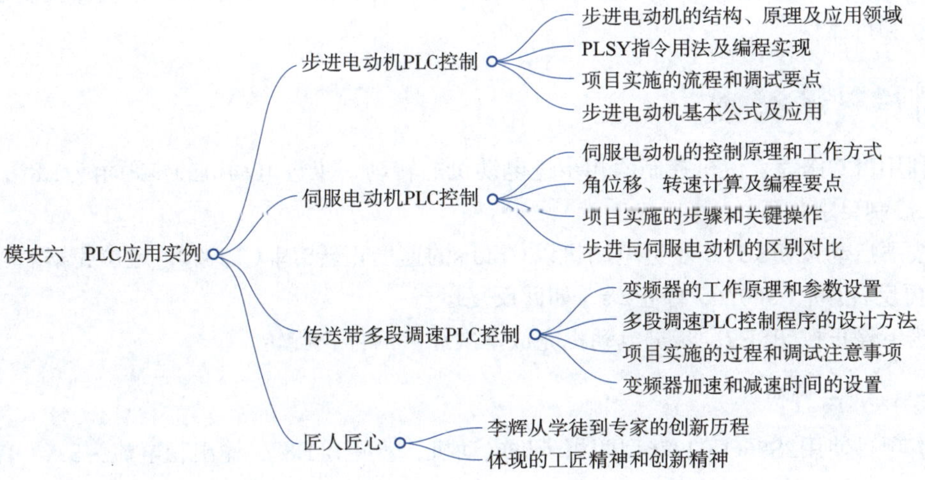

学习笔记

项目 1 步进电动机 PLC 控制

步进电动机应用在很多日常的家电产品中，如打印机、录像器和雨刷等，同时，在我国的工业领域中，对于步进电动机的应用也比较广泛，如自动化设备中的装配线、包装机械，精密仪器中的显微镜、激光设备，还有纺织设备、医疗器械和机器人领域等。目前我国步进电动机正朝着机电一体化方向进行转换。PLC技术在步进电动机整个系统控制中作为逻辑控制器存在，不仅能使得系统在运行过程中更为可靠，整体的逻辑性能更为高效，并且在整个系统中所处的体积也较小，最关键的是，PLC在进行逻辑控制时对于模拟量的控制要比其他技术所测的数值精确很多。

项目目标

一、知识目标

1. 了解步进电动机的结构、工作原理及其在工业自动化中的应用；
2. 掌握如何根据实际需求设计步进电动机与PLC结合的控制系统。

二、技能目标

1. 掌握PLSY指令的用法；
2. 能够根据控制要求，正确编写PLC梯形图程序并进行调试。

三、素养目标

1. 养成持续学习的习惯，保持对新技术、新方法的关注和学习，不断提升自己的专业技能；

2. 培养严谨的工作态度，在控制系统设计、编程和调试的过程中，确保控制系统的准确性和可靠性。

项目描述

利用PLC作为上位机控制两相步进电动机的转动，步进电动机的步距角为1.8°，细分为2，控制要求如下：

按下启动按钮SB1，步进电动机以1 rad/s的速度正转2周（720°），定位完毕后，停止5 s，再反转1周（360°），停止2 s，如此反复运行。

按下停止按钮SB2，步进电动机完成本次循环后停止旋转。

一、项目分析

本项目使用2S56Q-02976型两相步进电动机，步距角1.8°，输出相电流为3 A，保持转矩为1.5 N·m。步进驱动器采用2M530型驱动器，设定细分为2，由PLC作为控制器控制旋转。

根据控制要求及驱动器细分设置，步进电动机旋转1周需要400个脉冲，所以顺时针旋转2周需要800个脉冲，逆时针旋转一周需要400个脉冲。

二、项目引导

1. 生活中应用步进电动机的仪器有哪些？

2. 驱动器细分设置的作用是什么？

3. 先顺时针旋转2周再逆时针旋转3周，需要多少个脉冲？

知识链接

一、步进电动机

步进电动机是一种将输入的电脉冲信号转换成相应角位移或线位移的特种电动机，主要由定子、转子组成。定子上装有绕组，转子是有齿铁心。步进电动机的外形如图6-1-1所示，图形符号如图6-1-2所示。

图 6-1-1　步进电动机外形

图 6-1-2　步进电动机图形符号

步进电动机在不超载的情况下，其转速取决于脉冲信号的频率，停止的位置取决于脉冲的个数，不受负载变化的影响，即加上一个脉冲，步进电动机就转过一个角度，这个角度称为步距角，用θ表示，步距角与步进电动机的结构有关。目前步进电动机一般由步进驱动器控制驱动，通过细分设置，可以把步距角减小，提高控制精度。在进行步进电动机选型时，应遵循“先选电动机、后选驱动器”的原则。

二、步进驱动器

步进驱动器是控制步进电动机的电子装置。本项目使用的2M530型步进驱动器外形

学习笔记

如图6-1-3所示。步进驱动器内部由两部分组成：环形分配器和功率放大器，如图6-1-4所示。从图中可以看出，步进驱动器主要接收三种信号：脉冲信号 CP、方向信号DIR和脱机信号 FREE。

图 6-1-3　2M530 型步进驱动器

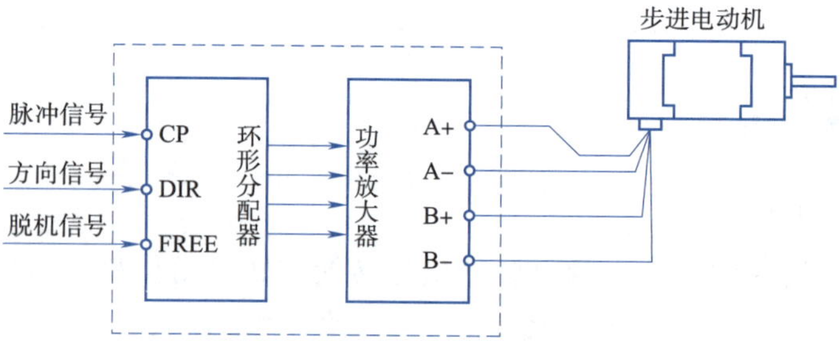

图 6-1-4　步进驱动器内部结构示意图

三、步进驱动器细分设置

在使用步进驱动器的步进控制系统中，合理设置细分可以减小步距角，提高系统的控制精度。例如，步距角为1.8°，将步进驱动器设置成5细分后，则步距角就减小为1.8° ÷ 5=0.36°。下面以2M530型步进驱动器为例，说明细分的设置方法，其各个接线端子功能说明见表6-1-1。

表6-1-1　2M530型驱动器接线端子功能说明表

端子符号	端子名称	说　明
V+、GND	直流电源端子	接直流电源
A+、A−	A相端子	接步进电动机A相绕组
B+、B−	B相端子	接步进电动机B相绕组
PLS+、PLS−	脉冲信号端子	接控制器输出的脉冲信号
DIR+、DIR−	方向信号端子	接控制器输出的方向信号
FREE+、FREE−	脱机信号端子	接控制器输出的脱机信号

在步进驱动器上有8位DIP开关，用于设置细分和输出电流，如图6-1-5所示，相关功能说明见表6-1-2。

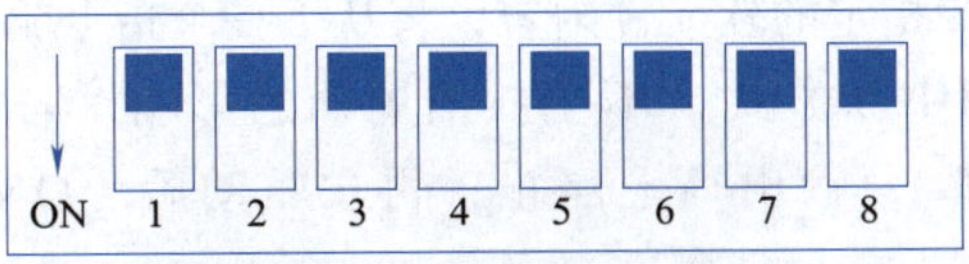

图 6-1-5　DIP 开关示意图

表6-1-2　2M530型步进驱动器DIP开关功能说明

细分设置					输出电流设置					
DIP1（细分）		DIP2	DIP3	DIP4	DIP5		DIP6	DIP7	DIP8	输出电流/A
ON	OFF				ON	OFF				
无效	2	ON	ON	ON	静态电流半流	静态电流全流	ON	ON	ON	1.2
4	4	OFF	ON	ON			ON	ON	OFF	1.5
8	5	ON	OFF	ON			ON	OFF	ON	1.8
16	10	OFF	OFF	ON			ON	OFF	OFF	2.0
32	25	ON	ON	OFF			OFF	ON	ON	2.5
64	50	OFF	ON	OFF			OFF	ON	OFF	2.8
128	100	ON	OFF	OFF			OFF	OFF	ON	3.0
256	200	OFF	OFF	OFF			OFF	OFF	OFF	3.5

四、功能指令PLSY

1. 指令格式及功能

PLSY指令的格式及功能见表6-1-3。

表6-1-3　PLSY指令格式及功能

名　称	指令格式及功能	可用软元件
脉冲输出指令 （D） PLSY	格式： ├┤├──[(D)PLSY　[S1·]　[S2·] [D·]]──┤	源操作数［S1·］、［S2·］：KnX、KnY、KnM、KnS、T、C、D、V、Z、K、H
	功能：从指定的脉冲输出口（Y000或Y001）输出一串以S1为脉冲频率、S2为脉冲个数的脉冲	目的操作数［D·］：Y（可指定Y000或Y001）
		脉冲频率S1的范围：2～20 kHz
		脉冲个数S2的范围： 16位指令：1～32767 32位指令：1～2147483647 若S2的值为0，则产生的脉冲数量不做限制

学习笔记

指令说明如下：

（1）在指令执行过程中，改变S1指定的软元件内容，输出频率也随之发生改变。在指令执行过程中，改变S2指定的软元件内容，将从下一个指令驱动开始执行改变的内容。

（2）脉冲输出采用中断方式，不受扫描周期的影响。若在指令执行过程中，指令驱动条件断开（OFF），输出马上停止；再次驱动后（ON），又从初始状态开始动作。

2．指令举例

X000接通后，从Y000输出一串频率为1 kHz的脉冲，脉冲个数由数据寄存器D0指定。PLSY指令举例梯形图如图6-1-6所示。

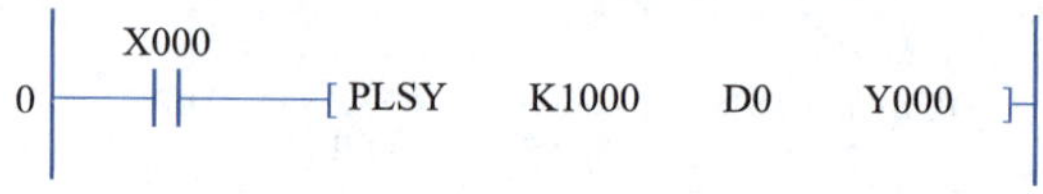

图 6-1-6　PLSY 指令举例梯形图

该程序的指令表见表6-1-4。

表6-1-4　PLSY指令举例指令表

步　序	操　作　码	操　作　数
0	LD	X000
1	PLSY	K1000 D0 Y000

项目实施

根据《可编程控制系统设计师国家职业标准》，应高度重视安全、环保，坚持文明生产，按技术规范完成本项目任务。

1．任务分组

四人一组，分别担任项目经理、电气设计工程师、电气安装员和项目验收员角色，模拟真实 PLC 控制项目的实施过程。分组完成后，有序坐好，小组讨论制订组名、组训和小组 Logo，营造小组凝聚力和文化氛围，并确定任务分工，项目经理完成项目分组表的填写，见表6-1-5。

表6-1-5　项目分组表

<table>
<tr><td>组名</td><td colspan="2"></td><td rowspan="2">小组Logo</td><td rowspan="2"></td></tr>
<tr><td>组训</td><td colspan="2"></td></tr>
<tr><td>团队成员</td><td>学号</td><td>角色指派</td><td colspan="2">职责</td></tr>
<tr><td></td><td></td><td>项目经理</td><td colspan="2">统筹计划、进度，安排和甲方对接，解决疑难问题</td></tr>
<tr><td></td><td></td><td>电气设计工程师</td><td colspan="2">进行电气硬件线路设计、程序设计和编程调试</td></tr>
<tr><td></td><td></td><td>电气安装员</td><td colspan="2">进行电气配盘，配合电气设计工程师进行调试</td></tr>
<tr><td></td><td></td><td>项目验收员</td><td colspan="2">根据任务书、评价表对项目功能、乙方表现进行打分评价</td></tr>
</table>

学习笔记

2．分配I/O口地址，绘制外部接线图

1）I/O口地址分配

根据控制要求，步进电动机的PLC控制有________个输入控制元件；输出需要发出脉冲和控制正反转，有________个输出元件，填写PLC的I/O分配表，见表6-1-6。

表6-1-6　I/O分配表

输　入		输　出	
名称	输入点编号	名称	输出点编号
启动按钮SB1	X000	脉冲输出	Y000
停止按钮SB2	X001	方向控制	Y001

2）绘制外部接线图

根据I/O分配表，绘制外部接线图，如图6-1-7所示。

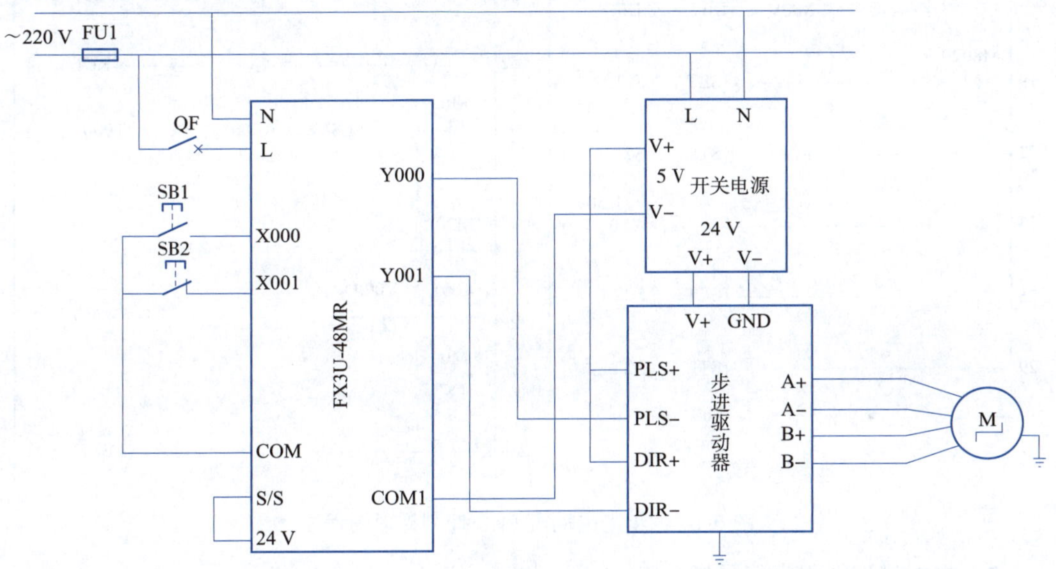

图 6-1-7　步进电动机 PLC 控制电路

3．设计梯形图程序和指令表

1）设计程序

本次实训使用2S56Q-02976型步进电动机，输出相电流3 A，要求设置细分为2，步进驱动器细分设置见表6-1-7。

表6-1-7　步进驱动器细分设置

开关序号	DIP1	DIP2	DIP3	DIP4	DIP5	DIP6	DIP7	DIP8
开关状态	OFF	ON	ON	ON	ON	OFF	OFF	ON

步进电动机PLC控制的梯形图程序如图6-1-8所示。

学习笔记

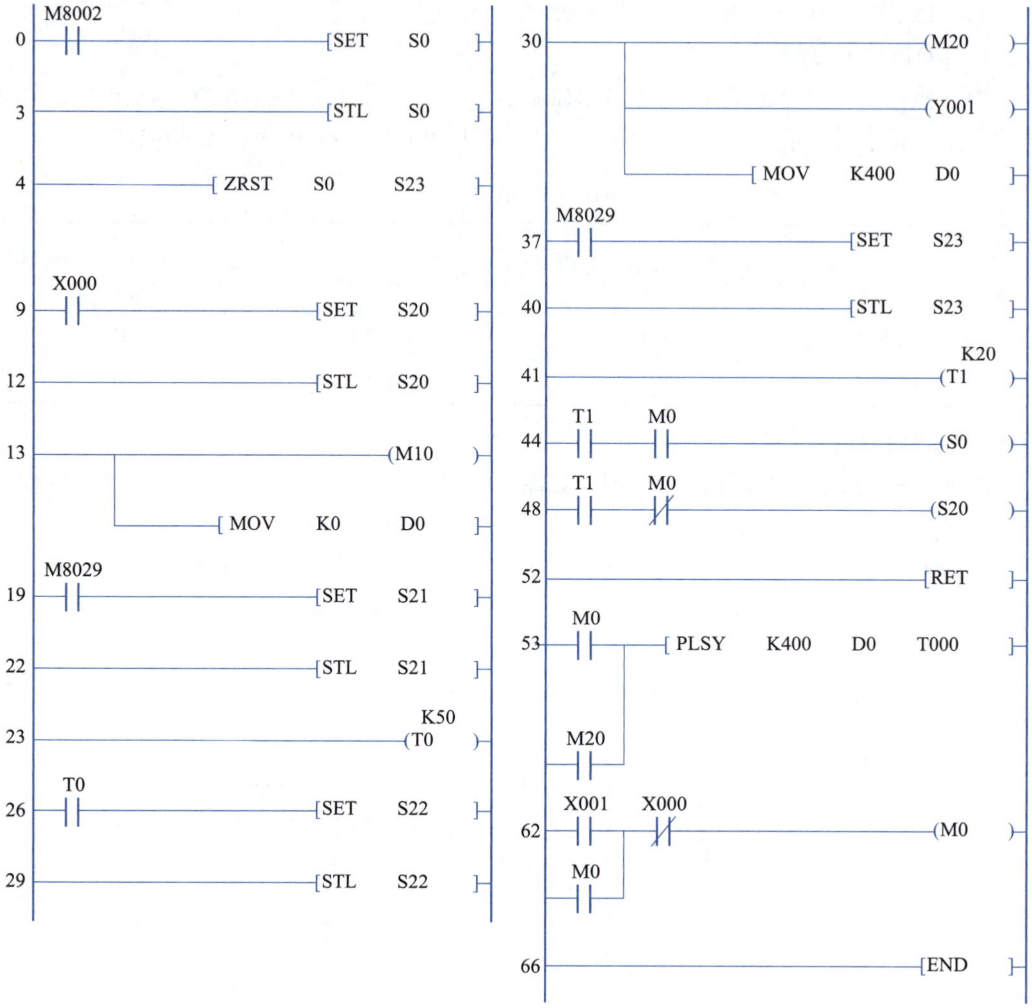

图 6-1-8　步进电动机 PLC 控制梯形图程序

2）根据梯形图程序编写指令表

步进电动机PLC控制指令表见表6-1-8。

表6-1-8　步进电动机PLC控制指令表

步　序	操 作 码	操 作 数	步　序	操 作 码	操 作 数
0	LD	M8002	13	OUT	M10
1	SET	S0	14	MOV	K0
3	STL	S0			D0
4	ZRST	S0	19	LD	M8029
		S23	20	SET	S21
9	LD	X000	22	STL	S21
10	SET	S20	23	OUT	T0
12	STL	S20			K50

续表

步 序	操 作 码	操 作 数	步 序	操 作 码	操 作 数
26	LD	T0	48	LD	T1
27	SET	S22	49	ANI	M0
29	STL	S22	50	OUT	S20
30	OUT	M20	52	RET	
31	OUT	Y001	53	LD	M0
32	MOV	K400	54	OR	M20
		D0	55	PLSY	K400
37	LD	M8029			D0
38	SET	S23			Y000
40	STL	S23	62	LD	X001
41	OUT	T1	63	OR	M0
		K20	64	ANI	X000
44	LD	T1	65	OUT	M0
45	AND	M0	66	END	
46	OUT	S0			

4. 安装调试系统

1）物料和工具领取

根据实验室配置，填写表6-1-9，按量领取物料和工具。

表6-1-9 领料表

序 号	物料或工具名称	型号与规格	数 量	备 注
1				
2				
3				
4				
5				
6				

2）安装电路

（1）根据外部接线图安装电路。

（2）检查电源是否已经切断，PLC 的“STOP/RUN”开关是否置于STOP。

（3）对照设计的 PLC 安装接线图安装电路，注意用电安全和电路安装规范。

（4）安装完成后，对电路进行检测。用万用表检查同节点的接线端子之间是否完全导通，检查各接线端子是否有差错。

3）联机调试

（1）通电前进行安全检查。

学习笔记

（2）记录调试系统注意事项。

（3）根据项目控制要求调试运行程序。

注意：通电前应进行安全检查，准确无误后才能通电。

项目评价

完成项目实施后根据学生自评、小组互评和教师评价填写项目实施评价表，见表6-1-10。

表6-1-10　项目实施评价表

评价目标	评价内容及标准	配分	学生自评	小组互评	教师评价
知识目标	理解步进电动机PLC控制的控制原理	5分			
	认识PLSY指令的组成	5分			
	认识PLSY指令的基本应用方法	5分			
技能目标	元器件选择不合适，每处扣1分，最多扣5分	5分			
	I/O分配不合理，每处扣1分，最多扣10分	10分			
	元器件图形、文字符号错误或不符合国家标准，每处扣1分，最多扣4分	20分			
	接线错误、漏接线，每处扣1分，最多扣4分				
	导线选择不符合规范，每处扣1分，最多扣4分				
	元器件检测是否规范，不规范每处扣1分，最多扣4分				
	仪表使用是否安全正确，每处扣1分，最多扣4分				
	程序编写不符合规范，每处扣1分，最多扣10分	20分			
	编写的程序不能达到控制要求，每处扣2分，最多扣10分				
	输入程序，不能将程序输入到PLC或程序输入错误，最多扣5分	10分			
	调试过程不符合操作规程，每处扣1分，最多扣5分				
职业素养	工具使用：工具使用适合相关操作，使用方法正确、规范，每处扣1分，最多扣3分	10分			
	操作规范：电路连接、设备调试符合工艺要求和规范，每处扣1分，最多扣7分				
	物品摆放：工具、文字书写工具等摆放在指定位置，整齐、有序、便于使用，每处扣1分，最多扣5分	10分			
	工作态度：积极完成工作任务、不怕困难，始终保持工作热情，与同伴相互合作、沟通，分工明确、协调配合，共同完成工作任务。每处扣1分，最多扣5分				
小计					
合计 =（自评30% + 互评30% + 师评40%）					

注：违反安全操作规程，造成安全事故，本项目不得分。

学习笔记

项目拓展

一、能力测试：步进电动机PLC控制（二）

用PLC控制两相步进电动机的转动，步进电动机的步距角为0.9°，细分设置为2，第一次按启动按钮，步进电动机正转，转1周用时5 s；第二次按启动按钮，步进电动机反转，转1周用时10 s，按停止按钮步进电动机停止。

（1）进行I/O分配。

（2）画出外部接线图。

（3）编写PLC控制梯形图程序。

二、学海领航：步进电动机的基本公式

角速度：$\omega = 2\pi f/N_s$

步距角：$\alpha = 360/N_s$

运行速度：$n = fN_s/60$

持续转矩：$T = K_t I$

其中，f表示脉冲频率，Hz；N_s表示步数；K_t为电动机的扭矩系数；I为电动机的电流，A。

项目 2　伺服电动机 PLC 控制

伺服电动机是指在伺服系统中控制机械元件运转、辅助电动机间接变速的装置。伺服电动机可以控制速度，且位置精度非常准确，可以将电压信号转化为转矩和转速以驱动控制对象。

19世纪30年代至50年代，伴随着第二次工业革命，电悄悄进入人类的社会生活。社会生产力的进一步发展，电解、电镀、电力照明的需要，使人们开始寻找新的供电装置，法拉第电磁感应定律的出现，将社会需要与科学理论结合起来，使得电动机的研制工作得到了较快发展。19世纪末，普通工频电动机出现，但需要在规定电压以及额定频率下使用，这种局限性推动了变频器的研发和应用。20世纪60年代，变频电动机出现，它可将工频电源转换为其他频率电源，通过改变电网的频率调节电动机的转速和转矩，主要用于需要调速且对速度控制要求较高的领域。20世纪70年代，变频电动机的PWM（脉冲宽度调制）方式与直流电动机的伺服控制基础相结合，直流伺服电动机诞生。

因直流伺服电动机结构复杂、转子在运行过程中温度逐渐升高，使其无法精准地连接其他机械设备，而且在大容量和高速的情况下很难派上用场，因此在20世纪70年代末至80年代初，逐渐被交流伺服驱动技术取代。

伺服电动机广泛应用于数控机床、电子制造设备、包装机械、纺织机械、机器人、塑料机械、医疗机械、食品机械等领域，其中在数控机床领域应用最多。

学习笔记

项目目标

一、知识目标

1. 理解伺服电动机角位移和转速的控制原理；
2. 了解如何根据实际需求设计伺服电动机与PLC结合的控制系统。

二、技能目标

1. 进一步掌握PLSY指令的用法；
2. 能够根据控制要求，正确编写PLC梯形图程序并进行调试。

三、素质目标

1. 强调工匠精神的内涵，即执着专注、精益求精、一丝不苟、追求卓越，引导学生以严谨、认真的态度对待学习和工作；

2. 激发学生学习PLC控制技术的兴趣和热情，培养其对此领域的热爱，强调理论与实践相结合的重要性，鼓励学生将所学知识应用于实际工作中，为社会创造价值。

项目描述

某汽车零部件作业车间里，需要安装一个PLC控制ECMA-C30604PS型号的伺服电动机夹持作业，伺服电动机控制要求如下：按下启动按钮SB1，电动机以1 rad/s的速度正转2圈，完成后，按下复位按钮SB2，电动机以2 rad/s的速度反转2圈后返回，等待下一次启动并重复夹持操作，停止按钮为SB3。其中，伺服驱动器按给定的参数设置，见表6-2-1。

表6-2-1　伺服驱动器参数设置

参 数 号	参数含义	设 定 值
P2-08	恢复出厂值	10
P1-00	脉冲输入形式	2
P1-01	控制模式	0
P1-44	齿轮比分子	10
P1-45	齿轮比分母	1

一、项目分析

1．确定脉冲频率S_1

根据伺服电动机的转速公式：转速=频率×电子齿轮比/分辨率，代入具体数值，可得：

正转时：S_1=1×10 000/10 Hz=1 000 Hz

反转时：S_1=2×10 000/10 Hz=2 000 Hz

2．确定角位移脉冲数S_2

根据伺服电动机的角位移公式：转动圈数=角位移脉冲数/分辨率，代入具体数值，可得：

S_2=2×10 000 Hz=20 000 Hz

学习笔记

二、项目引导

1. 生活中常见的伺服电动机应用有哪些?

2. 伺服电动机和步进电动机有什么区别?

3. 伺服电动机的精度取决于什么?

知识链接

一、伺服电动机

伺服电动机转子转速受输入信号控制，能够快速反应，在自动控制系统中，用作执行元件，且具有机电时间常数小、线性度高等特性，可把收到的电信号转换成电动机轴上的角位移或角速度输出。伺服电动机的外形如图6-2-1所示。

图 6-2-1　伺服电动机外形

伺服电动机分为直流和交流伺服电动机两大类。其中，交流伺服电动机即无刷电动机，分为同步和异步电动机，运动控制中一般使用同步电动机，其功率范围大，功率上限高；直流伺服电动机分为有刷和无刷电动机，其成本低、结构简单、启动转矩大、调速范围宽、控制容易，但维护不方便（需换碳刷），易产生电磁干扰，对环境有要求。

学习笔记

二、伺服电动机的工作原理

伺服电动机在伺服系统中是执行元件，作用是把信号（即控制电压）或相位转换成一定的转速或角位移。伺服电动机内部的转子材料采用永磁铁制造，驱动器控制的三相电可以形成电磁场，转子在磁场的作用下转动。同时，电动机自带的尾部编码器将反馈信号传给驱动器，驱动器根据反馈值与目标值进行对比，随时调整转子转动的角度。

伺服电动机的控制主要靠脉冲定位，伺服电动机接收到1个脉冲，就会旋转1个脉冲对应的角度，从而实现位移。伺服电动机本身具备发出脉冲的功能，它每旋转一个角度，会发送对应数量的脉冲，与它接收的脉冲形成呼应。因此，系统能通过发送和接收的脉冲数量达到精确控制电动机转动的目的，从而实现精准定位。伺服电动机的精度取决于编码器的精度，即线数。

三、伺服电动机角位移与转速的计算

要理解伺服电动机角位移等参数的计算，需要先了解伺服电动机的分辨率、电子齿轮比等概念。

1．分辨率

伺服电动机的分辨率即伺服电动机编码每转刻线的最小分辨率。例如，台达ASD A0421-AB伺服驱动器的分辨率为2 500脉冲数/转，对应的ECMA-C30604PS伺服电动机分辨率也为2 500脉冲数/转。由于编码器输出的信号为TTL方波信号，A、B两相相差90°（1/4T），在0°、90°、180°、270°相位角这四个位置有上升沿和下降沿，如图 6-2-2 所示的方波信号，如果只看其中一个通道的上升沿，那么计数频率等于这个通道信号的频率；如果对一个通道的上升沿和下降沿都进行计数，此时计数频率为该通道信号频率的2倍；如果对两个通道的上升沿和下降沿都进行计数，则计数频率变为原始信号的4倍，即方波的四倍频。在实际应用中，使用公式对伺服电动机的角位移和转速进行计算时，可直接看作编码器的分辨率为10 000脉冲数/转，即要使伺服电动机旋转一圈，需要提供10 000个脉冲。

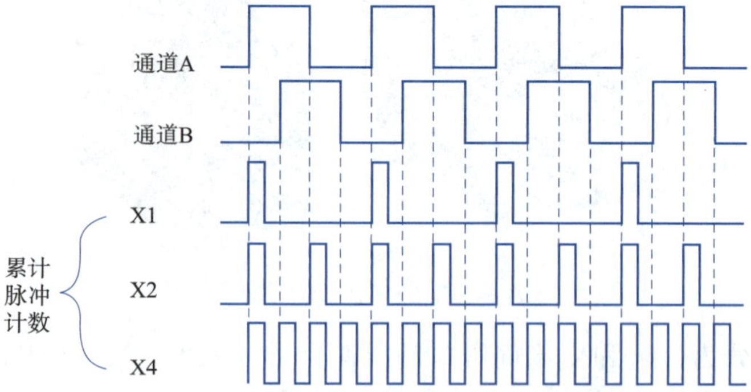

图 6-2-2　方波信号图

2．电子齿轮比

伺服电动机控制中的电子齿轮比，是指对伺服电动机接收上位机的频率进行放大或缩小的一个参数，具体数值为分子与分母的比值。电子齿轮比分子与分母的数值需要在伺服驱动器上设置，其中，分子的参数号为P1-44，分母的参数号为P1-45。

3. 角位移的计算

伺服电动机角位移的计算公式为：角位移=角位移脉冲数×360°/分辨率，或转动圈数=角位移脉冲数/分辨率。

例如，PLC向ASD-A0421-AB伺服驱动器输出5 000个脉冲，根据上述计算公式可得：伺服电动机转动的角位移为180°，即0.5圈。

4. 转速的计算

伺服电动机转速的计算公式为：转速=脉冲频率/脉冲数，其中，转速的单位为rad/s。

例如，要使PLC控制伺服电动机的转速为2 rad/s，根据上述公式，可得：频率=2×10 000 Hz=20 000 Hz。

5. 转向的控制

当伺服驱动器的方向端有信号输入时，电动机正转；反之，则反转。例如，将PLC的 Y002端接入伺服驱动器的方向端，当Y002接通时，电动机正转。

项目实施

根据《可编程控制系统设计师国家职业标准》，应高度重视安全、环保，坚持文明生产，按技术规范完成本项目任务。

1. 任务分组

四人一组，分别担任项目经理、电气设计工程师、电气安装员和项目验收员角色，模拟真实 PLC 控制项目的实施过程。分组完成后，有序坐好，小组讨论制订组名、组训和小组 Logo，营造小组凝聚力和文化氛围，并确定任务分工，项目经理完成项目分组表的填写，见表6-2-2。

表6-2-2　项目分组表

<table>
<tr><td>组名</td><td colspan="2"></td><td rowspan="2">小组Logo</td><td rowspan="2"></td></tr>
<tr><td>组训</td><td colspan="2"></td></tr>
<tr><td>团队成员</td><td>学号</td><td>角色指派</td><td colspan="2">职责</td></tr>
<tr><td></td><td></td><td>项目经理</td><td colspan="2">统筹计划、进度，安排和甲方对接，解决疑难问题</td></tr>
<tr><td></td><td></td><td>电气设计工程师</td><td colspan="2">进行电气硬件线路设计、程序设计和编程调试</td></tr>
<tr><td></td><td></td><td>电气安装员</td><td colspan="2">进行电气配盘，配合电气设计工程师进行调试</td></tr>
<tr><td></td><td></td><td>项目验收员</td><td colspan="2">根据任务书、评价表对项目功能、乙方表现进行打分评价</td></tr>
</table>

2. 分配I/O口地址，绘制外部接线图

1）I/O口地址分配

根据控制要求，伺服电动机的PLC控制有________个输入控制元件；输出需要发出脉冲、控制正转和复位，有________个输出元件，填写PLC的I/O分配表，见表6-2-3。

学习笔记

表6-2-3 I/O分配表

输入		输出	
名称	输入点编号	名称	输出点编号

素材 伺服电动机PLC控制I/O分配表

2）绘制外部接线图

根据I/O分配表，绘制外部接线图。

素材 伺服电动机PLC控制接线图

3．设计梯形图程序和指令表

1）设计程序

素材 伺服电动机PLC控制梯形图程序

学习笔记

2）根据梯形图程序编写指令表

素材

伺服电动机
PLC控制
指令表

4．安装调试系统

1）物料和工具领取

根据实验室配置，填写表6-2-4，按量领取物料和工具。

表6-2-4　领料表

序　号	物料或工具名称	型号与规格	数　量	备　注
1				
2				
3				
4				
5				
6				

2）安装电路

（1）根据外部接线图安装电路。

（2）检查电源是否已经切断，PLC 的“STOP/RUN”开关是否置于STOP。

（3）对照设计的 PLC 安装接线图安装电路，注意用电安全和电路安装规范。

（4）安装完成后，对电路进行检测。用万用表检查同节点的接线端子之间是否完全导通，检查各接线端了是否有差错。

3）联机调试

（1）通电前进行安全检查。

（2）记录调试系统注意事项。

（3）根据项目控制要求调试运行程序。

注意： 通电前应进行安全检查，准确无误后才能通电。

项目评价

完成项目实施后根据学生自评、小组互评和教师评价填写项目实施评价表，见表6-2-5。

学习笔记

表6-2-5　项目实施评价表

评价目标	评价内容及标准	配分	学生自评	小组互评	教师评价
知识目标	理解伺服电动机PLC控制的控制原理	5分			
	认识伺服电机的PLC控制方法	5分			
	进一步认识PLSY指令的应用方法	5分			
技能目标	元器件选择不合适，每处扣1分，最多扣5分	5分			
	I/O分配不合理，每处扣1分，最多扣10分	10分			
	元器件图形、文字符号错误或不符合国家标准，每处扣1分，最多扣4分	20分			
	接线错误、漏接线，每处扣1分，最多扣4分				
	导线选择不符合规范，每处扣1分，最多扣4分				
	元器件检测是否规范，不规范每处扣1分，最多扣4分				
	仪表使用是否安全正确，每处扣1分，最多扣4分				
	程序编写不符合规范，每处扣1分，最多扣10分	20分			
	编写的程序不能达到控制要求，每处扣2分，最多扣10分				
	输入程序，不能将程序输入到PLC或程序输入错误，最多扣5分	10分			
	调试过程不符合操作规程，每处扣1分，最多扣5分				
职业素养	工具使用：工具使用适合相关操作，使用方法正确、规范，每处扣1分，最多扣3分	10分			
	操作规范：电路连接、设备调试符合工艺要求和规范，每处扣1分，最多扣7分				
	物品摆放：工具、文字书写工具等摆放在指定位置，整齐、有序、便于使用，每处扣1分，最多扣5分	10分			
	工作态度：积极完成工作任务、不怕困难，始终保持工作热情，与同伴相互合作、沟通，分工明确、协调配合，共同完成工作任务。每处扣1分，最多扣5分				
小计					
合计 =（自评30% + 互评30% + 师评40%）					

注：违反安全操作规程，造成安全事故，本项目不得分。

项目拓展

一、能力测试：伺服电动机PLC控制（二）

设计一控制现场，当接收到一个启动信号时，要求电动机以尽量高的速度旋转，但只能转一周，而且都停在一个固定位置上，电动机停止时，又会自动接收到启动信号，如此重复运行。1 min要求启停150次左右。设计这一PLC控制系统并调试，观察电动机运行的最高速度能达到多少。

（1）进行I/O分配和参数设置。

（2）画出外部接线图。

（3）编写PLC控制梯形图程序。

二、学海领航：步进电动机与伺服电动机的区别

1. 控制方式的区别

步进电动机通常使用开环控制系统，在这种系统中，控制器向电动机发送指令，而电动机按照指令执行相应的动作。由于步进电动机的每一步是离散的，且任意两步之间存在固定的角度，所以在正常条件下，不需要进行位置反馈，这使得步进电动机系统的控制方式相对简单。

而伺服电动机一般采用闭环控制系统，闭环控制系统通过实时的位置反馈控制电动机的转动，编码器监测电动机转子的实际位置，并将该信息反馈给控制器，控制器与输入的位置指令进行比较，并根据差异对电动机进行调整。这种闭环控制系统能够提供更高的控制精度和稳定性，适用于需要高精度定位的应用。

2. 输出转矩的特性差异

步进电动机通常具有高转矩输出，尤其在低速运转时，其输出转矩性能优于伺服电动机，这使得步进电动机在需要承载较大负载或具有较高静态转矩要求的应用中表现出色。然而，在高速运行或加/减速过程中，步进电动机的输出转矩会明显下降，造成控制系统的动态响应性能不佳。

伺服电动机则具有较为平滑和稳定的转矩输出特性。通过闭环控制系统，伺服电动机可以在整个速度范围内提供稳定的转矩输出，这使得伺服电动机适用于需要高速运行、高加/减速性能以及精确定位的应用。

3. 控制系统复杂性的差异

由于步进电动机使用开环控制，其控制系统相对简单，仅需提供适当的脉冲信号即可实现基本的转动，这使得步进电动机较为容易集成到各种控制系统中，且成本相对较低。

伺服电动机的控制系统相对复杂，需要编码器和反馈控制器等组件，以实现闭环控制。这使得伺服电动机的集成要求更高，成本也相对较高，但它的高精度和稳定性在某些应用中是必不可少的。

项目 3　传送带多段调速 PLC 控制

变频器作为电力电子技术的重要组成部分，经历了从电阻调速、电容调速到晶闸管、可控硅控制，再到现代高性能DSP芯片、IGBT等器件应用的技术演变。随着电力电子技术、微电子技术和数字信号处理技术的发展，变频器不断向高性能、高精度、智能化方向迈进，实现了对电动机更加精确的控制和优化。

在现代社会中，变频器广泛应用于工业、农业、交通运输、家电等多个领域。在工业领域，变频器驱动传送带、风机、泵等设备，实现精确的速度控制和显著的节能效果。

学习笔记

同时，变频器还应用于农业灌溉、排灌、收割等设备，以及电动机车和家电（如冰箱、空调）中，提供更高的能效比和更好的温控效果。

变频器通过精确控制电动机的转速和转矩，根据负载变化自动调整电动机的运行状态，有效降低能耗和排放，对实现节能减排目标具有重要意义。随着环保意识的提高和能源消耗的压力增大，变频器作为绿色节能技术的重要组成部分，对降低环境污染、促进可持续发展发挥着关键作用。

展望未来，变频器将继续向高性能化、绿色化方向发展，并广泛应用于工业自动化、智能制造、新能源等领域。随着技术的不断进步和应用领域的不断拓展，变频器将在现代社会的发展中发挥更加重要的作用，为实现高效、节能、环保的生产和生活方式做出更大贡献。

项目目标

一、知识目标

1. 了解变频器的定义、工作原理及主要组成部分；
2. 能够识别不同类型的变频器及其应用场景。

二、技能目标

1. 掌握变频器的基本操作和维护方法；
2. 根据控制要求，能够进行变频器的调试操作，包括参数设置、故障诊断等。

三、素质目标

1. 培养学生的专业知识和技能、实践能力和解决问题的能力，同时塑造其正确的情感态度和价值观，为其未来的职业发展奠定坚实基础；

2. 引导学生关注社会发展和技术进步，增强其为社会主义现代化建设贡献力量的使命感。

项目描述

某生产设备上的传送带接通电源，按下启动按钮后，以20 Hz的频率正转启动；5 s后，传送带变为以40 Hz的频率正转；再过5 s，传送带变为以10 Hz的频率正转；3 s后，传送带变为以20 Hz的频率反转；反转5 s后自动停止。停止后再次按下启动按钮，传送带重复以上运行过程。

一、项目分析

传送带在整个运行过程中能以10 Hz、20 Hz、40 Hz三种频率运行，没有加减速时间的要求，同时既有正转又有反转。

二、项目引导

1. 什么时候需要用到调试传送带，有什么作用？

2. 变频器通过什么控制传送带的速度？

3. 什么情况下对加减速时间有要求？

知识链接

一、变频器

变频器（variable-frequency drive，VFD）是应用变频技术与微电子技术，通过改变电动机工作电源频率的方式控制交流电动机的电力控制设备。在交流异步电动机的诸多调速方法中，变频调速方法的性能最好，其调速范围大、静态稳定性好、运行效率高。采用通用变频器对鼠笼式异步电动机进行调速控制的优点是使用方便、可靠性高，且经济效益显著，所以在生活与生产中得到了广泛应用。变频器的型号有多种，常见的变频器如图6-3-1所示。

图 6-3-1 常见变频器

由于变频器内置有32位或16位微处理器，因此具有多种算术逻辑运算和智能控制功能，输出频率精度为0.1% ～0.01%，且设置有完善的检测、保护环节，因此，在自动化系统中获得广泛应用。例如，化纤工业中的卷绕、拉伸、计量、导丝；电弧炉自动加料、配料系统以及电梯的智能控制等。变频器还可以广泛应用于传送、起重、挤压和机床等各种机械设备控制领域，可提高工艺水平和产品质量，减少设备的冲击和噪声，延长设

学习笔记

备的使用寿命。

二、变频器的外观及结构

FR-E740变频器前面板及按钮功能如图6-3-2所示，结构如图6-3-3所示。

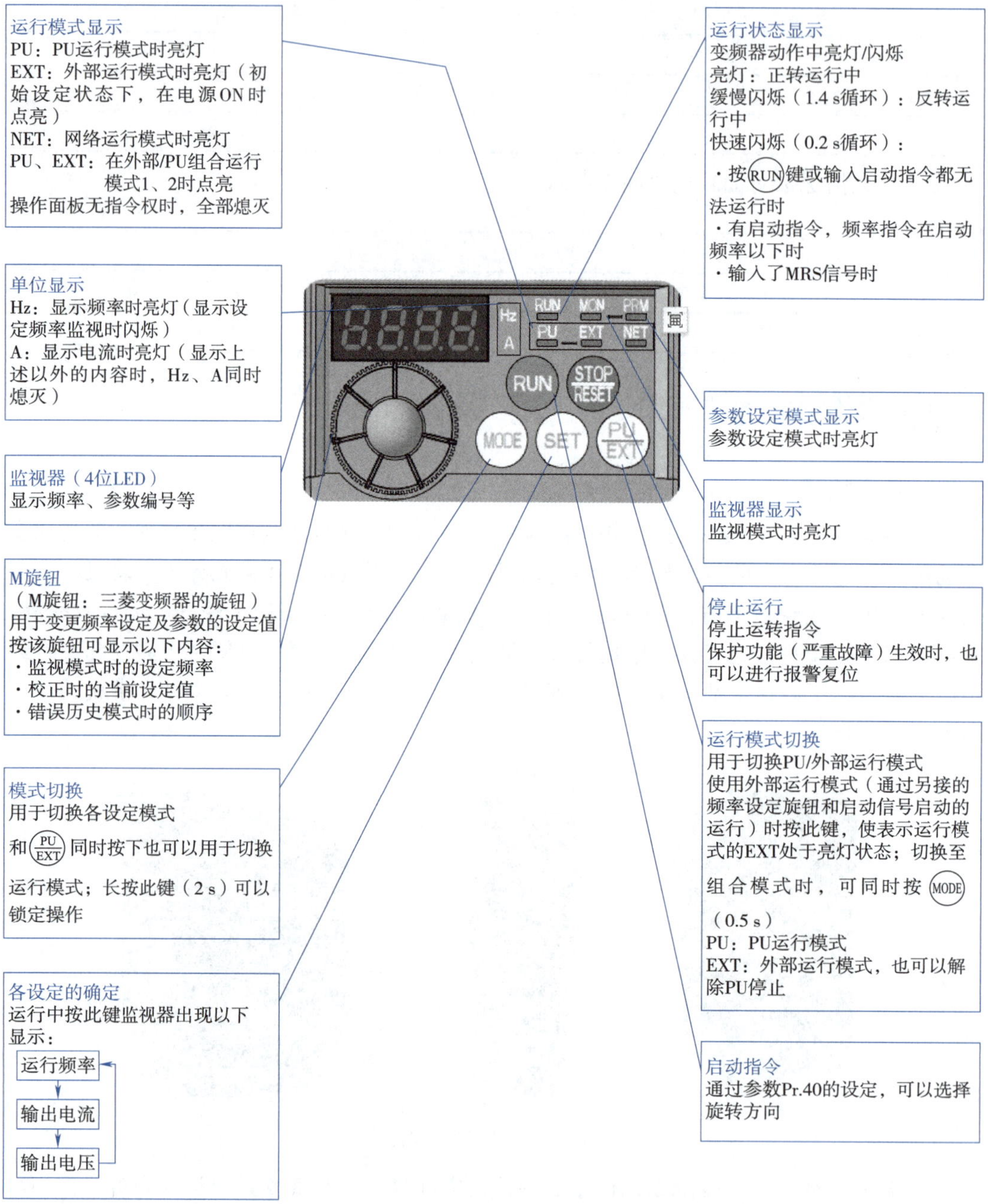

图 6-3-2 变频器前面板及按钮功能

学习笔记

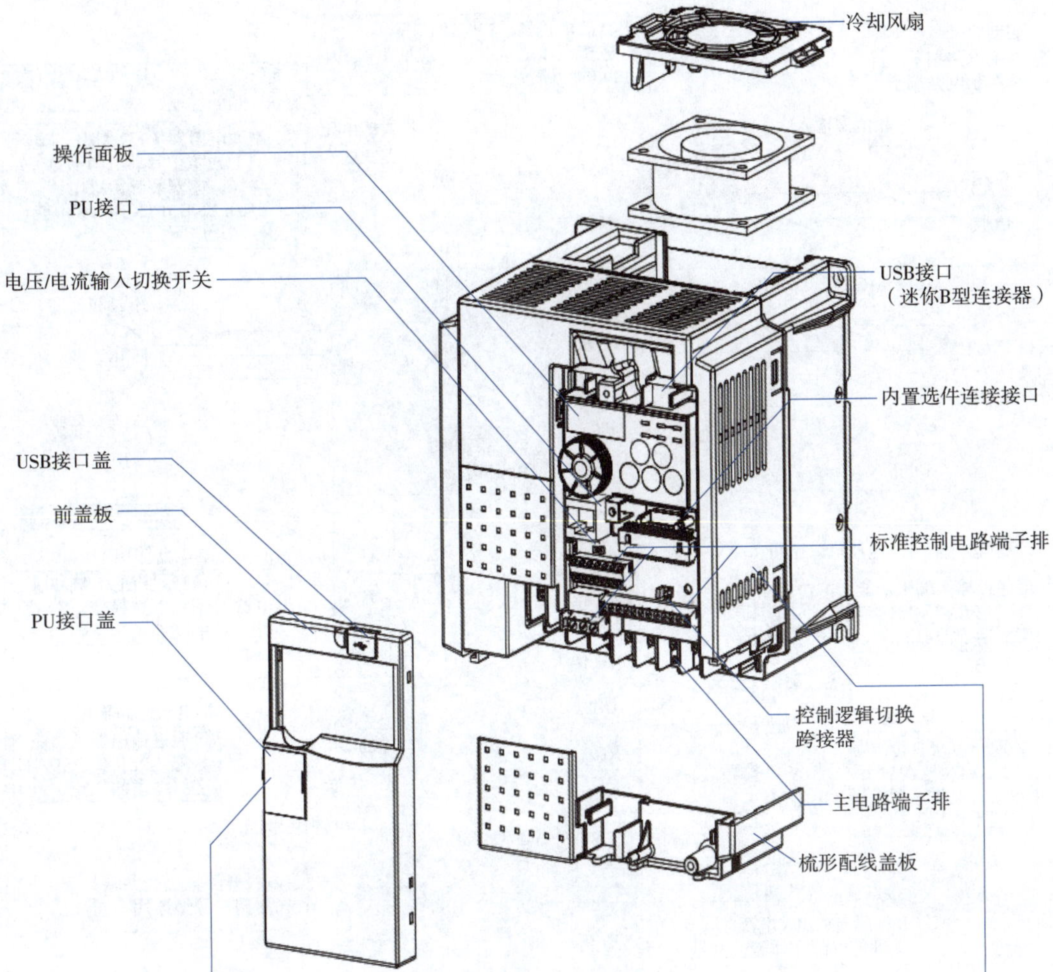

容量铭牌*

FR-E740-1.5K-CHT← 变频器型号

SERIAL: ××××××← 制造编号

额定铭牌*

MITSUBISHI INVERTER

变频器型号→ MODEL FR-E740-1.5K-CHT

额定输入→ INPUT: ×××××

额定输出→ OUTPUT: ×××××

制造编号→ SERIAL:

PA33ED

* 容量铭牌、额定铭牌在不同容量变频器上的位置也不同，可根据外形尺寸图进行确认

· 附属品：固定风扇盖板的螺钉（M3×35 mm）
为符合欧洲标准而配备

容　量	个　数
FR-E740-1.5K~3.7K	1
FR-E720S-0.75K~2.2K	
FR-E740-5.5K~15K	2

图 6-3-3　变频器结构

三、变频器的接线

FR-E740变频器的各电路接线端子如图6-3-4所示。

学习笔记

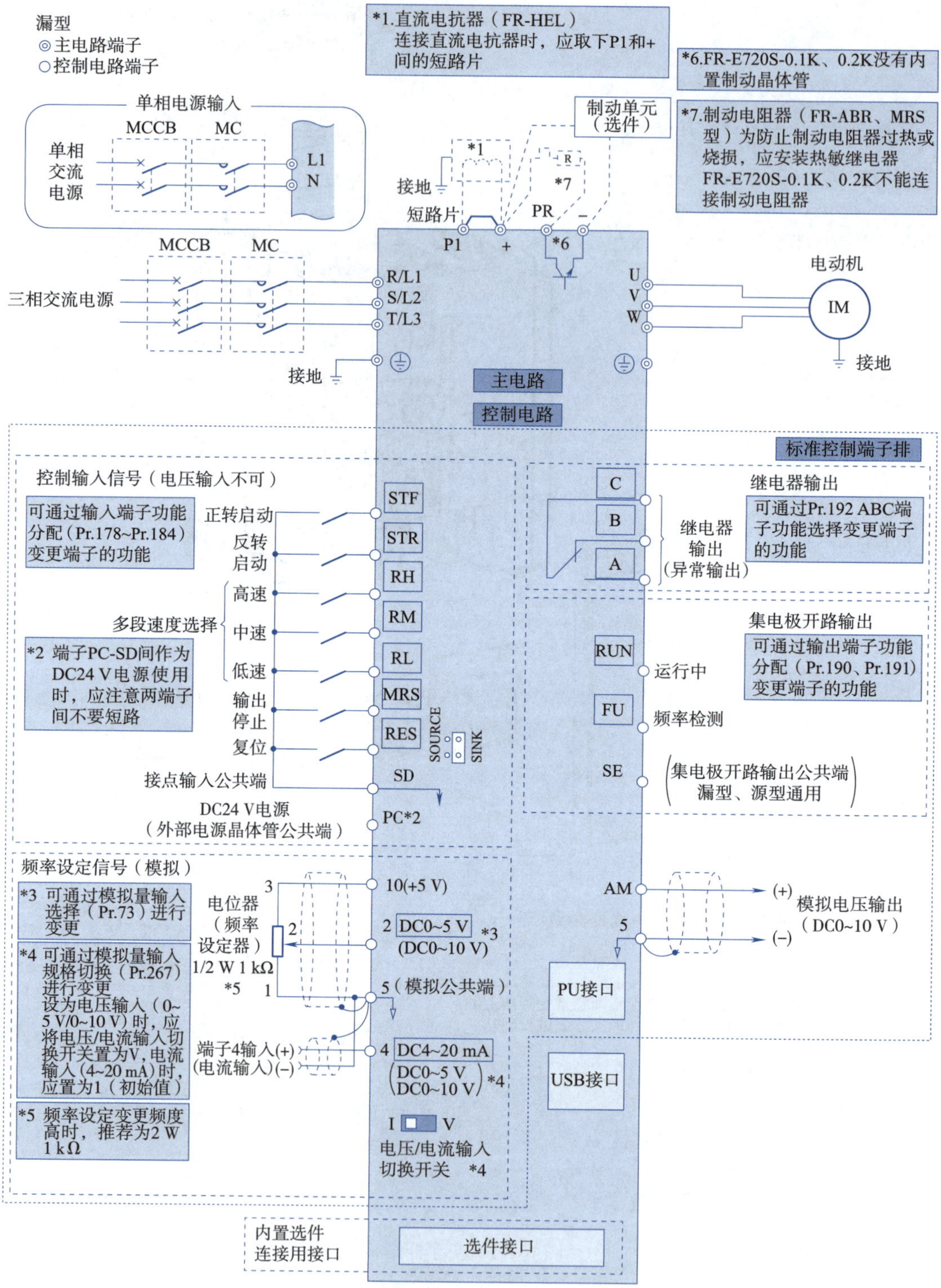

图 6-3-4　变频器各电路接线端子图

控制电路的端子说明见表6-3-1。

学习笔记

表6-3-1　控制电路端子说明

<table>
<tr><th>种类</th><th>端子记号</th><th>端子名称</th><th colspan="2">端子功能说明</th></tr>
<tr><td rowspan="12">接点输入</td><td>STF</td><td>正转启动</td><td>STF信号ON时为正转、OFF时为停止指令</td><td rowspan="2">STF、STR信号同时ON时变为停止指令</td></tr>
<tr><td>STR</td><td>反转启动</td><td>STR信号ON时为反转、OFF时为停止指令</td></tr>
<tr><td>RH、RM、RL</td><td>多段速度选择</td><td colspan="2">用RH、RM和RL信号的组合可以选择多段速度</td></tr>
<tr><td>MRS</td><td>输出停止</td><td colspan="2">MRS信号ON（20 ms以上）时，变频器输出停止</td></tr>
<tr><td>RES</td><td>复位</td><td colspan="2">复位用于解除保护回路动作时的报警输出，使RES信号处于ON状态0.1 s或以上，然后断开。初始设定为始终可进行复位。但进行参数Pr.75 的设定后，仅在变频器报警发生时可进行复位，复位所需时间约为1 s</td></tr>
<tr><td rowspan="3">SD</td><td>接点输入公共端（漏型）（初始设定）</td><td colspan="2">接点输入端子（漏型逻辑）</td></tr>
<tr><td>外部晶体管公共端（源型）</td><td colspan="2">源型逻辑时作为连接晶体管输出（即集电极开路输出），将晶体管输出用的外部电源公共端接到该端子时，可以防止因漏电引起的误动作</td></tr>
<tr><td>DC24 V电源公共端</td><td colspan="2">DC24 V、0.1 A电源（端子PC）的公共输出端子，与端子5及端子SE绝缘</td></tr>
<tr><td rowspan="3">PC</td><td>外部晶体管公共端（漏型）（初始设定）</td><td colspan="2">漏型逻辑时作为连接晶体管输出（即集电极开路输出），将晶体管输出用的外部电源公共端接到该端子时，可以防止因漏电引起的误动作</td></tr>
<tr><td>接点输入公共端（源型）</td><td colspan="2">接点输入端子（源型逻辑）的公共端子</td></tr>
<tr><td>DC24 V电源</td><td colspan="2">可作为DC24 V、0.1 A的电源使用</td></tr>
<tr><td colspan="4" style="display:none"></td></tr>
<tr><td rowspan="4">频率设定</td><td>10</td><td>频率设定用电源</td><td colspan="2">作为外接频率设定（速度设定）用电位器时的电源使用</td></tr>
<tr><td>2</td><td>频率设定（电压）</td><td colspan="2">如果输入DC0～5 V（或0～10V），在5 V（10 V）时为最大输出频率，输入输出成正比。通过参数Pr.73 进行DC0～5 V（初始设定）和DC0～10 V输入的切换操作</td></tr>
<tr><td>4</td><td>频率设定（电流）</td><td colspan="2">如果输入DC4～20 mA（或0～5 V、0～10 V），在20 mA时为最大输出频率，输入输出成比例。只有AU信号为ON时端子4的输入信号才会有效（端子2的输入将无效）。通过参数Pr.267 进行4～20 mA（初始设定）和DC0～5 V、DC0～10 V输入的切换操作。电压输入（0～5 V/0～10 V）时，应将电压/电流输入切换开关切换至V</td></tr>
<tr><td>5</td><td>频率设定公共端</td><td colspan="2">频率设定信号（端子2或4）及端子AM的公共端子不应接地</td></tr>
</table>

四、变频器的基本操作及主要参数

变频器的基本操作如图6-3-5所示。

学习笔记

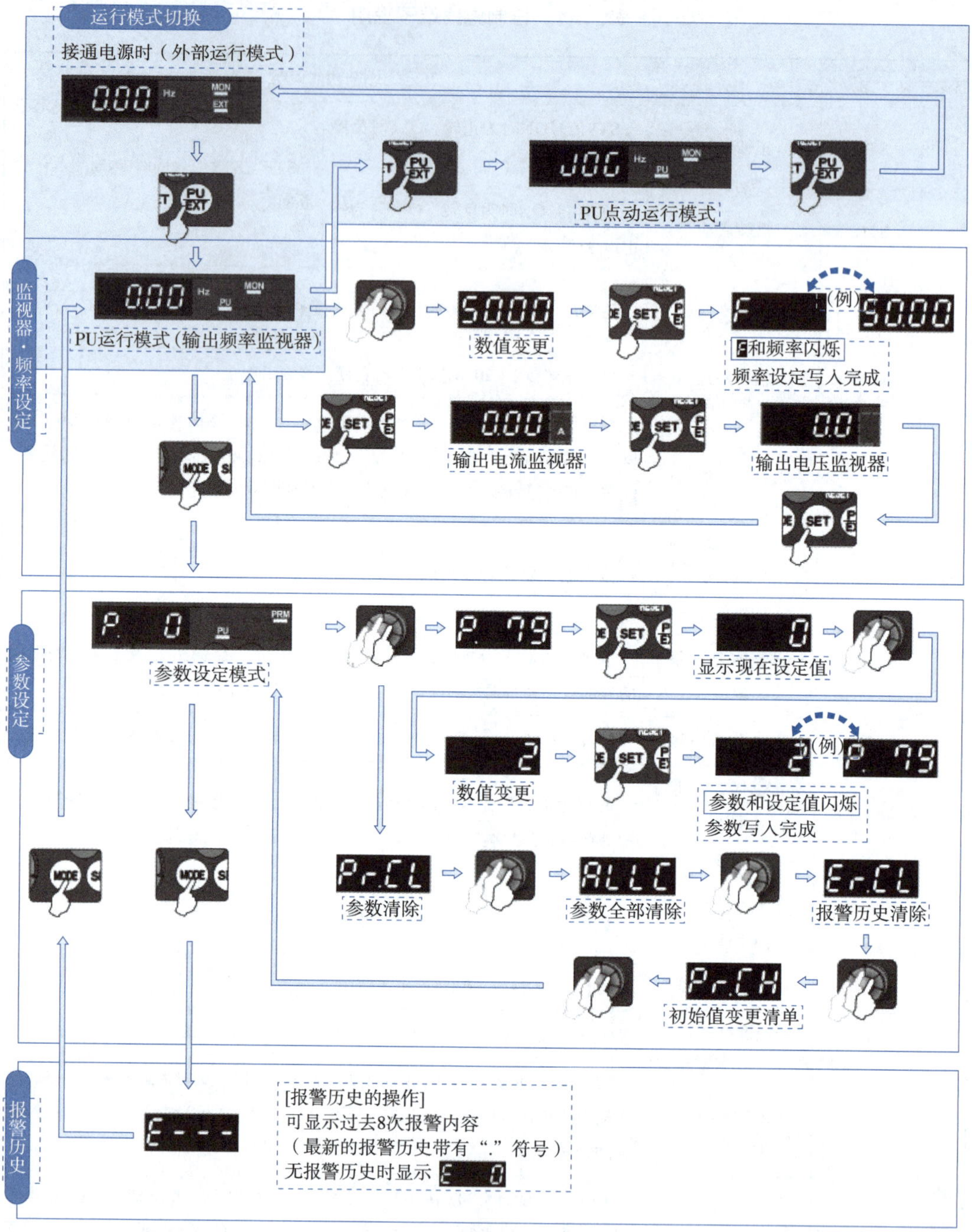

图 6-3-5　变频器的基本操作

FR-E740变频器参数见表6-3-2。

表6-3-2　变频器主要参数

参数编号	名　称	初　始　值	范　围	用　途
Pr1	上限频率	120 Hz	0 ~ 120 Hz	设置输出频率的上限时使用
Pr2	下限频率	0 Hz	0 ~ 120 Hz	设置输出频率的下限时使用

学习笔记

续表

参数编号	名称	初始值	范围	用途
Pr3	基准频率	50 Hz	0～400 Hz	在电动机的额定频率为50 Hz时进行设定
Pr4	3速设定（高速）	50 Hz	0～400 Hz	当用参数预先设定运转速度，用端子切换速度时使用
Pr5	3速设定（中速）	30 Hz	0～400 Hz	
Pr6	3速设定（低速）	10 Hz	0～400 Hz	
Pr7	加速时间	5 s/10 s/15 s	0～3 600 s	可设定加减速时间，初始值根据变频器容量不同而不同
Pr8	减速时间	5 s/10 s/15 s	0～3 600 s	
Pr9	电子过电流保护	额定输出电流	0～500 A	设定电子过电流保护的值，防止电动机过热或损坏变频器
Pr79	操作模式选择	0	0、1、2、3、4、6、7	选择启动指令场所和频率设定场所

项目实施

根据《可编程控制系统设计师国家职业标准》，应高度重视安全、环保，坚持文明生产，按技术规范完成本项目任务。

1．任务分组

四人一组，分别担任项目经理、电气设计工程师、电气安装员和项目验收员角色，模拟真实PLC控制项目的实施过程。分组完成后，有序坐好，小组讨论制订组名、组训和小组Logo，营造小组凝聚力和文化氛围，并确定任务分工，项目经理完成项目分组表的填写，见表6-3-3。

表6-3-3 项目分组表

组名			小组Logo	
组训				
团队成员	学号	角色指派	职责	
		项目经理	统筹计划、进度，安排和甲方对接，解决疑难问题	
		电气设计工程师	进行电气硬件线路设计、程序设计和编程调试	
		电气安装员	进行电气配盘，配合电气设计工程师进行调试	
		项目验收员	根据任务书、评价表对项目功能、乙方表现进行打分评价	

2．分配I/O口地址，绘制外部接线图

1）I/O口地址分配

根据控制要求，传送带多段调速PLC控制有________个输入控制元件；输出需要控制正反转并实现三个速度运行，有________个输出元件，填写PLC的I/O分配表，表6-3-4。

学习笔记

素材 传送带多段调速PLC控制I/O分配表

表6-3-4　I/O分配表

输入		输出	
名称	输入点编号	名称	输出点编号

2）绘制外部接线图

根据I/O分配表，绘制外部接线图。

素材 传送带多段调速PLC控制接线图

3. 设置变频器参数

参考表6-3-2设置变频器参数。

素材 传送带多段调速变频器参数

学习笔记

4．设计梯形图程序和指令表

1）设计程序

素材

传送带多段调速PLC控制梯形图程序

2）根据梯形图程序编写指令表

素材

传送带多段调速PLC控制指令表

5．安装调试系统

1）物料和工具领取

根据实验室配置，填写表6-3-5，按量领取物料和工具。

表6-3-5　领料表

序　号	物料或工具名称	型号与规格	数　量	备　注
1				
2				
3				
4				
5				
6				

2）安装电路

（1）根据外部接线图安装电路。

（2）检查电源是否已经切断，PLC 的“STOP/RUN”开关是否置于STOP。

学习笔记

（3）对照设计的 PLC 安装接线图安装电路，注意用电安全和电路安装规范。

（4）安装完成后，对电路进行检测。用万用表检查同节点的接线端子之间是否完全导通，检查各接线端子是否有差错。

3）联机调试

（1）通电前进行安全检查。

（2）记录调试系统注意事项。

（3）根据项目控制要求调试运行程序。

注意： 通电前应进行安全检查，准确无误后才能通电。

项目评价

完成项目实施后根据学生自评、小组互评和教师评价填写项目实施评价表，见表6-3-6。

表6-3-6　项目实施评价表

评价目标	评价内容及标准	配分	学生自评	小组互评	教师评价
知识目标	理解变频器的工作原理	5分			
	认识变频器的参数设置方法	5分			
	认识变频器的多段调速方法	5分			
技能目标	元器件选择不合适，每处扣1分，最多扣5分	5分			
	I/O分配不合理，每处扣1分，最多扣10分	10分			
	元器件图形、文字符号错误或不符合国家标准，每处扣1分，最多扣4分	20分			
	接线错误、漏接线，每处扣1分，最多扣4分				
	导线选择不符合规范，每处扣1分，最多扣4分				
	元器件检测是否规范，不规范每处扣1分，最多扣4分				
	仪表使用是否安全正确，每处扣1分，最多扣4分				
	程序编写不符合规范，每处扣1分，最多扣10分	20分			
	编写的程序不能达到控制要求，每处扣2分，最多扣10分				
	输入程序，不能将程序输入到PLC或程序输入错误，最多扣5分	10分			
	调试过程不符合操作规程，每处扣1分，最多扣5分				
职业素养	工具使用：工具使用适合相关操作，使用方法正确、规范，每处扣1分，最多扣3分	10分			
	操作规范：电路连接、设备调试符合工艺要求和规范，每处扣1分，最多扣7分				
	物品摆放：工具、文字书写工具等摆放在指定位置，整齐、有序、便于使用，每处扣1分，最多扣5分	10分			
	工作态度：积极完成工作任务、不怕困难，始终保持工作热情，与同伴相互合作、沟通，分工明确、协调配合，共同完成工作任务。每处扣1分，最多扣5分				
小计					
合计 =（自评30% + 互评30% + 师评40%）					

注：违反安全操作规程，造成安全事故，本项目不得分。

学习笔记

项目拓展

一、能力测试：传送带多段调速控制（二）

设计某生产设备上的传送带，要求按下启动按钮后，0 s内以20 Hz的频率正转启动；5 s后，皮带输送机变为以40 Hz的频率正转；再过5 s，传送带变为以10 Hz的频率正转；3 s后，传送带变为以20 Hz的频率反转；反转5 s后马上自动停止。停止后再次按下启动按钮后，传送带重复以上运行过程。

（1）进行I/O分配。

（2）画出外部接线图。

（3）编写PLC控制梯形图程序。

二、学海领航：变频器的加速时间和减速时间

加速时间指输出频率从0 Hz上升到基准频率所需的时间。加速时间越长，启动电流越小，启动越平缓。对于频率启动的设备，加速时间要求短些；对于惯性较大的设备，加速时间要求长些。减速时间指输出频率由基准频率下降到0 Hz所需的时间。

加/减速时间分别用参数Pr.7、Pr.8设置，参数表见表6-3-2。参数Pr.7用于设置电动机加速时间，设置值越大，加速时间越长；参数Pr.8用于设置电动机减速时间，设置值越大，减速时间越长。

匠人匠心——始于热爱、终于坚持

李辉的故事

2024 年 3 月 1 日晚，中华全国总工会、中央广播电视总台联合发布了 2023 年“大国工匠年度人物”。其中，中国南方电网云南电网公司昆明供电局高级继电保护员、特级技师李辉入选，这是继获得全国劳动模范、中华技能大奖、全国技术能手等奖项、称号后，李辉获得的又一殊荣。

从学徒工到技能专家，从一线工人到“大国工匠”，李辉 32 年坚持做的一件事就是创新。他说：“我认为工匠精神的基石是敬业、灵魂是创新，发明创造和创新工作不只是科学家、工程师的事情，一线工人在生产实践中也可以做到。”

李辉劳模创新工作室里，摆放着一台老旧的计算机，外壳和键盘已经严重磨损。每当看到这台计算机，李辉总能想起年轻时搞发明的初心。李辉说：“1998 年，我的工资一个月只有八九百元，而这台计算机我花了 18 000 元，在当时算是一笔巨款，就是方便随时能在计算机上画电路图。”

一颗好奇心是李辉不断创新的原动力。1992 年，李辉中专毕业后，进入昆明供电局，成为继电保护班的一员，工作职责是对继电保护设备进行安装、调试、运行、维护，从而保证电力系统的正常运转。除了掌握操作技能，李辉对继电保护设备工作原理非常着迷。他买来一大堆继电保护装置相关的元器件和前沿专业技术资料，在家里搭起了一个实验室，利用业余时间搞研究。

学习笔记

1995 年，还是学徒工的李辉跟着师父到澄江 110 kV 变电站送电。酷日当头，由于变压器的“差动保护装置”接线复杂容易出现问题，送电过程中前后失败了三次。每次失败，变压器都要停电，相关保护装置要重新接线、检测，大家累得汗流浃背。李辉就想：如果把变压器和保护装置看作是一个整体，使用低压试验电源调试成功后再投入高压电网运行，是不是就可以一次性试送成功，不用反复停电了呢？李辉查了很多专业书籍、操作规程甚至教科书，都没有找到依据。但是，他还是大胆提出了这个想法。在老师傅们的支持下，他们很快在现场进行了试验，一次就成功送电。后来，这个方法推广到了全省、全国。凭着这样一股敢向教科书发起挑战的劲头，李辉一直保持着学习的热情。30 多年来，继电保护经历了从电磁型保护到整流型保护，再到晶体管、集成电路、微机保护、智能化保护的技术迭代。每一次技术革新，他都追赶着变化不断更新知识。在 2006 年第一台计算机“退役”后，他先后买过四台计算机，从零学习编程、画电路图、应用专业软件，弄不懂的问题就向专家请教、做试验验证，最终成为一名继电保护专业全能型专家。

参 考 文 献

[1]王猛，杨欢．PLC编程与应用技术[M]．3版．北京：北京理工大学出版社，2022.

[2]梁珠芳，汤伟杰．PLC技术应用[M]．北京：中国人民大学出版社，2020.

[3]初厚绪，薛凯．PLC技术应用[M]．北京：高等教育出版社，2020.

[4]郭艳萍，冯凯．电气控制与PLC应用[M]．北京：人民邮电出版社，2023.

[5]李俊婷，黄文静．电气控制与PLC应用[M]．北京：北京理工大学出版社，2024.